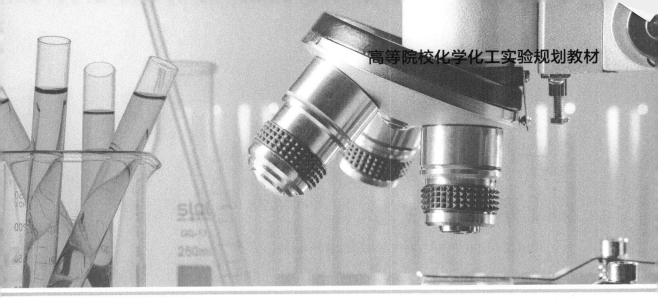

高等院校化学化工实验规划教材

物理化学实验

PHYSICS
CHEMISTRY EXPERIMENT

本 册 主 编　张　平（西北民族大学）
　　　　　　　尹奋平（西北民族大学）

本册副主编　哈斯其美格（西北民族大学）
　　　　　　　聂　融（兰州城市学院）

U0384540

兰州大学出版社
LANZHOU UNIVERSITY PRESS

图书在版编目（ＣＩＰ）数据

物理化学实验 / 张平，尹奋平主编. -- 兰州 ： 兰州大学出版社，2022.6（2025.1重印）

高等院校化学化工实验规划教材 / 马建泰总主编

ISBN 978-7-311-06290-3

Ⅰ. ①物… Ⅱ. ①张… ②尹… Ⅲ. ①物理化学—化学实验—高等学校—教材 Ⅳ. ①064-33

中国版本图书馆CIP数据核字(2022)第094539号

责任编辑	郝可伟
封面设计	汪如祥

丛 书 名	高等院校化学化工实验规划教材
本册书名	物理化学实验
作　　者	张 平 尹奋平 主编
出版发行	兰州大学出版社 （地址：兰州市天水南路222号　730000）
电　　话	0931-8912613(总编办公室)　0931-8617156(营销中心)
网　　址	http://press.lzu.edu.cn
电子信箱	press@lzu.edu.cn
印　　刷	西安日报社印务中心
开　　本	787 mm×1092 mm　1/16
成品尺寸	185 mm×260 mm
印　　张	18.5
字　　数	401千
版　　次	2022年6月第1版
印　　次	2025年1月第4次印刷
书　　号	ISBN 978-7-311-06290-3
定　　价	39.00元

（图书若有破损、缺页、掉页，可随时与本社联系）

前　言

　　物理化学实验是化学学科的主要实践课程之一，在化学、化工、环境、生物、材料、制药等相关专业人才培养中有着非常重要的作用。近年来，随着物理化学研究方法的迅猛发展，物理化学实验教学从内容、形式到方法都得到了更新和充实，逐渐向综合性、设计性和研究创新性实验项目发展。根据国家培养创新人才战略的需要，物理化学实验教学应该突出培养学生的实践能力和创新意识。为此，我们组织来自西北民族大学、天水师范学院、兰州城市学院、陇东学院、陇南师范高等专科学校等院校的一线教师共同编写了《物理化学实验》一书。

　　本书共分为物理化学实验基础知识、基础性实验、综合设计性实验、常用仪器的使用和附录五大部分。其中物理化学实验基础知识和常用仪器的使用这两个部分主要介绍物理化学实验的基本技术、测量仪器和使用方法；基础性实验部分系统涵盖化学热力学、电化学、化学动力学、胶体化学和表面化学、结构化学五个方面，共编写了42个实验项目，使学生了解和掌握物理化学实验的实验原理和方法；综合设计性实验部分主要来源于化工生产和教师科研领域的新成就，共编写了17个实验项目，力求体现物理化学实验教学内容、方法和手段的新发展，全面培养学生的实践能力、创新思维能力以及初步进行科学研究的能力。

　　本书在具体实验内容的编写上具有以下特点：

　　（1）采用国内地方院校物理化学实验室普遍配置的实验仪器设备，由于条件限制，我们几所院校没有完全更新实验仪器，新旧仪器结合使用，力求达到逐步向最新测试仪器进行过渡。

　　（2）实验内容融合了我们多年的物理化学实验教学经验和教学改革成果。例如研究性实验和综合性实验都是一线教师的研究成果，提高了该实验的成功率。

　　（3）在大多数基础性实验项目的教学内容中设立了"实例分析"部分，介绍了实验数据的计算机处理方法和步骤，包括线性和非线性拟合、数字微分和实验结果计算等，以解决物理化学实验数据处理的难点问题，使学生学会使用现代科学手段进行数据处理。除此之外，本书配套有相应数字资源，师生通过手机扫描二维码即可观看，并进行相应知识点的学习。

本书的编写分工如下：张平（编写工作的组织和统稿、前言、第七章综合设计性实验、第八章研究性实验、常用仪器的使用），尹奋平（统稿、第二章热力学实验、第四章动力学部分、第五章表面与胶体化学实验、第六章结构化学实验、附录），哈斯其美格（物理化学实验基础），聂融（第三章电化学实验），李小芳（实验3、实验6），黄小鸿（实验2、附录）。本书最后由张平和尹奋平通读整理和统稿。本书的编写得到了兰州大学出版社的指导，各参编学院同仁也提出了许多宝贵的意见，在此一并表示感谢。

由于编者水平有限，加之编写成稿的时间仓促，书中缺点和错误之处在所难免，希望读者不吝赐教、批评指正，以便修订时完善。

编者

2022 年 6 月

目 录

第一章　物理化学实验基础

第一节　物理化学实验的目的和要求

1.1　物理化学实验的目的

化学是一门建立在实验基础上的科学，物理化学是化学的一门重要分支学科，是以物理的理论和实验方法，用数学计算作为工具来研究化学问题的一门学科。物理化学实验是通过物理的方法和手段，来研究物质的物理化学性质以及这些物理化学性质与化学反应之间的关系，进而研究化学问题，它综合了化学领域中各分支所需的基本实验工具和研究方法。开设物理化学实验课的主要目的是：

1.使学生了解物理化学的实验方法，掌握物理化学的基本实验技术和技能，学会测量物质特性的基本方法，熟悉物理化学实验现象的观察与记录、实验条件的判断与选择、实验数据的测量与处理、实验结果的分析与归纳等一套严格的实验方法，从而加深对物理化学基本理论和概念的理解。

2.通过实验培养学生的实验能力、创新思维能力与进行初步科研的能力。学生在实验中通过思考、分析、对比，综合归纳才能得出实验结果，这个过程有助于培养学生的逻辑思维能力和创造力。

3.培养学生观察实验现象、正确记录和处理数据、进行实验结果的分析和归纳，以及书写规范、完整的实验报告的能力，并养成严肃认真、实事求是的科学态度和作风。

1.2　物理化学实验的要求

1.实验前的预习

预习是做好实验的前提和保证，也是实验成功的关键。物理化学实验涉及众多仪器设备，这就使得实验前的预习尤为重要。学生进入实验室之前，必须认真预习，仔细阅读实验教材和参考资料，明确本次实验的目的，掌握实验所依据的基本理论、原理和实验方法，了解所用仪器的构造和操作规程。记住实验步骤和注意事项，明确需要测定和记录的物理量等，在了解和掌握的基础上，认真写出实验预习报告。

实验预习报告的内容应包括实验目的、实验基本原理、实验所使用的仪器和试剂、实验操作步骤、实验的注意事项、列出实验数据表格，提出预习中的问题等。

2. 实验操作及数据记录

实验过程是培养学生动手能力与科研素质的有效途径。既要有严谨的科学态度，还要积极思考，善于发现问题、解决问题。

实验前首先要检查仪器、试剂及其他实验用品是否符合实验要求，并做好实验的各项准备工作，然后按照实验要求安装、调试实验设备进行实验。在实验操作中，要严格控制实验条件。仔细观察与分析实验现象，客观、正确地记录原始数据。

在物理化学实验中，我们往往需要测量及记录实验的各种数据，这是研究问题和写好报告的原始资料，也可作为日后查阅的永久依据。因此，必须养成良好的记录习惯和掌握正确的记录方法。具体要求如下：

（1）准确记录实验室的大气压、室温以及实验日期、实验者的名字及合作者的名字。

（2）记下所用仪器的型号，药品的名称、分子式、级别，溶液的浓度。

（3）认真观察和记录实验现象，清楚、准确、有条理地在表格上记录测量数据，注意标明数据的单位、符号。

记录数据一定要做到实事求是，不能主观拣选或随意涂改。如果数据必须修改，可在认为不正确的数据上画一道线，作为记号，但不能涂污，然后在原数据旁写上正确的数据。不能随意撕去记录页面，也不应用铅笔或红笔记录，要用钢笔、圆珠笔清楚书写。

实验结束后要整理和清洁实验所用的仪器、试剂和其他用品，经实验指导教师审查实验数据、验收实验仪器和用品，并在原始数据记录本上签字后方能离开实验室。

3. 撰写实验报告

实验报告是实验工作的总结，在完成实验报告时要认真思考，深入钻研、计算准确，字迹清楚，条理分明。处理数据要求每人独立进行及完成，不能大家合写一份实验报告或抄袭别人的实验报告。实验报告要如实反映实验的结果，不能伪造和拼凑数据。

实验报告的主要内容应包括预习内容、原始实验数据、实验数据处理过程、计算实例、计算结果或图表，结果的分析讨论或回答思考题。作图必须用规定的坐标纸，数据处理应严格按有效数据的有关规定进行。

实验结果讨论是实验报告的重要部分，也是锻炼学生分析问题能力的重要环节，其内容可以是实验现象的分析与解释、实验结果误差的定量分析及其误差产生原因分析、实验后的心得体会和对实验的进一步研究与改进的建议等。

在写报告时，要求开动脑筋钻研问题、细心计算认真作图，使报告合乎要求。重点应放在对实验数据的处理和对实验结果的分析讨论上。

第二节 物理化学实验室安全知识

实验室安全知识

化学实验室中有各种实验所必需的试剂与仪器，潜藏着诸如着火、爆炸、中毒、灼伤、触电等安全隐患，如何来防止这些事故的发生以及发生以后又如何处置，是每个化学实验工作者必须具备的素质。实验室的安全防护，是一个关系到培养良好的实验素质、保证实验顺利进行、确保实验者人身安全和国家财产安全的重要问题。

下面结合物理化学实验的特点从安全用电常识、安全使用高压气体钢瓶、安全使用化学试剂及环境安全四个方面做如下介绍。

2.1 安全用电常识

违章用电可能造成人身伤亡、火灾、仪器损坏等严重事故。在物理化学实验中，实验者要接触和使用各类电器设备，因此要了解使用电器设备的安全防护知识。主要需要注意以下几点：

（1）使用仪器要正确选用电源，接线要正确、牢固。物理化学实验室总电闸一般允许最大电流为30～50 A，超过时会使保险丝熔断。一般实验台上分闸的最大允许电流为15 A。使用功率很大的仪器，应事先计算电流量。应严格按照规定的电流量（A）接保险丝，否则长期使用超过规定负荷的电流，容易引起火灾或其他严重事故。

（2）尽可能不使电线、电器受到水淋或浸在导电的液体中。比如，实验室中常用的加热器如电热刀或电灯泡的接口不能浸在水中。操作仪器时手要保持干燥，切记不要用手摸电源。

（3）仪器仪表要严格按照说明书进行操作，没有特殊的情况在使用过程中不准断电。

（4）在安装和拆除接线等工作时一定要在断电的状态下进行操作，以防止触电和电器短路。

（5）实验结束后，关闭仪器开关，拔掉仪器接线插头。

（6）如果有人不慎发生触电事故，应立即切断电源开关，并请医生救助。要使触电者保持安静和舒适，不要急于任何刺激。

2.2 安全使用高压气体钢瓶

在物理化学实验中，经常要使用氧气、氮气、氩气等气体，这些气体一般都是储存在专用的高压气体钢瓶中。

1.常用气瓶颜色标志

根据国家标准GB 7144—1999规定，各种气瓶必须按照表1.1规定进行涂色、标注气体名称。

表1.1　常用气瓶颜色标志

充装气体名称	颜色	字样	字色	色环
氧	淡蓝	氧	黑	白
氢	淡绿	氢	大红	淡黄
氮	黑	氮	淡黄	棕
氩	银灰	氩	深绿	白
氦	银灰	氦	深绿	白
空气	黑	空气	白	—
氨	淡黄	液氨	黑	—
二氧化碳	铝白	液化二氧化碳	黑	黑
氯	深绿	液氯	白	—
乙炔	白	乙炔不可近火	大红	—

使用气瓶的主要危险是气瓶可能爆炸和漏气。漏气对可燃性气体钢瓶就更危险，应尽量避免氧气瓶和其他可燃性气体钢瓶放在同一房间内使用，否则极易引起爆炸。已充气的气瓶爆炸的主要原因是气瓶受热而使内部气体膨胀，致使气瓶内压力超过气瓶的最大负荷而爆炸。气瓶爆炸的另一个原因，是气瓶的瓶颈螺纹损坏，当内部压力升高时，冲脱瓶颈。在这种情况下，气瓶按火箭作用原理向放出气体的相反方向高速飞行。因此，均可能造成很大的财务破坏和人员伤亡。另外，如果气瓶的金属材料不佳或受到腐蚀，一旦在气瓶坠落或撞击坚硬物时就会发生爆炸。因此，气体钢瓶（或其他受压容器）是存在危险的，使用时需特别注意。

2.气体钢瓶操作注意事项

（1）气体钢瓶放置要求。气体钢瓶应存放在阴凉、干燥、远离热源（如阳光、暖气、炉火等）的地方，并将气瓶固定在稳固的支架、实验桌和墙壁上，防止受外来的撞击和意外跌倒。易燃气体钢瓶应放置在有通风及报警装置的气瓶柜中。

（2）使用时要安装减压表（阀）。气体钢瓶使用时要通过减压表使气体压力降至实验所需范围。安装减压表前应确定其连接尺寸与气体接头相符，接头处需用专用垫圈。一般可燃性气体钢瓶（如氢气瓶、乙炔瓶等）接头的螺纹是反向的左牙纹，不燃性气体和助燃性气体钢瓶接头的螺纹是正向的右牙纹，有些气瓶需使用专用减压表（如氨气瓶），各种减压表一般不得混用。减压表都装有安全阀，它是保护减压表安全使用的装置。减压表的安全阀应调节到接收气体的系统和容器的最大工作压力。

3.气体钢瓶操作要点

（1）气瓶需要搬运或移动时，应撤除减压表，旋上瓶帽，使用专门的气体搬移车。

（2）开启或关闭气瓶时，操作者应站在减压表接管的另一端，不许把头或身体对准气瓶总阀门，以防万一阀门或减压表冲出伤人。

（3）气瓶开启使用前，应先检查接头连接处和管处是否漏气，确认无误后方可继续使用。

（4）使用可燃性气瓶时，更要防止漏气或将用过的气体排放于室内，并保持实验室通风良好。

（5）使用氧气瓶时，严禁氧气瓶接触油脂，操作者的手、衣服和工具上也不得沾有油脂，因为高压氧气与油脂相遇会引起燃烧。

（6）氧气瓶使用时发现漏气，不可用麻、棉等物去堵漏，以防燃烧引起事故。

（7）使用氢气瓶时，导管处应加防止回火的装置。

（8）气瓶内气体不可全部用尽，一般应留有不少于0.05 MPa的残余压力，并在气瓶上标有已用完的记号，以防重新充气时发生危险。

2.3　安全使用化学试剂

化学药品使用安全主要有防毒、防爆、防燃、防灼伤四个方面。

1. 防毒

大多数化学试剂、药品都具有不同程度的毒性，其毒性可以通过呼吸道、消化道、皮肤等进入人体。因此，防毒的关键是尽量减少或杜绝直接接触化学试剂。

（1）实验前应了解所用药品的毒性、性能和相关的防毒保护措施。

（2）有毒化学试剂、药品应在通风橱内操作。

（3）苯、四氯化碳、乙醚等化学试剂的蒸气会引起中毒、久吸会使人嗅觉减弱，必须高度警惕。

（4）剧毒化学试剂应专柜专锁专人保管，并小心使用。

（5）严禁在实验室内饮水、吃食物。饮具、餐具不能带入实验室，以防毒物沾染。离开实验室时要洗手。

2. 防爆

可燃性气体与空气的混合物比例在处于爆炸极限时，受到热源（如电火花）诱发将会引起爆炸，一些气体的爆炸极限见表1.2。

在实验室中达到爆炸极限浓度时，就可能引起爆炸。因此，实验室内要尽量减少可燃性气体的挥发，同时要保持实验室良好的通风。

实验室内操作大量可燃性气体时，应禁止使用明火，防止电火花产生。

有些固体试剂如高价态氧化物、过氧化物等受热或撞击时容易引起爆炸，使用时应按要求进行操作。严禁将强氧化剂和还原剂存放在一起；久藏的乙醚使用前应设法除去其中可能产生的过氧化物。操作易发生爆炸的实验时，应有防爆措施。

表1.2 与空气相混合的某些气体的爆炸极限（20 ℃，101325 Pa）

气体	爆炸高限 /%（体积分数）	爆炸低限 /%（体积分数）	气体	爆炸高限 /%（体积分数）	爆炸低限 /%（体积分数）
氢	74.2	4.0	乙酸	—	4.1
乙烯	28.6	2.8	乙酸乙酯	11.4	2.2
乙炔	80.0	2.5	一氧化碳	74.2	12.5
苯	6.8	1.4	水煤气	72	7.0
乙醇	19.0	3.3	煤气	32	5.3
乙醚	36.5	1.9	氨	27.0	15.5
丙酮	12.8	2.6			

3.防火

实验室防火主要有两方面：第一，防止电器设备或带电系统着火，所以用电一定要按规定操作。第二，防止化学试剂着火。许多有机试剂属易燃品，使用这些试剂时要远离火源。实验室一旦发生火灾，应首先切断电源，使用灭火器或沙子灭火。千万不要用水浇。

4.防灼伤

强酸、强碱、强氧化剂等都会灼伤或腐蚀皮肤，尤其要防止进入眼睛，使用时除了要有适当的防护措施外，学生一定要按规定操作。实验室还有高温灼伤（如电炉、烘箱）和低温冻伤（如干冰、液氮、液氧）等，使用时也同样要按照规定操作。

2.4 环境安全

环境受到化学公害是目前人们日益关心和认识到的问题。无论在化学实验室或其他地方，实际上都不可能不受到化学公害或是没有受到化学公害的危险。化学工作者的职责之一就是认识、了解化学公害并推断需要采取哪些预防措施来消除或限制这些化学公害。化学药品大都具有一定毒性，随意排放会造成环境污染。在实验操作结束后，废弃的药品能回收的最好回收，不能回收的一定要按要求进行处理后才能排放。实验废弃的药品排放时一定要符合环保的要求。

汞在物理化学实验室中的应用很普遍，如气压计、水银温度计、U形汞压差计以及含汞电极等。汞蒸气的最大安全浓度为 $0.01×10^{-6}$ kg·m^{-3}，然而汞在常温下可挥发出的蒸气浓度是安全浓度的一百多倍。汞蒸气可通过呼吸或皮肤直接吸收而使人体中毒，所以防止汞污染尤为重要。使用汞时，应注意不要将汞直接暴露于空气中，在U形汞压差计等汞面上应加水或其他液体，尽量避免汞蒸气外逸。盛汞的容器应有足够的机械强度，以免容器破裂。在实验中要尽量避免因水银温度计、U形汞压差计以及含汞电极的人为损坏而造成汞污染。若有汞掉落在桌上或地面上，应用吸汞管尽可能地将汞珠收集起来，然后用硫黄覆盖在汞掉落的地方，摩擦使之生成 HgS 并清除。

第三节　物理化学实验室守则

3.1　物理化学实验室守则

1. 实验前要认真预习，明确实验目的和要求，弄懂实验原理，了解实验方法，熟悉实验步骤，写出预习报告。

2. 严格遵守实验室各项规章制度。

3. 实验前要认真清点仪器和药品，如有破损或缺少，应立即报告指导教师，按规定手续向实验室补领。实验时如有仪器损坏，应立即主动报告指导教师，进行登记，按规定价进行赔偿，再换取新仪器，不得擅自拿别的位置上的仪器。

4. 实验室要保持肃静，不得大声喧哗。实验应在规定的位置上进行，未经允许，不得擅自挪动。

5. 实验时要认真观察，如实记录实验现象，使用仪器时，应严格按照操作规程进行，药品应按规定量取用，无规定量的，应本着节约的原则，尽量少用。

6. 爱护公物，节约药品、水、电、气。

7. 保持实验室整洁、卫生和安全。实验后应将仪器洗刷干净，将药品放回原处，摆放整齐，用洗净的湿抹布擦净实验台。实验过程中的废纸、火柴梗等固体废物，要放入废物桶（或箱）内，不要丢在水池中或地面上，以免堵塞水池或弄脏地面。规定回收的废液要倒入废液缸（或瓶）内，以便统一处理。严禁将实验仪器、化学药品擅自带出实验室。

8. 实验结束后，由同学轮流值日，清扫地面和整理实验室，检查水龙头，以及门、窗是否关好，电源是否切断。得到指导教师许可后方可离开实验室，顺便把垃圾送入垃圾箱。

3.2　物理化学实验室安全守则

1. 不要用湿手、湿物接触电源，水、电、气使用完毕立即关闭。

2. 加热试管时，不要将试管口对着自己或别人，也不要俯视正在加热的液体，以防液体溅出伤害人体。

3. 嗅闻气体时，应用手轻拂气体，把少量气体扇向自己再闻，能产生有刺激性或有毒气体（如 H_2S、CO、NO_2、SO_2 等）的实验必须在通风橱内进行或注意实验室通风。

4. 具有易挥发和易燃物质的实验，应在远离火源的地方进行。操作易燃物质时，加热应在水浴中进行。

5. 有毒试剂（如汞盐、钡盐、铅盐、重铬酸钾、砷的化合物等）不得进入口内或接触伤口。剩余的废液应倒在废液缸内。

6.若使用带汞的仪器被损坏，汞液溢出仪器外，应立即报告指导教师，指导处理。

7.洗液、浓酸、浓碱具有强腐蚀性，应避免溅落在皮肤、衣服、书本上，更应防止溅入眼睛内。

8.稀释浓硫酸时，应将浓硫酸慢慢注入水中，并不断搅动，切勿将水倒入浓硫酸中，以免迸溅，造成灼伤。

9.禁止任意混合各种试剂药品，以免发生意外事故。

10.废纸、玻璃等物应扔入废物桶中，不得扔入水槽，保持下水道畅通，以免发生水灾。

11.反应过程中可能生成有毒或有腐蚀性气体的实验应在通风橱内进行，使用后的器皿应及时洗净。

12.经常检查燃气开关和用气系统，如有泄漏，应立即熄灭室内火源，打开门窗，用肥皂水查漏，若估计一时难以查出，应关闭燃气总阀，立即报告指导教师。

13.实验室内严禁吸烟、饮食，或把食具带进实验室。实验完毕，必须洗净双手。

14.禁止穿拖鞋、高跟鞋、背心、短裤（裙）进入实验室。

第四节　误差分析和数据处理

物理化学实验以测量物理量为基本内容，并对所测得的数据加以合理的处理，得出某些重要的规律，从而研究体系的物理化学性质与化学反应间的关系。然而在物理量的实际测量中，无论是直接测量的量，还是间接测量的量（由直接测量的量通过公式计算而得出的量），由于测量仪器、方法以及外界条件的影响等因素的限制均存在误差。

一切物理量的测量，可分为直接测量和间接测量两种：

4.1　直接测量和间接测量

测量结果可直接用实验数据表示的，称为直接测量。例如用尺子测量长度，用天平称量物质质量，用温度计测量温度等，均属于直接测量。多数物理化学实验的测量对象往往要利用直接测量值经过某种公式的运算才能得到其值，例如燃烧、反应速率常数等，由此得到的数值称为间接测量值。

测量结果要由若干个直接测定的数据，运用某种公式计算而得的测量，称为间接测量。物理化学实验的测量大都属于这种间接测量。如用冰点法测定物质的相对分子质量，先要测量溶剂、溶质的质量，再测体系的温度变化，然后将所测的数据经一定公式运算，才能得到所求的结果。

在实际测量中，由于测量仪器不准，测量方法不完善以及各种因素的影响，都会使测量值与真值之间存在着一个差值，称为测量误差。大量实践表明，一切实验测量的结果都具有这种误差。那么，在真值不知道的情况下（假如已经知道真值，测量似乎就没有必要了），怎样确定测量结果是否可靠，如何表示测量结果的可靠值和它的可靠程度，以及进一步寻找实验发生差值的根源，从而使测量结果足够准确等，这些就是本章要讨论的问题。由于这里偏重于误差理论在物理化学实验中的应用，因此，关于误差理论中的一些基本名词，只就文中引用到的加以解释，一些基本公式，一般直接引用，不另证明。

4.2　误差的种类

根据误差的性质，可把测量误差分为系统误差、偶然误差和过失误差三类。

1. 系统误差

在相同条件下多次测量同一物理量时，测量误差的绝对值（即大小）和符号保持恒定，或在条件改变时，按某一确定规律而变的测量误差称为系统误差。

系统误差的主要来源有：

①仪器刻度不准或刻度的零点发生变动，样品的纯度不符合要求等。

②实验控制条件不合格，如用毛细管黏度计测量液体的黏度时，恒温槽的温度偏高或偏低都会产生显著的系统误差。

③实验者感官上的最小分辨力和某些固有习惯等引起的误差。如读数时恒偏高或恒偏低；在光学测量中用视觉确定终点和电学测量中用听觉确定终点时，实验者本身所引进的系统误差。

④实验方法有缺点或采用了近似的计算公式。例如用冻点下降法测出的相对分子质量偏低于真值。

2. 偶然误差

在相同条件下多次重复测量同一物理量，每次测量结果都有些不同（在末位数字或末两位数字上不相同），它们围绕着某一数值上下无规则地变动，其误差符号时正时负，其误差绝对值时大时小。这种测量误差称为偶然误差。

造成偶然误差的原因大致来自：

①实验者对仪器最小分度值以下的估读，很难每次严格相同。

②测量仪器的某些活动部件所指示的测量结果，在重复测量时很难每次完全相同。这种现象在使用年久或质量较差的电学仪器时最为明显。

③暂时无法控制的某些实验条件的变化，也会引起测量结果不规则地变化。如许多物质的物理化学性质与温度有关，实验测定过程中，温度必须控制恒定，但温度恒定总有一定限度，在这个限度内温度仍然不规则地变动，导致测量结果也发生不规则变动。

3. 过失误差

由于实验者的粗心，不正确操作或测量条件的突变引起的误差，称为过失误差。例如用了有毛病的仪器，实验者读错、记错或算错数据等都会引起过失误差。

上述三类误差都会影响测量结果。显然，过失误差在实验工作中是不允许发生的，如果仔细、专心地从事实验，也是完全可以避免的。因此，这里着重讨论系统误差和偶然误差对测量结果的影响。为此，需要给出系统误差和偶然误差的严格定义：

设在相同的实验条件下，对某一物理量 x 进行等精度的独立的 n 次测量，得值

x_1，x_2，x_3，$\cdots$，x_i，x_i，$\cdots$，x_n

则测定值的算术平均值为 $\bar{x}$，即

$$\bar{x} = \frac{1}{n} \sum_{i=1}^{n} x_i$$

当测量次数 n 趋于无穷大 $(n \to \infty)$ 时，算术平均值的极限称为测定值的数学期望 x_∞，即

$$x_\infty = \lim_{n \to \infty} \bar{x} = \lim_{n \to \infty} \frac{1}{n} \sum_{i=1}^{n} x_i$$

测定值的数学期望与测定值的真值 $x_{真}$ 之差被定义为系统误差 ε，即

$$\varepsilon = x_\infty - x_{真} = \Delta x_i (i = 1, 2, 3, \cdots, n)$$

测定值 x_i 与测定值的真值 $x_{真}$ 之差被定义为偶然误差 δ，即

故有

$$\delta = x_i - x_{真} (i = 1, 2, 3, \cdots, n)$$

式中 Δx_i 为测量次数从 1 至 n 的各次测量误差，它等于系统误差和各次测定的偶然误差 δ_i 的代数和。

从上述定义不难了解，系统误差越小，则测量结果越准确。因此系统误差可以作为衡量测定值的数学期望与其真值偏离程度的尺度。偶然误差说明了各次测定值与其数学期望的离散程度。测量数据越离散，则测量的精密度越低，反之越高。Δx_i 反映了系统误差与偶然误差的综合影响，故它可作为衡量测量精确度的尺度。所以，一个精密测量结果可能不正确（未消除系统误差），也可能正确（消除了系统误差）。只有消除了系统误差，精密测量才能获得准确的结果。

消除系统误差，通常可采用下列方法：

（1）用标准样品校正实验者本身引进的系统误差。

（2）用标准样品或标准仪器校正测量仪器引进的系统误差。

（3）纯化样品，校正样品引进的系统误差。

（4）实验条件、实验方法、计算公式等引进的系统误差，则比较难以发觉，须仔细探索是哪些方面因素不符合要求，才能采取相应措施设法消除之。

此外，还可以用不同的仪器、不同的测量方法、不同的实验者进行测量和对比，以检出和消除这些系统误差。

4.3 偶然误差的统计规律和处理方法

1.偶然误差的统计规律

如前所述，偶然误差是一种不规则变动的微小差别，其绝对值时大时小，其符号时正时负。但是，在相同的实验条件下，对同一物理量进行重复的测量，则发现偶然误差的大小和符号却完全受某种误差分布（一般指正态分布）的概率规律所支配。这种规律称为误差定律。

根据误差定律，不难看出偶然误差具有下述特点：

（1）在一定的测量条件下，偶然误差的绝对值不会超过一定的界限；

（2）绝对值相同的正、负误差出现的机会相同；

（3）绝对值小的误差比绝对值大的误差出现的机会多；

（4）以相等精度测量某一物理量时，其偶然误差的算术平均值 δ，随着测量次数 n 的无限增加而趋近于零，即

$$\lim_{n \to \infty} \bar{\delta} = \lim_{n \to \infty} \frac{1}{n} \sum_{i=1}^{n} \delta = 0$$

因此，为了减小偶然误差的影响，在实际中常常对被测的物理量进行多次重复的测量，以提高测量的精密度或重演性。

2.可靠值及其可靠程度

在等精度的多次重复测量中，由于每次测定值的大小不等，那么如何从系列的测量数据 $x_1, x_2, x_3, \cdots, x_i \cdots, x_n$ 中来确定被测物理量的可靠值呢？

在只有偶然误差的测量中，假设系统误差已被消除，即

$$\varepsilon = x_{\infty} - x_{真} = 0$$

于是得到

$$x_{真} = x_{\infty} = \lim_{n \to \infty} \bar{x}$$

上式说明，在消除了系统误差之后，测定值的数学期望 x_{∞} 等于被测物理量的真值 $x_{真}$，这时测量结果不受偶然误差的影响。

但是，在有限次测量时，我们无法求得测定值的数学期望 x_{∞}，在大多数场合下，可以用测定值的算术平均值 $\bar{x}$ 作为测量结果的可靠值。因为此时 $\bar{x}$ 远比各次测定的 x_i 值更逼近真值 $x_{真}$。显然，$\bar{x}$ 并不完全等于 $x_{真}$，故我们还希望知道这个可靠值 $\bar{x}$ 的可靠程度如何，即 $\bar{x}$ 与 $x_{真}$ 究竟可能相差多大？按照误差定律，我们可以认为 $x_{真}$ 在绝大多数的情况下（概率为99.79%）是落在 $\bar{x} \pm 3\sigma_{\bar{x}}$ 的范围内。

$$\sigma_{\bar{x}} = \sqrt{\frac{\sum_{i=1}^{n} (x_i - \bar{x})^2}{n(n-1)}}$$

式中 $\sigma_{\bar{x}}$ 称为平均值的标准误差。

也就是说，我们以平均值标准误差的3倍作为有限次测量结果（可靠值$\bar{x}$）的可靠程度。

实际应用上式来表示可靠值的可靠程度，有时嫌其麻烦。因为在物理化学实验中，实际上测定某物理量的重复次数是很有限的，同时各次测量时实验条件的控制也并非完全相同，故它的可靠程度比按误差理论得出的结果还要差一些。所以在物理化学实验数据的处理中，常常将上式简化为：

若$n \geqslant 15$ 则$\sigma_{\bar{x}} = \bar{x} \pm a$

若$n \geqslant 5$ 则$\sigma_{\bar{x}} = \bar{x} \pm 1.73a$

式中

$$a = \frac{1}{n} \sum_{i=1}^{n} \left| x_i - \bar{x} \right|$$

称为平均误差。

上式应用起来很方便，它表明了测量结果的可靠程度。换言之，如果测定重复了15次或更多，那么$x_{真}$值落在$\bar{x} \pm a$的范围内。如果重复测定的次数只有5次以上，那么$x_{真}$值落在$\bar{x} \pm 1.73a$的范围内。

4.4 数据处理

1.误差（平均误差和标准误差）一般只有1位有效数字，至多2位。

2.任何一物理量的数据，其有效数字的最后一位。在位数上应与误差的最后一位划齐。例如记成1.35±0.01是正确的，若记成1.351±0.01或1.3±0.001，意义就不清楚了。

3.为了明确地表明有效数字，一般常用指数表记法，因为表示小数位置的"0"不是有效数字，所以下列数据

例如：

1234，0.1234，0.0001234

都是4位有效数字。但遇到124000时，就很难说出后面三个"0"是有效数字呢？还是表明小数点位置的"0"。为了避免这种困难，通常将上列数据写成以下的指数形式，即

1.234×10^3，1.234×10^{-1}

1234×10^{-4}，1.234×10^6

这就表明它们都是4位有效数字。

（1）在舍弃不必要的数字时，应用4舍5入规则。

（2）在加减运算时，各数值小数点后所取的位数与其中最少者相同。

例如：

0.12	0.12
12.232 改写为	12.23
1.5683	1.57

（3）在乘除运算中，各数值所取之位数由有效数字位数最少的数值的相对误差决定，运算结果的有效数字位数亦取决于最终结果的相对误差。

第五节 物理化学实验测量结果的表达

物理化学实验数据的表达方法主要有三种：列表法、作图法和数学方程式法。

5.1 列表法

在物理化学实验中，数据测量一般至少包括两个变量，在实验数据中选出自变量和因变量。列表法就是将这一组实验数据的自变量和因变量的各个数值按一定的形式和顺序对应列出来。列表时应注意以下几点：

（1）每个表开头都应写出表的序号及表的名称。

（2）表格的每一行首，都应该详细写上名称及单位，名称用符号表示，因表中列出的通常是一些纯数（数值），因此行首的名称及单位应写成：名称符号/单位符号，如 p（压力）/Pa。

（3）表中的数值应用最简单的形式表示，公共的乘方因子应放在栏头注明。

（4）在每一行中的数字要排列整齐，小数点应对齐，应注意有效数字的位数。

5.2 作图法

作图法在物理化学实验中的应用最多。作图法表达物理化学实验数据，能清楚地显示出所研究变量的变化规律，如极大值、极小值、转折点、周期性、数量的变化速率等重要性质。根据所作的图形，我们还可以作切线、求面积，对数据进行进一步处理。作图法的应用极为广泛，其中最重要的有：

1. 求外推值

有些不能由实验直接测定的数据，常常可以用作图外推的方法求得。主要是利用测量数据间的线性关系，外推至测量范围之外，求得某一函数的极限值，这种方法称为外推法。例如在用黏度法测定高聚物相对分子质量的实验中，首先必须用外推法求得溶液的浓度趋于零时的黏度（即特性黏度）值，才能算出相对分子质量。

2. 求极值或转折点

函数的极大值、极小值或转折点，在图形上表现得很直观。例如可根据环己烷-乙醇双液系相图确定最低恒沸点（极小值）。

3. 求经验方程

若因变量 y 与自变量 x 之间有线性关系，那么就应符合下列方程：

$$y=ax+b$$

它们的几何图形应为一直线，a 是直线的斜率，b 是直线在 y 轴上的截距。根据实验

数据 (x, y) 作图，从直线的斜率和截距便可求得 a 和 b 的具体数据，从而得出经验方程。

对于因变量与自变量之间是曲线关系不是直线关系的情况，可对原有方程或公式作若干变换，将其转变成直线关系。如朗格缪尔吸附等温式：

$$\Gamma = \Gamma_\infty \frac{Kc}{1 + Kc}$$

吸附量 Γ 与浓度 c 之间为曲线关系，难以求出饱和吸附量 Γ_∞。

可将上式改写成：

$$\frac{c}{\Gamma} = \frac{c}{\Gamma_\infty} + \frac{1}{K\Gamma_\infty}$$

以 $\frac{c}{\Gamma}$ 对 c 作图，得一直线，其斜率的倒数为 Γ_∞。

4. 作切线求函数的微商（图解微分法）

图解法不仅能表示出测量数据间的定量函数关系，而且可以从图上求出各点函数的微商。具体做法是在所得曲线上选定若干个点，然后用镜像法或平行线法作出各切线，计算出切线的斜率，即得该点函数的微商值。

5. 求导数函数的积分值（图解积分法）

设图形中的因变量是自变量的导数函数，则在不知道该导数函数解析表示式的情况下，也能利用图形求出定积分值，称为图解积分法，通常求曲线下所包含的面积常用此法。

6. 作图方法

作图首先要选择坐标纸。坐标纸分为直角坐标纸、半对数或对数坐标纸、三角坐标纸和极坐标纸等几种，其中直角坐标纸最常用。

选好坐标纸后，还要正确选择坐标标度，要求：①要能表示全部有效数字。②坐标轴上每小格的数值应可方便读出，且每小格所代表的变量应为1、2、5的整数倍，不应为3、7、9的整数倍。如无特殊需要，可不必将坐标原点作为变量零点，而从略低于最小测量值的整数开始，可使作图更紧凑，读数更精确。③若曲线是直线或近似直线，坐标标度的选择应使直线与 x 轴成45°夹角。然后，将测得的数据，以点描绘于图上。在同一个图上，如有几组测量数据，可分别用 Δ、X、δ、$\bigcirc$、$\bullet$ 等不同符号加以区别，并在图上对这些符号注明含义。

作出各测量点后，用直尺或曲线板，画直线或曲线。要求线条能连接尽可能多的实验点，但不必通过所有的点，未连接的点应均匀分布于直线两侧，且与直线的距离应接近相等。直线要求光滑均匀，细而清晰。连线的好坏会直接影响到实验结果的准确性，如有条件可用计算机作图。

在曲线上作切线，通常用两种方法：

（1）镜像法

若需在曲线上某一点 A 作切线，可取平面镜垂直放于图纸上，也可用玻璃棒代替镜子，使玻璃棒和曲线的交线通过 A 点，此时，曲线在玻璃棒中的像与实际曲线不相吻合，见图1.1（a），以 A 点为轴旋转玻璃棒，使玻璃棒中的曲线与实际曲线重合时［见图1.1（b）］沿玻璃棒作直线 MN，这就是曲线在该点的法线，再通过 A 点作 MN 的垂线 CD，即可得切线，见图1.1（c）。

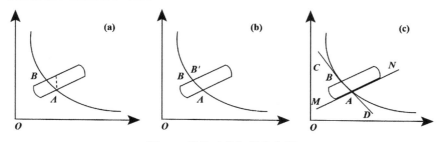

图1.1　镜像法作切线示意图

（2）平行线法

在所选择的曲线段上，作两条平行线 AB、CD，连接两线段的中点 M、N 并延长与曲线交于 O 点，通过 O 点作 CD 的平行线 EF，即为通过 O 点的切线，见图1.2。

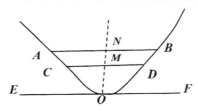

图1.2　平行线法作切线示意图

5.3　方程式法

一组实验数据可以用数学方程式表示出来，这样一方面可以反映数据结果间的内在规律性，便于进行理论解释或说明；另一方面这样的表示简单明了，还可进行微分、积分等其他变换。

对于一组实验数据，一般没有一个简单方法可以直接得到理想的经验公式，通常是先按一组实验数据画图，根据经验和解析几何原理猜测经验公式的应有形式。将数据拟合成直线方程比较简单，但往往数据点间并不呈线性关系，必须根据曲线的类型，确定几个可能的经验公式，然后将曲线方程转变成直线方程，再重新作图，看实验数据是否与此直线方程相符，最终确定理想的经验公式。

下面介绍几种直线方程拟合的方法：直线方程的基本形式是 $y=ax+b$，直线方程拟合就是根据若干自变量 x 与因变量 y 的实验数据确定 a 和 b。

1.作图法

在直角坐标纸上，用实验数据作图得一直线，将直线与轴相交，即为直线截距 b，直

线与轴的夹角为 θ，则 $a=\tan\theta$。另外，也可在直线两端选两个点，坐标分别为 (x_1, y_1)，(x_2, y_2)，它们应满足直线方程，可得

$$y_1=ax_1+b$$
$$y_2=ax_2+b$$

解此联立方程，可得 a 和 b。

2. 平均法

平均法根据的原理是在各组测量数据中，正、负偏差出现的机会相等，所有偏差的代数和将为零。计算时将所测的 m 对实验值代入方程 $y=ax+b$，得 m 个方程。将此方程分为数目相等的两组，将每组方程各自相加，分别得到一方程如下：

$$\sum_{i=1}^{m/2} y_i = a \sum_{i=1}^{m/2} x_i + b$$

$$\sum_{i=(m/2)+1}^{m} y_i = a \sum_{i=(m/2)+1}^{m} x_i + b$$

解此联立方程，可得 a 和 b。

3. 最小二乘法

假定测量所得数据并不满足方程 $y=ax+b$ 或 $ax-y+b=0$，而存在所谓残差 δ。令 $\delta=ax-y+b$。最好的曲线应能使各数据点的残差平方和（Δ）最小，即 $\Delta\Sigma= \sum\delta_i^2 = (ax_i - y_i + b)^2$ 最小。对于函数 Δ 极值，我们知道一阶导数 $\dfrac{\partial\Delta}{\partial a}$ 和 $\dfrac{\partial\Delta}{\partial b}$ 必定为 0，可以得到以下方程组：

$$\frac{\partial\Delta}{\partial a} = 2\sum_{i=1}^{n} x_i\left(ax_i - y_i + b\right) = 0$$

$$\frac{\partial\Delta}{\partial b} = 2\sum_{i=1}^{n} x_i\left(ax_i - y_i + b\right) = 0$$

变换后可得

$$a\sum_{i=1}^{n} x_i^2 + b\sum_{i=1}^{n} x_i = \sum_{i=1}^{n} x_i y_i$$

$$a\sum_{i=1}^{n} x_i + nb = \sum_{i=1}^{n} y_i$$

解此联立方程，可得 a 和 b。

5.4 软件 Origin 的应用

Origin 是美国 OriginLab 公司（其前身为 Microcal 公司）开发的图形可视化和数据分析软件，是科研人员和工程师常用的高级数据分析和制图工具。Origin 既可以满足一般用户的制图需要，也可以满足高级用户数据分析、函数拟合的需要，是公认的简单易学、操作灵活、功能强大的软件。Origin 有很多版本，目前最新的版本号是 8.0。Origin

7是一款非常实用的数据处理软件，因此作为一名科研工作者，熟练地掌握Origin的使用是非常必要的。此处采用Origin 7的使用方法。

1. 打开Origin

双击桌面上Origin 7的图标，或从开始/程序/Oorigin70/Origin 7打开。

2. 熟悉Origin 7的操作界面

打开Origin 7的页面如图1.3所示：

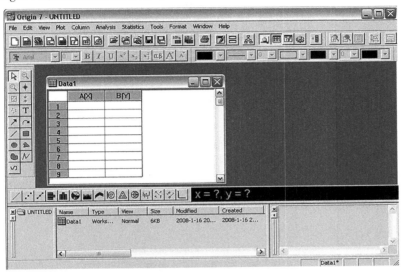

图1.3　**Origin 7的操作界面**

顶部是菜单栏，一般来说可以实现大部分功能；菜单栏下面是工具栏，一般最常用的功能都可以通过此处实现；中部是绘图区，所有工作表、绘图子窗口等都在此处显示；下部是项目管理器，类似资源管理器，双击即可方便切换各个窗口等；底部是状态栏，标出当前的工作内容，以及鼠标指到某些菜单按钮时的说明。

3. 数据的输入

在工作表单元格中直接输入即可。如图1.4所示：

	A[X]	B[Y]
1	249.94665	0.0238
2	250.37332	-0.6456
3	250.79999	1.45414
4	251.22665	0.02589
5	251.65332	-1.39169
6	252.07999	-0.04428
7	252.50665	0.74662
8	252.93332	0.02606
9	253.35998	0.02358

图1.4　**数据输入**

4.设置数据列的名称

为了简单明了地表述某一数据列的意义，可以给数据列命名。将鼠标指向 A（X），单击右键，在下拉菜单中选择Properties，鼠标左键单击，出现如图1.5的页面。

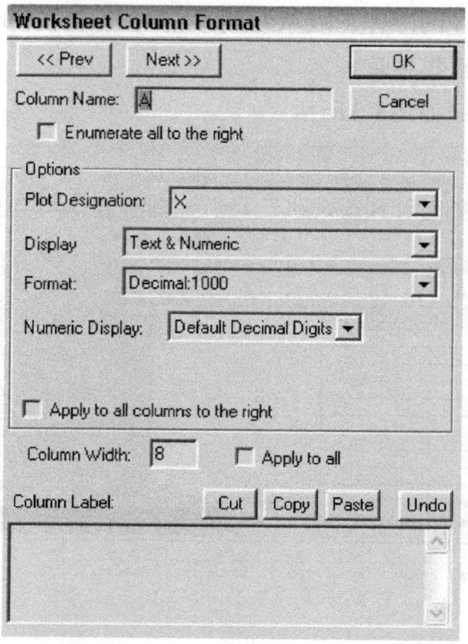

图1.5　Properties设置

将鼠标移至最下面的空栏中，单击，输入想要输入的文字，例如wavelength/nm。设置好之后在工作表中便会有显示。其他数据列的名称设置可参照 A（X）数据列。

5.添加新的数据列

单击工具栏上的  图标，即可添加新的工具栏。

6.设置数据列的属性（数据的计算）

关于在 Origin 7.0中的数据计算，可以通过如下方法设置：将鼠标移至列首［例如：C（Y）处］，单击右键，选择"set column values"，单击。在弹出窗口中单击窗口左上角的"add function""add column"两个按钮来进行数据计算。

7.画图表

选中任意一列或几列数据，单击绘图区下部工具栏中的任意一个图标（如图1.6），即可做出不同类型的图。用此方法画出的图默认以第一列数据为X轴。

图1.6　绘图工具栏（部分）

若想自己随意设置X轴和Y轴，则先不选数据列，先点击图1.6中的任意图标，在弹出的窗口中可以设置任意数据列为 X 轴或 Y 轴。

8.设置曲线的细节

（1）设置坐标轴样式

用鼠标双击坐标轴，即可在弹出的对话框中选择不同的标签，改变坐标轴的样式。常用的是改变数据范围，设定数值间隔。

（2）设置数据点、线的样式

同样用鼠标双击数据点，在弹出的对话窗口中也可以选择不同的标签分别对数据点的样式、颜色和线的颜色进行设置等。其中还有很多功能，大家可以自己试着研究。

（3）曲线的细节，在左边一列的工具栏中，单击 ✛ 或 ⊞ 后，将光标移到曲线上，对准数据点击鼠标左键，即可在右下角的黑地绿字的小屏幕上看到所索取数据点的坐标。

9.线性拟合

将鼠标移至菜单栏中的"Analysis"，单击，在下拉菜单中选择"Fit linear"，用鼠标左键单击即可。拟合直线为红色，拟合的方程、标准误差等一般都可在右下角的新窗口中看到。

10.显示数据

新学者最常见的问题是，有时候特别是经过数据列之间的计算后，发现有的单元格中间没有一个数字，全部是 ###### 这样的乱码。出现这种情况时不要着急，这并不是程序出错或是计算出错了，而是因为你的数据长度太大。这种情况可以用两种办法解决：一种是将数据列拉宽；另一种则可以通过采取科学计数法和有效数字来避免由于数据太长而无法显示的问题。具体设置方法：将鼠标指向此数据列［例 A（X）］，击右键，在下拉菜单中选择"Properties"，左键单击，在弹出的对话框中，通过调整"Fromat"和"Numeric display"的下拉选项即可成功。

以上就是 Origin 7 的一些简单的用法，事实上，Origin 7 所能做的远远不止这些，它是一款功能非常强大的数据处理软件。本文仅仅是 Origin 7 的使用入门，其他的功能大家可以通过看 Origin 7 操作界面上的下拉菜单去摸索，或是上网查询掌握。

第六节　实验报告的书写规范

实验结束后，应严格地根据实验记录，对实验现象做出解释，写出有关反应，或根据实验数据进行处理和计算，做出相应的结论，并对实验中的问题进行讨论，独立完成实验报告，及时交指导老师审阅。

6.1 实验报告书写要点

1.实验现象要表述正确,并进行合理的解释,写出相应的反应式,得出结论。

2.对实验数据进行处理（包括计算、作图、误差的表示等）。

3.分析产生误差的原因。针对实验中遇到的疑难问题提出自己的见解,包括对实验方法、教学方法和实验内容提出改进意见或建议。

4.实验报告要按一定的格式书写,字迹端正,表格清晰,图形规范,叙述要简明扼要。这是培养严谨的科学态度和实事求是科学精神的重要措施。

6.2 实验报告格式示例

实验项目名称:XXX

一、实验目的

二、实验原理

要求用简洁的文字、反应式、公式、图示、图表说明本实验的基本原理。

三、实验仪器和试剂

试剂应注明品名、组成等,仪器应注明型号。

四、实验步骤

根据不同类型的实验,该部分格式不同。要求尽量用简洁的文字、箭头、符号、框图、表格、流程图等形式表述。

如：丙酮碘化反应实验步骤

1.常数 B 测定

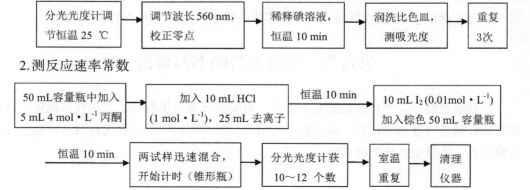

2.测反应速率常数

五、实验数据记录和处理

列表记录原始数据，按实验要求计算和作图。数据处理需要通过计算得到的，应以其中一组数据为例，详细列出公式、计算步骤和结果。作图需有图名，横、纵坐标名称，单位；若需在图上取点进行计算的，则需要在图上标出取点坐标。

$t=$_____℃，$\kappa(H_2O)=$_____$S\cdot cm^{-1}$

试样	$c/mol\cdot L^{-1}$	$\kappa/\mu S\cdot cm^{-1}$	$10^4\kappa-\kappa_{H_2O}/S\cdot m^{-1}$	$10^4\Lambda_m/S\cdot m^2\cdot mol^{-1}$	$10^2\alpha$	$10^5 K$
c_0						
$c_0/2$						
$c_0/4$						
$c_0/8$						
$c_0/16$						

六、思考题

可结合理论课、文献查阅和实验结果认真分析回答。

七、讨论与心得

（1）实验成败及原因分析（可将实验结果与文献数据进行比较，讨论实验结果的合理性；也可对实验中的某些现象进行分析解释；对实验方法的设计、仪器的设计以及误差来源进行讨论）。

（2）本实验的关键环节及改进措施。

（3）可讨论实验的延伸，将本实验与工农业生产、生活以及科研进展相联系等。

第二章　热力学实验

实验1　恒温槽恒温性能测试

一、实验目的

1.通过恒温槽的构造了解恒温原理，掌握恒温调节的技术；
2.并学会贝克曼温度计的使用方法和分析恒温槽的恒温性能。

二、实验原理

恒温槽是以某种液体为介质的恒温装置。依靠恒温控制器来自动调节其热平衡，当恒温槽因对外散热而使介质温度降低时，恒温控制器就使恒温槽内的加热器工作。待加热到设定温度时，它又使加热器停止加热，这样周而复始就可以使液体介质的温度在一定范围内保持恒定。

恒温槽的构造包括浴槽、加热器、搅拌器、温度计、感温元件和恒温控制器。

恒温操作是通过调节感温元件（接触温度计）的"通""断"实现继电器对加热器控制加热。

恒温槽控制的温度有一个波动范围，而不是控制在某一固定不变的温度，灵敏度是衡量恒温槽恒温性能的标志。

灵敏度 t_E 为：

$$t_E = \frac{t_1 - t_2}{2}$$

其中 t_1、t_2 分别为电子温差测量仪上的读数最高值与最低值。灵敏度曲线是以温度为纵坐标、以时间为横坐标绘制的"温度–时间"曲线。

三、实验步骤

1.将蒸馏水注入浴槽至容积的2/3处，将接触温度计、搅拌器、电热器、温度计和精密电子温差测量仪的温度探头等安装好。

2.将恒温槽控制面板上的测量/设定开关打到设定挡，将温度设定为40 ℃。

3.将恒温槽控制面板上的测量/设定开关打到测量挡，此时恒温槽的加热器开始工作。

4.测定恒温槽的灵敏度。待恒温槽温度恒定在40℃时的10 min后，按精密电子温差测量仪上的置零键置零，然后每隔2 min记录一次电子温差测量仪上的读数，测定60 min。

四、数据处理

1.实验测定的数据记录于下表中：

室温：27.6℃　　　　压力：98.5 kPa

实验时间/min	2	4	6	8	10	12	14	16	18	20
ΔT	-0.006	-0.015	0.026	0.018	0.007	-0.012	0.001	0.016	0.024	-0.001
实验时间/min	22	24	26	28	30	32	34	36	38	40
ΔT	0.006	-0.004	-0.006	-0.018	-0.027	-0.015	0.01	-0.006	-0.009	0.016
实验时间/min	42	44	46	48	50	52	54	56	58	60
ΔT	-0.01	-0.018	-0.025	-0.018	0.008	-0.012	-0.028	-0.021	-0.013	0.009

2.计算恒温槽的灵敏度

$t_E=0.024-(-0.025)/2=0.0125$ ℃

3.以上表中的时间为横坐标、贝克曼温度计读数为纵坐标、绘制恒温槽的灵敏度曲线。

从上面的灵敏度曲线可能看出，恒温槽的温度是在设定温度（40℃）上下波动，最大波动幅度小于±0.1℃，说明此恒温槽的恒温效果良好，感温元件灵敏，恒温槽的热容量与加热功率搭配合理，搅拌器、接触温度计与加热器之间的距离合适。

应当指出的是，本实验所绘制的灵敏度曲线只是粗略地反映了恒温槽温度的波动情况，因为在2 min的测量间隔内，可能会发生接触温度计的"通""断"情况，这时贝克曼温度计读数将会发生变化。若测量间隔很短，且其他条件（搅拌速率、环境温度等）不变，则灵敏度曲线是很规则的、周期性变化的曲线。

本实验是以水作为恒温介质，控制温度范围为0～90℃。对于其他的控制温度范围，应选用别的介质，经查阅文献可知，控温范围为-60～30℃，使用乙醇或乙醇水溶液；控温范围为80～160℃，使用甘油；控温范围为70～120℃，使用液状石蜡或硅油。另外，对于低于室温恒温的控制，应配上循环冷却装置。

通过本实验我们了解到，恒温控制原理在现实生活中的应用比比皆是，如电冰箱、空调、洗浴热水器和电煲等。所不同的是，它们所用的感温元件不同。

实验2　燃烧热的测定

一、实验目的

1. 通过测定萘的燃烧热，掌握有关热化学实验的一般知识和技术；
2. 掌握氧弹式量热计的原理、构造及其使用方法；
3. 掌握高压钢瓶的有关知识并能正确使用。

二、实验原理

燃烧焓的定义：在指定的温度和压力下，1 mol物质完全燃烧生成指定产物的焓变，称该物质在此温度下的摩尔燃烧焓，记作$\Delta_c H_m$。

本实验是在等容的条件下测定的。等压热效应与等容热效应关系为

$$\Delta_c H_m = \Delta_c U_m + \Delta nRT \tag{1}$$

Δn是燃烧反应方程式中气体物质的化学计量数，产物取正值，反应物取负值。燃烧热可在恒容或恒压条件下测定，由热力学第一定律可知，在不做非膨胀功时，$\Delta_c U_m = Q_V$，$\Delta_c H_m = Q_p$。在氧弹式量热计中测定的燃烧热是Q_V，则

$$Q_p = Q_V + \Delta nRT \tag{2}$$

在盛有水的容器中放入装有W g样品和氧气的密闭氧弹，使样品完全燃烧，放出的热量引起体系温度的上升。根据能量守恒原理，用量热计测量温度的改变量，由下式求得Q_V。

$$\frac{W}{M}Q_V + mQ_{镍丝} = C(T_{终} - T_{始}) \tag{3}$$

式中，m是镍丝质量（g）；M是样品的摩尔质量（g·mol^{-1}）；C为样品燃烧放热使水和仪器每升高1度所需要的热量，称为水当量（J·K^{-1}）。水当量的求法是用已知燃烧热的物质（本实验用苯甲酸）放在量热计中，测定和$T_{始}$和$T_{终}$，然后可测得萘的燃烧焓。图2.1为实验装置。

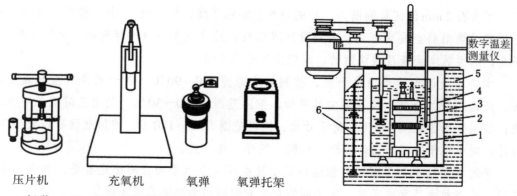

压片机　　　充氧机　　　氧弹　　　氧弹托架

1.氧弹；2.ZT-2TC温度温差测量仪；3.内桶；4.空气夹层；5.外桶；6.搅拌子

图2.1　环境恒温式氧弹量热计装置

三、仪器与试剂

1.仪器

氧弹式量热计1套、氧气钢瓶（带氧气表）、温度温差测量仪（ZT-2TC）、台秤1只、分析天平1台（0.0001 g）

2.试剂

苯甲酸（A.R.）、萘（A.R.）、镍丝、竹牙签、砂纸

四、实验步骤

用环境恒温式量热计。

1.水当量的测定

（1）仪器预热　将量热计及其全部附件清理干净，将有关仪器通电预热。

（2）样品压片　在电子台秤上粗称0.9～1.0 g苯甲酸；取约10 cm长的镍丝一根，在电子天平上准确称量；把竹牙签用砂纸打磨得再细一点（直径2 mm）、表面更光滑一点后，将镍丝的中部卷到竹牙签上，卷6～8圈，使镍丝中部成螺旋状（增加镍丝与药片接触的表面积，注意控制镍丝的圈高与压成药片的高度相近），同苯甲酸一起在压片机中压片，准确称量。

（3）氧弹充氧　将氧弹的弹头放在弹头架上，把镍丝的两端分别紧绕在氧弹头上的两根电极上；把弹头放入弹杯中，拧紧。充氧时，放在充氧机上，充气约0.5 min。氧弹放入量热计中，接好电极。

（4）调节水温　准备一桶蒸馏水，调节水温约低于外筒水温1 ℃（也可以不调节水温直接使用）。将蒸馏水注入内桶，水面盖过氧弹。装好搅拌头。（使用蒸馏水的原因是尽量保护内、外桶。）

（5）测定水当量　打开搅拌器，待温度稍稳定后开始记录温度，每隔1 min记录一次，共记录10次。开启"点火"按钮，每隔15 s记录一次，记录6～8次。当温度明显升高时，说明点火成功，继续每30 s记录一次；到温度升至最高点后，再记录10次，停止实验。

停止搅拌，取出氧弹，放出余气，打开氧弹盖，若氧弹中无灰烬，表示燃烧完全，将剩余镍丝称量，待数据处理时用。

2.测量萘的燃烧热

称取0.8 g～0.9 g萘，重复上述步骤测定之。

[注意事项]

1.仪器先预热，打开开关，实验过程中不允许关闭。

2.注意压片机要专用。

3.充氧时注意氧气钢瓶和减压阀的正确使用顺序,注意开关的方向和压力。

4.内筒中加3000 mL水后若有气泡逸出,说明氧弹漏气,设法排除。

5.搅拌时不得有摩擦声。

6.测定样品萘时,内筒水要更换且需调温。

7.氧气瓶在开总阀前要检查减压阀是否关好;实验结束后要关上钢瓶总阀,注意排净余气,使指针回零。

8.拔电极时注意不要拔线。

9.第二次实验注意擦内筒。

五、数据处理

1.实验数据

苯甲酸							
反应前期(1次/分)		反应中期(1次/15 s)		反应后期(1次/30 s)			
时间	温度	时间	温度	时间	温度	时间	温度
1		1		1		16	
2		2		2		17	
3		3		3		18	
4		4		4		19	
5		5		5		20	
6		6		6		21	
7		7		7		22	
8		8		8		23	
9				9		24	
10				10		25	
				11		26	
				12		27	
				13		28	
				14		29	
				15		30	

萘					
反应前期（1次/分）		反应中期（1次/15 s）		反应后期（1次/30 s）	
时间	温度	时间	温度	时间	温度	时间	温度
1		1		1		16	
2		2		2		17	
3		3		3		18	
4		4		4		19	
5		5		5		20	
6		6		6		21	
7		7		7		22	
8		8		8		23	
9				9		24	
10				10		25	
				11		26	
				12		27	
				13		28	
				14		29	
				15		30	

原始数据记录：

1.镍丝的质量_____g；苯甲酸样品的质量_____g；剩余镍丝的质量_____g；水温_____℃。

2.镍丝的质量_____g；萘样品的质量_____g；剩余镍丝的质量_____g；水温_____℃。

2.由实验数据分别求出苯甲酸、萘燃烧前后的$t_{始}$和$t_{终}$。

$\Delta T_{苯甲酸}$ = $\Delta T_{萘}$ =

3.由苯甲酸数据求出水当量C。

$Q_{镍丝}$ = − 1400.8 J·g⁻¹；

$$C = \frac{(\Delta U_m)\dfrac{w_{苯甲酸}}{M} + Q_{镍丝} w_{镍丝}}{\Delta T}$$

查表知：25 ℃时苯甲酸Q_p = −3228.0 kJ/mol

根据基尔霍夫定律：

$C_{p\,H_2O}$（l） = 75.295 J·mol⁻¹·K⁻¹ $C_{p\,苯甲酸}$ = 145.2 J·mol⁻¹·K⁻¹

$C_{p\,O_2}$ = 29.359 J·mol⁻¹·K⁻¹ $C_{p\,CO_2}$ = 37.129 J·mol⁻¹·K⁻¹

$C_{p\text{萘}} = 165.3 \text{ J·mol}^{-1}\cdot\text{K}^{-1}$

对于苯甲酸 $\Delta C_p = 7\times37.129 + 3\times75.295 - 145.2 - 15/2\times29.359 = 120.3955 \text{ J·mol}^{-1}\cdot K^{-1}$

对于萘 $\Delta C_p = 10\times37.129 + 4\times75.295 - 165.3 - 12\times29.359 = 154.9 \text{ J·mol}^{-1}\cdot K^{-1}$

苯甲酸：$\Delta H_T = \Delta H_{298.15} + \int_{298}^{T} \Delta C_p \, \mathrm{d}T$

$Q_v = Q_p - \Delta nRT =$

$C\Delta T = \left(\Delta U_m\right)\dfrac{w_{\text{苯甲酸}}}{M} + Q_{\text{镍丝}}w_{\text{镍丝}}$

$C = \quad\quad$ J/℃

4. 求出萘的燃烧热 Q_V，换算成 Q_p。

对于萘 $Q_V = Q_p = Q_V + \Delta nRT$

5. 将所测萘的燃烧热值与文献值比较，求出误差，分析误差产生的原因。

萘的文献值：

$\Delta H_T = \Delta H_T + \int_{298}^{T} \Delta C_p \, \mathrm{d}T$

相对误差 =

[注意事项]

（1）保证试样完全燃烧是实验的关键。

（2）氧弹点火要迅速果断。

（3）测定前在氧弹内滴几滴蒸馏水，能使氧弹内为水汽所饱和，又能使室温下的反应物之一的水蒸气凝结为液体水。

[思考题]

1. 在氧弹里加 10 mL 蒸馏水起什么作用？

2. 本实验中，哪些为体系？哪些为环境？实验过程中有无热损耗，如何降低热损耗？

3. 在环境恒温式量热计中，为什么内筒水温要比外筒水温低？低多少合适？

4. 欲测定液体样品的燃烧热，你能想出测定方法吗？

5. 说明恒容热和恒压热的关系。

6. 实验中哪些因素容易造成误差？最大误差是哪种？提高本实验的准确度应该从哪方面考虑？

实验3 纯液体饱和蒸气压的测定

一、实验目的

1.明确纯液体饱和蒸气压的定义和气-液两相平衡的概念,深入了解纯液体饱和蒸气压和温度的关系——克劳修斯-克拉贝龙方程式;

2.用等压计测定不同温度下环己烷(或正己烷)的饱和蒸气压,初步掌握真空实验技术;

3.学会用图解法求被测液体在实验温度范围内的平均摩尔汽化热与正常沸点。

二、实验原理

在一定温度下,与纯液体处于平衡状态时的蒸气压力,就称为该温度下的饱和蒸气压,简称为蒸气压,它是物质的特性参数。在某一温度下,被测液体处于密闭真空容器中,液体分子从表面逃逸而成蒸气,蒸气分子又会因碰撞而凝结成液相,当两者的速率相等时,就达到了动态平衡,此时气相中蒸气密度不再改变,因而具有一定的饱和蒸气压。当液体处于沸腾状态时,其上方的压力即为其饱和蒸气压。纯液体的蒸气压是随温度变化而改变的,温度升高,蒸气压增大;温度降低时,则蒸气压减小。当蒸气压与外界压力相等时,液体便沸腾,外压不同时,液体的沸点也不同,通常把外压为101325 Pa时沸腾温度定义为液体的正常沸点。

蒸发1 mol液体所吸收的热量称为该温度下液体的摩尔汽化热。液体饱和蒸气压与温度的关系可用克劳修斯-克拉贝龙方程式表示:

$$\frac{\mathrm{d}\ln p^*}{\mathrm{d}T} = \frac{\Delta_{\mathrm{vap}}H_{\mathrm{m}}}{RT^2} \tag{1}$$

式中,p^*为液体在温度T时的饱和蒸气压(Pa);T为热力学温度(K);$\Delta_{\mathrm{vap}}H_{\mathrm{m}}$为纯液体的摩尔汽化热(J·mol^{-1}),$R$为摩尔气体常数(8.314 K^{-1}·J)。

如果温度的变化范围不大,$\Delta_{\mathrm{vap}}H_{\mathrm{m}}$视为常数,可当作平均摩尔汽化热。对式(1)进行积分得:

$$\ln p^* = -\frac{\Delta_{\mathrm{vap}}H_{\mathrm{m}}}{RT} + C \tag{2}$$

式中C为积分常数,此数与压力p^*的单位有关。

由(2)式可知,在一定外压时,测定不同温度下的饱和蒸气压,以$\ln p^* - \frac{1}{T}$作图,可得一直线,由直线的斜率可求得实验温度范围内液体的平均摩尔汽化热$\Delta_{\mathrm{vap}}H_{\mathrm{m}}$。当外压为101325 Pa、液体的蒸气压与外压相等时,液体沸腾,可从图中求得其正常沸点。

测定液体饱和蒸气压的方法有三种:

1.动态法：在连续改变体系压力的同时测定随之改变的沸点。

2.静态法：把待测物质放在一封闭系统中，在不同温度下直接测量蒸气压，或在不同外压下测液体的沸点。此法一般适用于蒸气压比较大的液体。

3.饱和气流法：在一定的液体温度下，采用惰性气体流过液体，使气体被液体所饱和，测定流出的气体所带的液体物质的量而求出其饱和蒸气压。

本实验采用静态法，通过测定在不同外压下液体的沸点，得到其蒸气压与温度间的关系。实验采用压力平衡管测定蒸气压（图2.2），其原理：平衡管由三个相连的玻璃管 a、b 和 c 组成，a 管中储存液体，b 管和 c 管管中液体在底部相通。当 a 管和 c 管上部纯粹是待测液体的蒸气 b 管和 c 管的液体在同一水平时，则加在 b 管液面上的压力与加在 c 管液面上的蒸气压相等，该压力可由数字式真空压力计进行测定，此时液体温度即系统的气-液平衡温度。

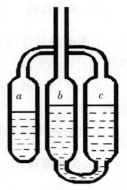

图 2.2 平衡管示意图

三、仪器与试剂

1.仪器

饱和蒸气压实验装置 1 套、循环真空泵 1 台、数字温度仪 1 台、精密数字压力计 1 台

2.试剂

环己烷（A.R.）

四、实验步骤

1.测量装置安装

（1）按照仪器装置图 2.3 连接好线路

向平衡管中装入待测液体，方法如下：先将平衡管取下，然后烤烘（可用煤气灯或电吹风机）a 管，赶走管内空气，迅速将液体自 b 管的管口灌入，冷却 a 管，液体即被吸入。反复 2～3 次，使液体灌至 a 管高度的三分之二和 U 形等位计的大部分为宜，然后接在装置上。

（2）系统检漏

将平衡管取下洗净，烘干。上端磨口涂抹真空脂后连接到系统上，冷阱中放置冷却剂（冰盐混合物）。关闭阀门 1，开启阀门 2，抽真空使"微调部分"与罐内压力相等。之后，关闭阀门 2，缓慢开启阀门 1，泄压至高于气罐压力。关闭阀门 1，观察数字压力计，显示值变化≤0.01 kPa/4 s，即为合格。检漏完毕，开启阀门 1 使微调部分泄压至零。

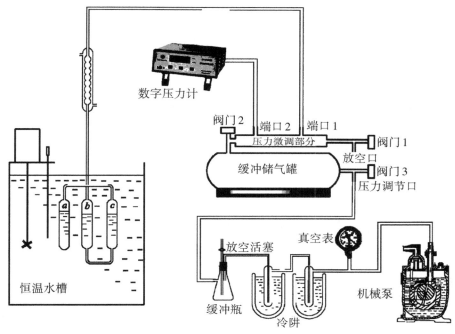

图2.3　纯液体饱和蒸气压测定装置示意图

2.测定不同温度下液体的饱和蒸气压

（1）抽空：接通冷却水，设定玻璃恒温水浴温度为25 ℃，打开搅拌器开关。当水浴温度达到25 ℃时，将真空泵接到压力调节口接嘴上。数字压力计采零，在实验室的标准压力计上读取大气压数值。关闭阀门1，打开阀门2。按操作规程开启真空泵，打开阀门3使体系中的空气被抽出。随着系统的压力降低，a、c管间封闭的气体被连续鼓泡通过b管抽出，注意控制阀门3的开启程度，以保持1～2 s一个气泡的鼓泡速率，直至a管中的液体沸腾约3～5 min（一般观察不到液体内部的沸腾状态，以连续鼓泡为准）。关闭阀门2，等待液体鼓泡停止。真空泵继续运行3 min后，关闭阀门3，按操作规程关闭真空泵。

（2）测定：观察b、c管的液面，一般是b管的液面高于c管的液面，此时缓缓打开阀门1，漏入空气，当U形等位计中b、c管两臂的液面平齐时关闭阀门1；若等位计液柱又发生变化，可缓慢打开阀门1或阀门2重新调节使液面平齐。当阀门1、阀门2均处于关闭状态且液柱不再变化时，记下温度和压力计上的压力值。若液柱始终变化，说明空气未被抽干净，应重复上述操作步骤，直至液柱不再变化为止。

（3）将恒温水浴温度升高5 ℃，升温过程中样品会重新沸腾，为控制过度沸腾导致的样品流失和污染真空系统，可根据实际情况微微开启阀门1压制，使不产生气泡。达到设定温度后，关闭阀门1，恒温5 min，测定新温度下的样品蒸气压。按上述方法依次测定25 ℃、30 ℃、35 ℃、40 ℃、45 ℃、50 ℃、55 ℃时样品的蒸气压。

注：测定过程中如不慎使空气倒灌入试液球a，则需重新抽真空后方能继续测定。

（4）实验结束后，依次慢慢打开阀门1和阀门2，使压力计恢复零位。关闭冷却水、恒温水浴和数字压力计，拔去所有的电源插头。将平衡管中样品全部倒出回收，平衡管清洗烘干备用。

五、数据处理

1. 自行设计实验数据记录表，正确记录全套原始数据并可填入演算结果。

2. 以蒸气压p^*对温度T作图。

4. 由p^*-T曲线均匀读取10个点，列出相应的数据表，然后绘出$\ln p^*$-$\frac{1}{T}$的直线图，由直线斜率计算出被测液体在实验温度区间的平均摩尔汽化热。

5. 由曲线求得样品的正常沸点，并与文献值比较。

[思考题]

1. 能否在加热的情况下检查是否漏气？

2. 本实验方法能否用于测定溶液的蒸气压？为什么？

3. 本实验的主要误差来源是什么？

实验4 溶解热的测定

一、实验目的

1. 掌握采用电热补偿法测定热效应的基本原理；

2. 用电热补偿法测定硝酸钾在水中的积分溶解热，并用作图法求出硝酸钾在水中的微分溶解热、积分稀释热和微分稀释热；

3. 掌握溶解热测定仪器的使用。

二、实验原理

物质溶解过程所产生的热效应称为溶解热，可分为积分溶解热和微分溶解热两种。积分溶解热是指定温定压下把1 mol物质溶解在n_0 mol溶剂中时所产生的热效应。由于在溶解过程中溶液浓度不断改变，因此又称为变浓度溶解热，以$\Delta_{sol}H$表示。微分溶解热是指在定温定压下把1 mol物质溶解在无限量某一定浓度溶液中所产生的热效应，由于在溶解过程中浓度可视为不变，因此又称为定浓度溶解热，以$(\frac{\partial \Delta_{sol}H}{\partial n})_{T,p,no}$表示，即定温、定压、定溶剂状态下，由微小的溶质增量所引起的热量变化。

稀释热是指溶剂添加到溶液中，使溶液稀释过程中的热效应，又称为冲淡热。它也有积分（变浓度）稀释热和微分（定浓度）稀释热两种。积分稀释热是指在定温定压下把原为含 1 mol 溶质和 n_{01} mol 溶剂的溶液冲淡到含 n_{02} mol 溶剂时的热效应，它为两浓度的积分溶解热之差。微分稀释热是指将 1 mol 溶剂加到某一浓度的无限量溶液中所产生的热效应，以 $(\frac{\partial \Delta_{sol} H}{\partial n_0})_{T,p,n}$ 表示，即定温、定压、定溶质状态下，由微小的溶剂增量所引起的热量变化。

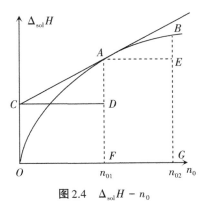

图 2.4　$\Delta_{sol} H - n_0$

积分溶解热的大小与浓度有关，但不具有线性关系。通过实验测定，可绘制出一条积分溶解热 $\Delta_{sol} H$ 与相对于 1 mol 溶质的溶剂量 n_0 之间的关系曲线，如图 2.4 所示，其他三种热效应由 $\Delta_{sol} H - n_0$ 曲线求得。

设纯溶剂、纯溶质的摩尔焓分别为 H_{m1} 和 H_{m2}，溶液中溶剂和溶质的偏摩尔焓分别为 H_1 和 H_2，对于由 n_1 mol 溶剂和 n_2 mol 溶质组成的体系，在溶质和溶剂混合前，体系总焓为：

$$H = n_1 H_{m1} + n_2 H_{m2} \tag{1}$$

将溶剂和溶质混合后，体系的总焓为：

$$H' = n_1 H_1 + n_2 H_2 \tag{2}$$

因此，溶解过程的热效应为：

$$\Delta H = n_1 (H_1 - H_{m1}) + n_2 (H_2 - H_{m2}) = n_1 \Delta H_1 + n_2 \Delta H_2 \tag{3}$$

在无限量溶液中加入 1 mol 溶质，（3）式中第一项可以认为不变，在此条件下所产生的热效应为（3）式中第二项中的 ΔH_2，即微分溶解热。同理，在无限量溶液中加入 1 mol 溶剂，（3）式中第二项可以认为不变，在此条件下所产生的热效应为（3）式中第一项中的 ΔH_1，即微分稀释热。

根据积分溶解热的定义，有：

$$\Delta_{sol} H = \frac{\Delta H}{n_2} \tag{4}$$

将（3）式代入，可得：

$$\Delta_{sol} H = \frac{n_1}{n_2} \Delta H_1 + \Delta H_2 = n_{01} \Delta H_1 + \Delta H_2 \tag{5}$$

此式表明，在 $\Delta_{sol} H - n_0$ 曲线上，对一个指定的 n_{01}，其微分稀释热为曲线在该点的切线斜率，即图 2.4 中的 AD/CD。n_{01} 处的微分溶解热为该切线在纵坐标上的截距，即图 2.4 中的 OC。

在含有 1 mol 溶质的溶液中加入溶剂，使溶液量由 n_{01} mol 增加到 n_{02} mol，所产生的积分溶解热即为曲线上 n_{01} 和 n_{02} 两点处 $\Delta_{sol} H$ 的差值。

本实验测硝酸钾溶解在水中的溶解热。硝酸钾溶于水是一个溶解过程中温度随反应的进行而降低的吸热反应，故采用电热补偿法测定。实验时先测定体系的起始温度，溶解进行后温度不断降低，由电加热法使体系复原至起始温度，根据所耗电能求出溶解过程中的热效应 Q。

$$Q = I^2RT = IUt \tag{6}$$

式中，I 为通过加热器电阻丝（电阻为 R）的电流强度（A），U 为电阻丝两端所加的电压（V），t 为通电时间（s）。

三、仪器与试剂

1. 仪器

SWC-RJ 一体式溶解热测量装置（图2.5），加热功率：0～12.5 W 可调；温度/温差分辨率：0.01 ℃/0.001 ℃；计时时间范围：0～9999 S；输出：RS232C 串行口

称量瓶 8 只、毛刷 1 个、电子分析天平、台秤

图2.5　SWC-RJ 一体式溶解热测量装置

2. 试剂

硝酸钾固体（A.R.，已经磨细并烘干）

四、实验步骤

1. 称样

取 8 个称量瓶，先称空瓶，再依次加入约为 2.5 g、1.5 g、2.5 g、3.0 g、3.5 g、4.0 g、4.0 g、4.5 g 的硝酸钾（亦可先去皮后直接称取样品），粗称后至分析天平上准确称量，称完后置于保干器中，在天平上称取 216.2 g 蒸馏水于杜瓦瓶内。

具体数据记录见五中，称量瓶洗净吹干后，一定要称量空瓶的质量，由于没有保干器，所以称量以后要马上盖上盖子。蒸馏水称量了 218.2 g。

2. 连接装置

如图 2.6 所示，连接电源线，打开温差仪，记下当前室温。

将杜瓦瓶置于测量装置中，插入探头测温，打开搅拌器，注意防止搅拌子与测温探头相碰，以免影响搅拌。

将加热器与恒流电源相连，打开恒流电源，调节电流使加热功率为 2.5 W，记下电

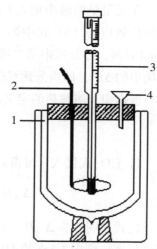

1. 杜瓦瓶　2. 搅拌器
3. 贝克曼温度计　4. 漏斗
图2.6　溶解热测定装置

压、电流值。同时观察温差仪测温值，当超过室温约0.5 ℃时按下"采零"按钮和"锁定"按钮，并同时按下"计时"按钮开始计时。

当前室温是15.6 ℃，注意要放入搅拌子。当显示温度超过室温0.5 ℃后，按下"状态转换"按钮，系统自定采零并开始计时，加热功率为2.30 W左右。

3.测量

将第一份样品从杜瓦瓶盖口上的加料口倒入杜瓦瓶中，倒在外面的用毛刷刷进杜瓦瓶中。此时，温差仪显示的温差为负值。监视温差仪，当数据过零时记下时间读数。接着将第二份试样倒入杜瓦瓶中，同样再到温差过零时读取时间值。如此反复，直到所有的样品全部测定完。

采零后要迅速开始加入样品，否则升温过快可能温度回不到负值。加热速度不能太快也不能太慢，要保证温差仪的示数在-0.5 ℃以上。具体数据记录见五中。

4.称空瓶质量

在分析天平上称取8个空称量瓶的质量，根据两次质量之差计算加入的硝酸钾的质量。

实验结束后，打开杜瓦瓶盖，检查硝酸钾是否完全溶解。如未完全溶解，要重做实验。

倒去杜瓦瓶中的溶液（注意别丢了搅拌子），洗净烘干，用蒸馏水洗涤加热器和测温探头。关闭仪器电源，整理实验桌面，罩上仪器罩。

具体数据记录见五中，打开杜瓦瓶盖发现KNO_3已完全溶解，证明实验成功。

五、数据处理

1.加硝酸钾前、后每分钟温度读数记录。

次数
温度

2.结果处理

（1）由于杜瓦瓶并不是严格的绝热体系，因此，在盐溶解过程中体系和环境仍会有微小的热交换。为了消除热交换的影响，求得没有热交换时的真实温差Δt，可采用作图外推法，即根据实验数据先作出"温度–时间曲线"，并认为溶解是在相当于盐溶解前后的平均温度那一瞬间完成的。过此平均温度作一水平线与曲线交于E点，过E点作一垂线，与上下两段温度读数的延长线交于H、G两点，相应的Δt即为所求的真实温度差，如图2.7所示。

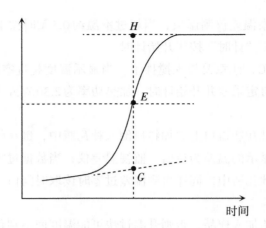

图2.7 温度–时间曲线

（2）计算量热计的热容。

（3）计算硝酸钾在溶液温度下的溶解热。利用已测定的量热计的热容和其他实验数据，来计算硝酸钾的溶解热。

[附录]

在不同的温度下，1 mol KNO$_3$溶于200 mol水中的溶解热：

温度/℃	溶解热/J	温度/℃	溶解热/J	温度/℃	溶解热/J
10	19988.15	16	18941.65	22	18003.99
11	19803.97	17	18774.21	23	17857.48
12	19632.34	18	18610.96	24	17710.97
13	19456.53	19	18451.89	25	17564.46
14	19284.90	20	18035.38	26	17422.13
15	19109.09	21	18154.68	27	17279.81

实验5　完全互溶的双液系t–x图的绘制

一、实验目的

1.绘制在p^0下环己烷–异丙醇二元系统的气–液平衡相图，了解相图和相律的基本概念；

2.掌握测定双组分液体的沸点及正常沸点的方法；

3.掌握用折光率确定二元液体组成的方法。

二、实验原理

两种液体物质混合而成的两组分体系称为双液系。根据两组分间溶解度的不同，可分为完全互溶、部分互溶和完全不互溶三种情况。两种挥发性液体混合形成完全互溶体系时，如果该两组分的蒸气压不同，则混合物的组成与平衡时气相的组成不同。当压力保持一定，混合物的沸点与两组分的相对含量有关。

恒定压力下，真实的完全互溶双液系的气-液平衡相图（t-x 图），根据体系对拉乌尔定律的偏差情况，可分为三类：

（1）一般偏差：混合物的沸点介于两种纯组分之间，如甲苯-苯体系，如图 2.8（a）所示。

（2）最大负偏差：存在一个最小蒸气压值，比两个纯液体的蒸气压都小，混合物存在着最高沸点，如盐酸-水体系，如图 2.8（b）所示。

（3）最大正偏差：存在一个最大蒸气压值，比两个纯液体的蒸气压都大，混合物存在着最低沸点，如正丙醇-水体系，如图 2.8（c）所示。

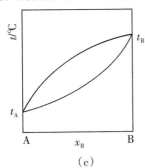 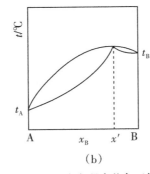 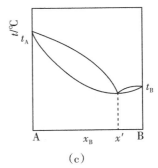

（c）　　　　　　　　　（b）　　　　　　　　　（c）

图2.8　二组分真实液态混合物气-液平衡相图

后两种情况为具有恒沸点的双液系。它们在最低或最高恒沸点时的气相和液相组成相同，因而不能像第一类那样通过反复蒸馏的方法而使双液系的两个组分相互分离，而只能采取精馏等方法分离出一种纯物质和另一种恒沸混合物。为了绘制双液系的 t-x 相图，需测定几组原始组成不同的双液系在气-液两相平衡后的沸点和液相、气相的平衡组成。

本实验以环己烷-异丙醇体系为实验对象，该体系属于上述第三种类型。在沸点仪中蒸馏不同组成的混合物，测定其沸点及相应的气、液两相的组成，即可作出 t-x 相图。本实验中气、液两相的组成均采用折光率法测定。折光率是物质的一个特征数值，它与物质的浓度及温度有关，因此在测量物质的折光率时要求温度恒定。

三、仪器与试剂

1.仪器

沸点测定仪、水银温度计、玻璃温度计、数字式阿贝折光仪、恒温水浴装置、玻璃漏斗、胶头滴管

2.试剂

环己烷、异丙醇、蒸馏水

四、实验步骤

1.调节恒温水浴装置的温度为25 ℃。首先，调节接触式温度计为20 ℃，当加热器的灯熄灭时，观察水银温度计的读数，再稍微调动接触式温度计，使水银温度计恰好为25 ℃。

2.借助玻璃漏斗由支管加入摩尔分数为0.05的环己烷使液面达到温度计水银球的中部。注意电热丝应完全浸没于溶液中。打开冷却水，接通电源，注意感温杆勿与电热丝相碰。用调压变压器由零开始逐渐加大电流，使溶液缓慢加热。液体沸腾后，再调节电流的大小，使蒸气在冷凝管中回流的高度保持在冷凝管的支管口处。当测温温度计的读数稳定后再维持几分钟使体系达到平衡。在这一过程中，不时将小球中凝聚的液体倾入烧瓶内。2 min后，将电流调至最小，用干燥滴管自冷凝管口伸入小球，吸取其中全部冷凝液。用另一只干燥滴管由支管吸取圆底烧瓶内的溶液，上述两者即可认为是体系平衡时气、液两相的样品。迅速用折光仪测定其折光率，圆底烧瓶中的液体倒入原试剂瓶中。

同样方法依次测定含环己烷摩尔分数为0.05、0.15、0.30、0.45、0.55、0.60、0.80、0.95样品的气、液两相各自的折光率。

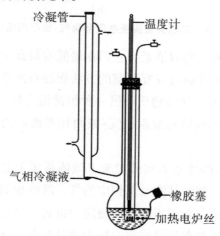

图2.9 沸点测定装置

[注意事项]

1. 沸点仪中装入溶液之前绝对不能通电加热，如果没有溶液，通电加热丝时，沸点仪会炸裂。

2. 一定要在停止通电加热之后，方可取样进行分析。

3. 使用阿贝折光仪时，棱镜上不能触及硬物，要用专用擦镜纸擦镜面。

五、数据处理

异丙醇35 mL+环己烷

加环己烷 /mL	沸点 /℃	折射率							
		气相				液相			
		1	2	3	平均值	1	2	3	平均值
0	76.6								
2	74.9	1.3904	1.3902	1.3903	1.3903	1.3769	1.3770	1.3771	1.3770
6	71.5	1.3994	1.3992	1.3993	1.3993	1.3806	1.3806	1.3805	1.3806
12	69.0	1.4055	1.4053	1.4054	1.4054	1.3879	1.3881	1.3883	1.3881
20	67.6	1.4066	1.4065	1.4064	1.4065	1.3974	1.3972	1.3973	1.3973

环己烷35 mL+异丙醇

加异丙醇 /mL	沸点 /℃	折射率							
		气相				液相			
		1	2	3	平均值	1	2	3	平均值
0	75.5								
2	74.0	1.4065	1.4060	1.4063	1.4063	1.4218	1.4215	1.4213	1.4215
4	68.0	1.4071	1.4068	1.4070	1.4070	1.4169	1.4172	1.4167	1.4169
10	67.5	1.4065	1.4066	1.4064	1.4065	1.4065	1.4055	1.4054	1.4058
16	67.8	1.4068	1.4069	1.4065	1.4067	1.397	1.3968	1.697	1.4054

由于实验温度不是在标准温度，所以经修正（将实验数据改正为20 ℃与P40对比）为如下表及图2.10：

异丙醇摩尔分数/%	折光系数 n_D
0	1.4263
10.04	1.4210
17.04	1.4181
20.00	1.4168
28.34	1.4130
32.03	1.4113
37.14	1.4090
40.40	1.4077
46.04	1.4050
50.00	1.4029
60.00	1.3983
80.00	1.9882
100.00	1.3773
94.3	66.6
85.09	46.23
75.47	28.7
54.2	18.11

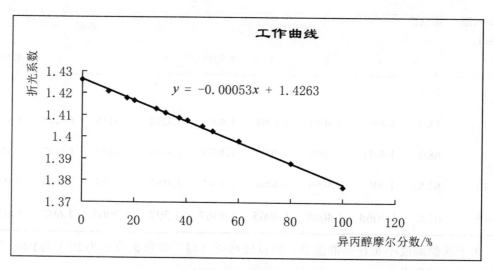

图 2.10　修正后异丙醇摩尔分数–折光系数

混合溶液中相应的异丙醇的含量，用表格表示如下：

向 35 mL 的异丙醇中加入环己烷

加入环己烷的量/mL	温度/℃	液相中异丙醇的摩尔分数/%	气相中异丙醇的摩尔分数/%
0	76.6	100	100
2	74.9	93.0	92.5
4	71.5	82.2	50.9
12	69.0	72.1	39.4
20	67.6	40.1	49.4

向 35 mL 的环己烷中加入异丙醇

加入异丙醇的量/mL	温度/℃	液相中异丙醇的摩尔分数/%	气相中异丙醇的摩尔分数/%
0	75.5	0	0
2	74.0	9.1	10.3
4	68.0	17.7	37.5
10	67.5	38.7	37.4
16	67.8	40	50.3

由以上两表作气-液平衡相图，如图2.11所示。

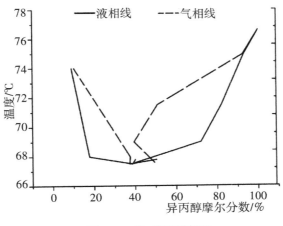

图2.11 气-液平衡相图

[思考题]

1. 简述由实验绘制环己烷-异丙醇气-液平衡 t-x 相图的基本原理。
2. 在双液系的气-液平衡相图实验中，如何判断气、液相达平衡状态？
3. 在双液系的气-液平衡相图实验中，主要误差来源是什么？
4. 在双液系的气-液平衡相图实验中，安装仪器应该注意什么？

实验6 凝固点降低法测定摩尔质量

一、实验目的

1. 使用电阻型精密温度传感器，掌握纯溶剂和溶液凝固点的测定技术；
2. 用凝固点降低法测定萘的摩尔质量；
3. 观察纯溶剂和溶液的冷却、凝固过程，加深对稀溶液依数性质的理解。

二、实验原理

溶液的凝固点是指固体溶质、溶液两相平衡共存时的温度，比如纯水的凝固点（273.15 K）又称为冰点，即在此温度水和冰同时存在。难挥发非电解质的加入，引起溶液的蒸气压下降，含非挥发性溶质的二组分稀溶液（当溶剂与溶质不生成固溶体时）的凝固点比纯溶剂的凝固点低。这是稀溶液的依数性质之一，当指定了溶剂的种类和数量后，凝固点降低值取决于所含溶质分子的数目，即溶剂的凝固点降低值与溶液的浓度成正比。

对于理想溶液，稀溶液的凝固点降低与溶液组成的关系由范特霍夫凝固点降低公式给出

$$\Delta T_{\mathrm{f}} = \frac{R\left(T_{\mathrm{f}}^{*}\right)^{2}}{\Delta_{\mathrm{f}} H_{\mathrm{m}}(A)} \times \frac{n_{B}}{n_{A} + n_{B}} \tag{1}$$

式中，ΔT_{f} 为凝固点降低值；T_{f}^{*} 为纯溶剂的凝固点；$\Delta_{\mathrm{f}} H_{\mathrm{m}}(A)$ 为纯溶剂的摩尔凝固热；n_{A} 和 n_{B} 分别为溶剂和溶质的物质的量。当溶液浓度很稀时，$n_{B} \ll n_{A}$，则

$$\Delta T_{\mathrm{f}} \approx \frac{R(T_{\mathrm{f}}^{*})^{2}}{\Delta_{\mathrm{f}} H_{\mathrm{m}}(A)} \times \frac{n_{B}}{n_{A}} = \frac{R(T_{\mathrm{f}}^{*})^{2}}{\Delta_{\mathrm{f}} H_{\mathrm{m}}(A)} \times M_{A} b_{B} = K_{\mathrm{f}} b_{B} \tag{2}$$

其中 M_{A} 为溶剂的摩尔质量；$b_{B} = \dfrac{n_{B}}{W_{A}}$ 为溶质的质量摩尔浓度；K_{f} 是溶剂的质量摩尔凝固点降低常数，它的数值仅与溶剂的性质有关。

如果已知溶剂的凝固点降低常数 K_{f}，并测得此溶液的凝固点降低值 ΔT_{f}，以及溶剂和溶质的质量 W_{A}、W_{B}，则溶质的摩尔质量由下式求得

$$M_B = K_f \frac{W_B}{\Delta T_f W_A} \tag{3}$$

值得注意的是，如溶质在溶液中发生解离、缔合、溶剂化和配合物形成等情况时，则不能简单地运用公式（3）计算溶质的摩尔质量。浓度稍高时，已不是稀溶液，致使测得的相对分子质量随浓度的不同而变化。显然，溶液凝固点降低法可用于溶液热力学性质的研究，例如电解质的电离度、溶质的缔合度、溶剂的渗透系数和活度系数等。

纯溶剂的凝固点是它的液相和固相共存时的平衡温度。若将纯溶剂逐步冷却，理想冷却曲线（或称步冷曲线）应如图2.12中曲线（1）所示，从 a 点处液体无限缓慢地冷却，到达 b 点时，开始析出纯溶剂的固体；在析出固相过程中温度不再变化，曲线上出现一段平台 bc，此时液体和晶体平衡共存；如果继续冷却，全部液相纯溶剂将凝结成固相，温度再下降。在纯溶剂的冷却曲线上，这个不随时间而变的平台相对应的温度 T_f^* 称为该纯溶剂的凝固点。但是，在实际过程中往往会发生过冷现象，即在过冷而开始析出固体时，放出的凝固热才使体系的温度回升到平衡温度，待液体全部凝固之后，温度再逐渐下降，步冷曲线如图2.12中曲线（2）所示。因为实验做不到无限慢地冷却，而是较快速强制冷却，在温度降到 T_f^* 时不凝固，出现过冷现象。一旦固相出现，温度又回升而出现平台。

溶液的凝固点是该溶液的液相与纯溶剂的固相平衡共存的温度。溶液的凝固点很难精确测量，当溶液逐渐冷却时，其步冷曲线与纯溶剂不同，曲线（3）是溶液的理想冷却曲线。与曲线（1）不同，当温度由 a 处冷却，到达 T_f 时，溶液中才开始析出纯溶剂的固体，此时 $T_f < T_f^*$。随着纯溶剂固体的析出，溶液浓度不断增大，因而剩余溶液与溶剂固相的平衡温度也不断下降，冷却曲线不会出现"平阶"，于是 bc 并不是一段平台，而是出现一转折点，该点所对应的温度即为凝固点。曲线（4）是实验条件下的溶液冷却曲线，可以看出，适当的过冷使溶液凝固点的观察变得容易（温度降到 T_f 以下 b' 点又回升的最高点 b），可以将温度回升的最高值近似地作为溶液的凝固点。

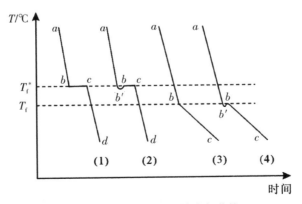

图2.12 纯溶剂和溶液的冷却曲线

当冷冻剂的温度低于凝固点温度3℃以上时，过冷现象将变得十分严重，纯溶剂和溶液的冷却曲线将分别如图2.13中的曲线（1）和曲线（2）所示。在这种情况下，为了获得比较准确的相对分子质量数据，应通过外推法求得凝固点温度：对于纯溶剂冷却曲线（1），T_f应以平台段温度为准；对于溶液冷却曲线（2），可以将固相的冷却曲线向上外推至液相段相交，并以此交点温度作为凝固点T_f'。

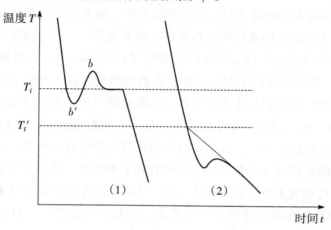

图2.13　外推法确定纯溶剂和溶液的凝固点

三、仪器与试剂

1.仪器

凝固点实验装置1套、分析天平1台、移液管（25 mL）1支、称量瓶1个、烧杯（1000 mL）1个、洗耳球1个

2.试剂

环己烷（A.R.）、萘（A.R.）

四、实验步骤

1.准备冰水浴

仪器装置如图2.14所示。取自来水注入冰浴槽中，然后加入碎冰以保持水温在3.5℃左右（寒剂的温度以不低于所测溶液凝固点3℃为宜）。

2.溶剂环己烷凝固点的测定

用移液管准确吸取250 mL环己烷加入样品管，注意不要使环己烷溅在样品管壁上。将样品管盖和搅拌棒在样品管上装配好后（不要用力塞，以免挤碎玻璃磨口），直接插入冰水浴中。将温度传感器放入样品管中（放入温度传感器的动作要缓慢，同时观察其顶部位置，防止顶破样品管），通过观察窗观察温度传感器在样品中的浸没深度，调节橡胶密封圈的高低，使温度传感器顶部离样品管底部约5～10 mm，且处于与样品管管壁平行的中心位置和搅拌棒的底部圆环内。按下凝固点实验装置前面板的"清零"和"锁定"键，并上下均匀移动搅拌棒，以每1～2 s一次为宜，注意温度的变化。冷却至温度显示基本不变，此时的温度即为纯溶剂环己烷的近似凝固点。

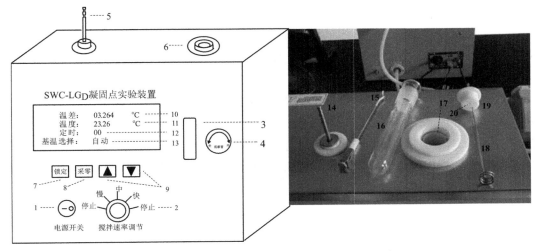

1.电源开关　2.搅拌速率调节旋钮　3.样品管观察窗　4.观察窗启闭旋钮

5.搅拌器导杆　6.凝固点测定口

7.锁定键：锁定选择的温差比较基准温度（简称基温）。按下此键，采零和基温自动选择均不起作用，基温选择为锁定状态。

8.采零键：用以消除仪表当时的温差值，使温差值显示"0.000"，按下采零键时的实际温度就是基温。

9.定时键：设定时间0～99 s增减键。

10.温差显示：显示温差值，温差测量范围为±19.999 ℃。温差值指实际温度与基温的差值。

11.温度显示：显示传感器测得的实际温度值。

12.定时显示：显示设定的时间间隔。

13.基温选择：显示基温选择状态。在高精度测量温差的状态下，仪器不可能在全部温度范围内以这样高的精度显示绝对温度值，正如同无法在一根-20～100 ℃的温度计上刻线至0.001 ℃一样。仪器内置有一系列温差比较基准温度，分别为-20 ℃、0 ℃、20 ℃、40 ℃××××××，"自动"状态表示仪器自动选择最接近实际温度的那个温差比较基准温度，并将两者的差值显示为温差数据，比如实际温度为15.36 ℃，则温差比较基准温度自动选择为20 ℃（注意：不是0 ℃），温差显示为-4.635 ℃。"锁定"状态表示将仪器当前选择的基温固定并且不再改变，在全部温度测量范围内均采用这个基温作为温差比较基准温度，此时基温自动选择功能和采零功能均失效。

14.搅拌器导杆　15.搅拌器横向连杆　16.样品管　17.恒温空气夹套

18.搅拌棒　19.样品管盖　20.温度传感器插孔

图2.14　凝固点实验装置的前面板示意图

取出样品管，用手掌心捂热，使样品管中的固体完全融化。再将样品管直接插入冰水浴中，缓慢搅拌使环己烷较快地冷却。当环己烷温度降至高于近似凝固点0.5 ℃时，从冰水浴中迅速取出样品管，擦干管外的冰水后套入空气套管中，并缓慢搅拌，使环己烷的温度均匀地逐渐下降。每 20 s 记录温度一次，当温度低于近似凝固点 0.2～0.3 ℃时，急速搅拌促使固体析出。当固体析出时，温度开始回升，立即改为缓慢搅拌，连续记录温度回升后的温度，直至稳定，此时温度即为环己烷的凝固点。之后每 2～3 min 记录一次。做完一次后，使析出的结晶全部融化，按照上述方法再重复测定 2 次数据。测定结束后，保留样品管内的环己烷，用于作为接下来实验中萘的溶剂。

3. 溶液凝固点的测定

取出样品管，用手掌心捂热，使样品管内的环己烷完全融化。准确称取 0.15～0.2 g萘，投入装有环己烷的样品管底部，防止黏着于管壁、温度探头或搅拌器上。待萘完全溶解后，测定该溶液的凝固点方法与纯溶剂相同，先测定溶液的近似凝固点，再精确测定。但溶液的凝固点是过冷后温度回升所达到的最高温度。重复测定 3 次数据。取出样品管，用手捂热，使管内固体完全融化后，将溶液倒入废液缸中回收。

五、数据处理

1. 环己烷密度 $\rho_t/\text{g} \cdot \text{cm}^{-3} = 0.7971\sim0.8879 \times 10^{-3}t/\text{℃}$，计算室温 t 时环己烷的质量。

2. 环己烷的凝固点为 6.54 ℃，凝固点降低常数：$K_f = 20.0 \text{ ℃} \cdot \text{kg} \cdot \text{mol}^{-1}$。

3. 由测定的纯溶剂和溶液的凝固点，算出 ΔT_f 值后，进而计算出萘的摩尔质量。

[思考题]

1. 如果溶质在溶液中解离、缔合和生成配合物，对摩尔质量测量值有何影响？

2. 加入溶质的量太多或太少有何影响？

3. 为什么会产生过冷现象？

4. 测定凝固点时，纯溶剂温度回升后能有一相对恒定阶段，而溶液则没有，为什么？

5. 在冷却过程中，样品管内固液相之间和寒剂之间，有哪些热交换？它们对凝固点的测定有何影响？

6. 原理中计算公式的导出做了哪些近似处理，如何判断本实验中这些假设的合理性？

实验7　二组分合金体系液固平衡相图的绘制

一、实验目的

1. 学习热分析法绘制相图的基本原理，用热分析法（冷却曲线法）测绘 Bi-Sn 二组分金属相图；

2.了解固液相图的特点，进一步学习和巩固相律等有关知识；

3.熟悉数字控温仪及可控升降温电炉的使用。

二、实验原理

热分析法是一种常用的绘制相图方法。由于一切相变过程都伴随着热的吸收或放出，因此将系统均匀加热或冷却时，若不发生相变，则温度 T 随时间 t 变化的 T-t 曲线是光滑的，即温度随时间的变化率是连续的；当系统发生相变时，其 T-t 曲线就会出现转折点或平台，其温度随时间的变化率会发生突跃。把这种温度随时间变的 T-t 曲线称为步冷曲线。步冷曲线上的转折点或平台对应的温度就是开始发生相变化的温度。根据多个组成不同的二组分系统的步冷曲线即可绘制出相图。图2.15就是一种常见的二组分简单低共熔物系的步冷曲线及相图。所谓简单低共熔物系是指两种不同物质在固态互不相溶（即彼此不生成固溶体），这两种物质也不生成化合物的体系。Bi-Sn二元凝聚物系相图就属于简单低共熔混合物系相图。

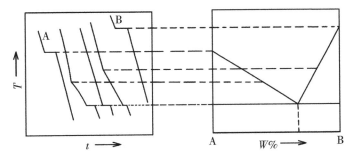

图2.15 根据步冷曲线绘制相图

对于纯物质，当把它冷却到凝固点时，其步冷曲线上会出现一个水平段。二组分液态混合物系的凝固过程并不是在一个温度点上完成的。在凝固过程中，随着某个纯固体组分的析出，溶液的组成会不断地发生变化，所以它的凝固点（即二相平衡温度）也会不断地变化。与此同时，由于凝固过程是放热的，即系统在对外放热的同时也会得到部分热量的补充，所以其温度降低速度会明显放慢，其步冷曲线上会出现一个拐点。步冷曲线上的拐点与相图中的点有一一对应的关系。

在实验过程中需要注意以下几点：

（1）因为待绘制的相图是平衡状态图，故实验过程中被测系统需时时处于或接近平衡状态。所以在系统冷却时，冷却速度应足够缓慢。冷却过程中应尽量保持环境状况前后一致，不要搅拌，也不要晃动温度探头或样品管。

（2）实验过程中，待测样品的实际组成应与标签一致。如果实验过程中样品未混合均匀或部分样品发生了氧化，则实验结果就误差较大。

（3）测得的温度值必须能真正反映系统的温度。为此，测温探头的热容应足够小，而且热电偶的热端必须深入到被测系统的足够深处。

另外，在实验过程中常常会出现过冷现象，即当温度降低到凝固点以下才能发生凝固（即）结晶，这主要与表面现象有关。由于液体凝固时会放出大量的热，故凝固过程真正发生后的系统的温度会从过冷回升到正常凝固点。过冷现象的发生，往往会使纯物质的步冷曲线如图 2.16 中的曲线 a 所示，使 A、B 二组分混合物系的步冷曲线如图 2.16 中的曲线 b 所示。在这种情况下，对于纯物质，水平线段对应的温度就是该纯物质的凝固点；对于 A、B 二组分混合物系，将过冷后的步冷曲线段反向延长使其与过冷前的步冷曲线段相交，该交点对应的温度就是 A、B 二组分混合物系的凝固点。

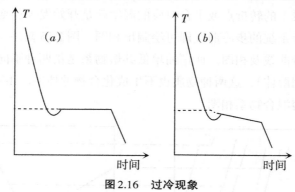

图 2.16　过冷现象

三、仪器和试剂

1.仪器和材料

金属相图实验炉（图 2.17）、微电脑温度控制仪、铂电阻、玻璃试管、坩埚、台天平

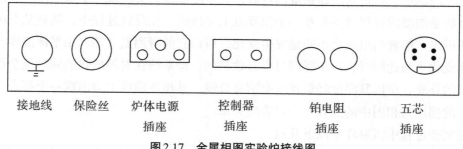

| 接地线 | 保险丝 | 炉体电源插座 | 控制器插座 | 铂电阻插座 | 五芯插座 |

图 2.17　金属相图实验炉接线图

2.试剂

纯锡（C.R.）、纯铋（C.R.），石墨

四、实验步骤

1.配制样品

用感量为0.1 g的托盘天平分别配制含铋量为30%、58%、80%的锡铋混合物各100 g，另外称纯铋100 g、纯锡100 g，分别放入5个样品试管中。

2.通电前准备

（1）首先接好炉体电源线、控制器电源、铂电阻插头、信号线插头、接地线。

（2）将装好药品的样品管插入铂电阻，然后放入炉体。

（3）设置控制器拨码开关：由于炉丝在断电后热惯性作用，将会使炉温上冲100～160 ℃（冬天低夏天高）。因此设置拨码开关数值应考虑到这一点。例如：要求样品升温为350 ℃，夏天设置值为170 ℃。当炉温加热至170 ℃时加热灯灭，炉丝断电，由于热惯性使温度上冲至350 ℃后，实验炉自动开始降温。

（4）将炉体黑色旋钮（电压指示旋钮）逆时针方向旋转到底，处于保温状态。

3.通电工作

（1）通电升温：接通电源，控制器显示室温，加热灯亮，炉体上电压表指示电压值，炉体开始升温。

（2）炉体自动断电：当炉内温度（即显示温度）高于设置温度后，加热灯灭，电压表指零，炉内电流切断，停止加热。

（3）限温功能：为了防止拨码开关值设置过大而损坏铂电极，软件功能使拨码开关百位数不大于2，即温度最高设置值为299 ℃（万一拨码开关百位数大于2，程序中也认为是2），这样温度上冲后不会超过铂电阻的极限值500 ℃。

（4）一次加热功能：由于实验中按先升温后降温的顺序进行，所以软件中采取一定的措施使得温度降到低于拨盘值时仍不加热，只有操作人员按复位键或重新通断一次电源，炉体才重新开始加热至拨码开关值。

（5）中途加热：当炉体升温未达到要求温度时，如果显示温度小于299 ℃，则可增加拨码开关数值后再按一下复位键，加热继续进行。当显示温度超过299 ℃时，把黑色旋钮向顺时针方向旋动（工作人员不能离开），这时炉体继续加热，注意应提前切断炉丝电流（防止热惯性使温度上冲过高），即逆时针方旋动黑色旋钮至电压指示为零。

（6）保温功能：由于冬季气温较低，为防止温度下降太快，不易发现拐点平台现象，可将黑色旋钮顺时针方向旋动，使电压表指示20～40 V，使炉体中有少量的保温电流。正常温度下降为1 min 4 ℃左右。

（7）报时功能：按定时键可选择15～60 s的定时鸣笛，按第一次，显示15 s，第二次显示30 s，依次类推，按复位键可使鸣声停止。

4.测步冷曲线

依次测纯铋及含铋30%、58%、80%的铋锡混合物及纯锡等的步冷曲线，方法如下：将装了样品的样品管放入金相相图实验炉，接通电炉电源，样品熔化后，在样品上面覆盖一层石墨粉或松香（防止金属被氧化），用小玻璃棒将熔融金属搅拌均匀。同时将铂电阻热端插入熔融金属中心距样品管底 1 cm 处。样品温度不宜升得太高，一般在熔化全部金属后，再升高 30 ℃即可停止加热，让样品在样品管内缓缓冷却，同时开动微电脑控制器，冷却过程中每隔 1 min 记录一次控温仪上的温度读数，记录冷却曲线。冷却速度不能太快，最好保持降温速度在 6～8 ℃·min^{-1}。

[注意事项]

1. 开始实验前及绘制步冷曲线时可按下"坐标设定"键，进行图形参数设定。

2. 用电炉加热样品时，温度要适当，温度过高样品易氧化变质；温度过低或加热时间不够则样品没有完全熔化，步冷曲线转折点测不出。

3. 热电偶热端应插到样品中心部位，在套管内注入少量的液状石蜡，将热电偶浸入油中，以改善其导热情况。搅拌时要注意勿使热端离开样品。

4. 混合物的体系有两个转折点，必须待第二个转折点测完后方可停止实验，否则须重新测定。

5. 本实验成功的关键是步冷曲线上转折点和水平线段明显。步冷曲线上温度变化的速率取决于体系与环境间的温差、体系的热容量、体系的热传导率等因素，若体系析出固体放出的热量抵消散失热量的大部分，转折变化明显，否则转折就不明显。故控制好样品的降温速度很重要，一般控制在 6～8 ℃·min^{-1}，在冬季室温较低时，就需要给体系降温过程加以一定的电压（约 20 V 左右）来减缓降温速率。

6. 本实验所用体系一般为 Sn-Bi、Cd-Bi、Pb-Zn 等低熔点金属体系，它们的蒸气对人体健康有危害，因而要在样品上方覆盖石墨粉或液状石蜡，防止样品的挥发和氧化。液状石蜡的沸点较低（大约为 300 ℃），故电炉加热样品时注意不宜升温过高，特别是样品近熔化时所加电压不宜过大，以防止液状石蜡的挥发和炭化。

7. 固液系统的相图类型很多，二组分间可形成固溶体、化合物等，其相图可能会比较复杂。一个完整相图的绘制，除热分析法外，还需借用化学分析、金相显微镜、X 射线衍射等方法共同解决。

五、数据处理

1. 用已知纯 Bi、纯 Sn 的熔点及水的沸点作横坐标，以纯物质步冷曲线中的平台温度为纵坐标作图，画出热电偶的工作曲线。

2. 找出各步冷曲线中转折点和水平线段所对应的温度值。

3. 从热电偶的工作曲线上查出各转折点温度和水平线段所对应的温度，以温度为纵坐标、以物质组成为横坐标，绘出 Sn-Bi 金属相图。

[思考题]

1.对于不同成分的混合物的步冷曲线，其水平段有什么不同？为什么？

2.作相图还有哪些方法？

3.为什么冷却曲线上会出现转折点？纯金属、低共熔金属及合金的转折点各有几个？曲线形状为何不同？

4.为什么要控制冷却速度，不能使其迅速冷却？

实验8 差热-热重分析及应用

一、实验目的

1.掌握热重和差热分析的基本原理，了解差热分析和热重分析仪器的基本结构和基本操作；

2.学习热重和差热分析仪的操作；

3.学会定性解释差热谱图；

4.用差热仪测定绘制 $CuSO_4 \cdot 5H_2O$ 的 DTA 曲线，分析其水分子的脱去顺序。

二、实验原理

差热分析（DTA）是在程序控制温度下，建立被测量物质和参比物的温度差与温度关系的一种技术。数学表达式为

$$\Delta T = T_s - T_r = f(T \text{或} t)$$

其中：T_s、T_r 分别代表试样及参比物温度；T 是程序温度；t 是时间。记录的曲线叫差热曲线或 DTA 曲线。

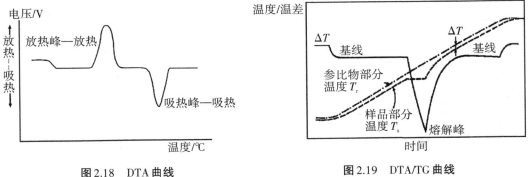

图2.18 DTA 曲线   图2.19 DTA/TG 曲线

本实验以 $\alpha - Al_2O_3$ 作为参比物质，记录 $CuSO_4 \cdot 5H_2O$ 的 DTA 曲线，从而考察其失

去5分子结晶水的情况。

物质受热时，发生化学变化，质量也就随之改变，测定物质质量的变化也就随之改变，测定物质质量的变化就可研究其变化过程，热重法（TG）是在程序控制温度下，测量物质质量与温度关系的一种技术，热重法实验得到的曲线称为热重曲线（TG曲线）。

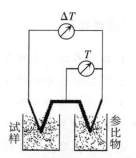

图2.20　差热分析装置结构简图

三、实验仪器

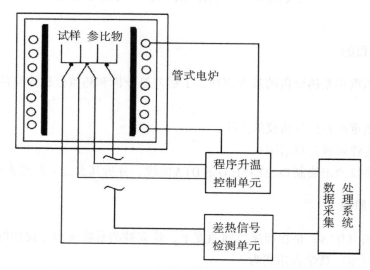

分析仪器简易图

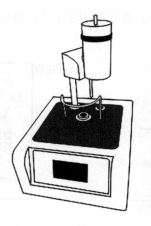

图2.21　实验仪器实物图

四、实验步骤

1.打开仪器后面面板上的电源开关,指示灯亮,说明整机电源已接通。开机半个小时后可以进行测试工作。

2.双手轻抬起炉子,以左手为中心,右手逆时针方向轻轻旋转炉子。左手轻轻扶着炉子,用左手拇指扶着右手拇指,防止右手抖动。用右手把参比物放在左边的托盘上,把测量物放在右边的托盘上。轻轻放下炉体。(操作时轻上轻下。)

3.启动热分析软件。点击新采集,自动弹出"新采集——参数设置"对话框。左半栏目里填写试样名称、序号、试样质量。操作人员名字。在右边栏里进行温度设定。设置步骤如下:

点击"增加"按钮,弹出"阶梯升温——参数设置"对话框,填写升温速率、终值温度、保留时间,设置完毕点击"确认"按钮。

继续点击"增加"按钮,进行上面设置。采集过程将根据每次设置的参数进行阶梯升温。

用户可以修改每个阶梯设置的参数值,光标放到要修改的参数上。单击左键,参数行变蓝色,左键点击修改按钮,弹出次阶梯升温参数。修改完毕,点击确定按钮。进入采集状态。

4.数据分析:数据采集结束后,点击数据"数据分析"菜单,选择下拉菜单中的选项,进行对应分析,分析过程:首先用鼠标选取分析起始点,双击鼠标左键;接着选取分析结束点,双击鼠标左键,此时自动弹出分析结果。

五、数据处理

1.仪器结束后,打开软件TA60,找到要保存的结果文件。

2.依次找到质量线,热线,程序升温线。

3.首先从热线中分析出样品的吸热峰和放热峰。从质量线上分析出样品质量的损失(单击质量线,点击 Analysis,出现 Weigh loss,然后分析)。

实验9 溶液偏摩尔体积的测定

一、实验目的

1.掌握用比重瓶测定溶液密度的方法;

2.测定指定组成的乙醇–水溶液中各组分的偏摩尔体积;

3.学会恒温槽的使用;

4.理解偏摩尔量的物理意义。

二、实验原理

在多组分体系中，某组分 i 的偏摩尔体积定义为

$$V_{i,m} = \left(\frac{\partial V}{\partial n_i}\right)_{T,p,n_j(i \neq j)} \tag{1}$$

若是二组分体系，则有

$$V_{1,m} = \left(\frac{\partial V}{\partial n_1}\right)_{T,p,n_2} \tag{2}$$

$$V_{2,m} = \left(\frac{\partial V}{\partial n_2}\right)_{T,p,n_1} \tag{3}$$

体系总体积

$$V = n_1 V_{1,m} + n_2 V_{2,m} \tag{4}$$

将（4）式两边同除以溶液质量 W：

$$\frac{V}{W} = \frac{W_1}{M_1} \cdot \frac{V_{1,m}}{W} + \frac{W_2}{M_2} \cdot \frac{V_{2,m}}{W} \tag{5}$$

$$令 \quad \frac{V}{W} = \alpha, \frac{V_{1,m}}{W} = \alpha_1, \frac{V_{2,m}}{W} = \alpha_2, \quad \frac{W_1}{M_1} = a_1, \quad \frac{W_2}{M_2} = a_2 \tag{6}$$

式中 α 是溶液的比容；α_1、α_2 分别为组分 1、2 的偏质量体积；a_1 为组分 1 的百分含量；a_2 为组分 2 的百分含量。将（6）式代入（5）式可得：

$$\alpha = a_1 \alpha_1 + a_2 \alpha_2 = (1 - a_2)\alpha_1 + a_2 \alpha_2 \tag{7}$$

将（7）式对 a_2 微分：

$$\frac{\partial \alpha}{\partial a_2} = -\alpha_1 + \alpha_2, 即 \alpha_2 = \alpha_1 + \frac{\partial \alpha}{\partial a_2} \tag{8}$$

将（8）代回（7），整理得

$$\alpha_1 = \alpha - a_2 \cdot \frac{\partial \alpha}{\partial a_1} \tag{9}$$

$$和 \quad \alpha_2 = \alpha + a_1 \cdot \frac{\partial \alpha}{\partial a_2} \tag{10}$$

所以，实验求出不同浓度溶液的比容 α，作 α-a_2 关系图，得曲线 CC'（见图 2.22）。如欲求 M 浓度溶液中各组分的偏摩尔体积，可在 M 点作切线，此切线在两边的截距 AB 和 $A'B'$ 即为 α_1 和 α_2，再由关系式（6）就可求出 $V_{1,m}$ 和 $V_{2,m}$。

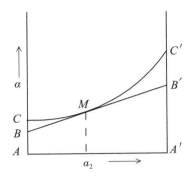

图2.22　比容-质量分数关系

三、仪器与药品

1.仪器

恒温设备1套、分析天平（公用）、比重瓶（10 mL）2个、工业天平（公用）、磨口三角瓶（50 mL）4个

2.药品

95%乙醇（A.R.），纯水

四、实验步骤

调节恒温槽温度为（25.0±0.1）℃。

以95%乙醇(A)及纯水(B)为原液，在磨口三角瓶中用工业天平称重，配制含A质量百分数为0%、20%、40%、60%、80%、100%的乙醇水溶液，每份溶液的总体积控制在40 mL左右。配好后盖紧塞子，以防挥发。摇匀后测定每份溶液的密度，其方法如下：

用分析天平精确称量二个预先洗净烘干的比重瓶，然后盛满纯水（注意不得存留气泡）置于恒温槽中恒温10 min。用滤纸迅速擦去毛细管膨胀出来的水。取出比重瓶，擦干外壁，迅速称重。

同法测定每份乙醇-水溶液的密度。恒温过程中应密切注意毛细管出口液面，如因挥发液滴消失，可滴加少许被测溶液以防挥发之误。

[注意事项]

1.比重瓶法可用于测定液体的密度。用比重瓶测液体的密度时，先将比重瓶洗净干燥，称空瓶重，再注满液体。在瓶塞塞好（按要求）并恒温后再称重，先用蒸馏水标定体积，再注入待测液称重后根据公式（11）计算待测液的密度。

2.做好本实验的关键是取乙醇时，要减少挥发误差，动作要敏捷，每份溶液用两个比重瓶进行平行测定，结果取其平均值；拿比重瓶应手持其颈部。

3.恒温过程应密切注意毛细管出口液面，如因挥发液滴消失，可滴加少许被测溶液以防挥发之误。

4.实验过程中毛细管里始终要充满液体，注意不得存留气泡。

5.当使用比重瓶测量粒状固体物的密度时，应按测固体密度的步骤进行测定。

五、数据处理

1.根据25 ℃时水的密度和称重结果，求出比重瓶的容积。

2.根据附表数据，计算所配溶液中乙醇的准确质量分数。

$$W_{乙醇}\% = \frac{W_A}{W_A + W_B} \cdot y\%$$

式中，$y\%$ 是根据测得的密度值，查附表得的95％乙醇（即 A）中纯乙醇的准确百分比含量。

3.计算实验条件下各溶液的比容。

4.以比容为纵轴、乙醇的质量百分浓度为横轴作曲线，并在30％乙醇处作切线与两侧纵轴相交，即可求得 α_1 和 α_2。

5.求算含乙醇30％的溶液中各组分的偏摩尔体积及100 g该溶液的总体积。

[思考题]

1.使用比重瓶应注意哪些问题？

2.如何使用比重瓶测量粒状固体物的密度？

3.为提高溶液密度测量的精度，可做哪些改进？

实验10 分光光度法测定甲基红电离平衡常数

一、实验目的

1.学会用分光光度法测定溶液各组分的浓度，并由此求出甲基红电离平衡常数；

2.掌握可见分光光度计的原理和使用方法。

二、实验原理

1.分光光度法

分光光度法是对物质进行定性分析、结构分析和定量分析的一种手段，而且还能测定某些化合物的物化参数，例如摩尔质量、配合物的配合比和稳定常数以及酸碱电离常数等。

测定组分浓度的依据是朗伯-比尔定律：一定浓度的稀溶液对于单色光的吸收遵守下式

$$A = \lg \frac{I_0}{I} = klc \tag{1}$$

A 为吸光度；$\frac{I_0}{I}$ 为透光率 T；k 为摩尔吸光系数（与溶液的性质有关）；l 为溶液的厚度；c 为溶液浓度。

在分光光度分析中，将每一种单色光，分别依次通过某一溶液，测定溶液对每一种光波的吸光度，以吸光度 A 对波长 λ 作图，就可以得到该物质的分光光度曲线，或吸收光谱曲线，如图 2.23 所示。由图可以看出，对应于某一波长有一个最大的吸收峰，用这一波长的入射光通过该溶液就有着最佳的灵敏度。

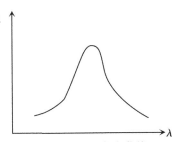

图 2.23　分光光度曲线

从（1）式可以看出，对于固定长度吸收槽，在对应最大吸收峰的波长（λ）下测定不同浓度 c 的吸光度，就可作出线性的 A-c 线，这就是光度法定量分析的基础。

以上讨论是单组分溶液的情况。含有两种以上组分的溶液，情况就要复杂一些：

①若两种被测定组分的吸收曲线彼此不相重合，这种情况很简单，就等于分别测定两种单组分溶液。

②两种被测定组分的吸收曲线相重合，且遵守朗伯-比尔定律，则可在两波长 λ_1 及 λ_2 处（λ_1、λ_2 是两种组分单独存在时吸收曲线最大吸收峰波长）测定其总吸光度，然后换算成被测定物质的浓度。

根据朗伯-比尔定律，假定吸收槽的长度一定（一般为 1 cm），

$$\text{对于单组分} A：A_{\lambda}^{A} = k_{\lambda}^{A} c^{A} \tag{2}$$

$$\text{对于单组分} B：A_{\lambda}^{B} = k_{\lambda}^{B} c^{B} \tag{3}$$

设 $A_{\lambda_1}^{A+B}$、$A_{\lambda_2}^{A+B}$ 分别代表在 λ_1 及 λ_2 时混合溶液的总吸光度，则

$$A_{\lambda_1}^{A+B} = A_{\lambda_1}^{A} + A_{\lambda_1}^{B} = k_{\lambda_1}^{A} c^{A} + k_{\lambda_1}^{B} c^{B} \tag{4}$$

$$A_{\lambda_2}^{A+B} = A_{\lambda_2}^{A} + A_{\lambda_2}^{B} = k_{\lambda_2}^{A} c^{A} + k_{\lambda_2}^{B} c^{B} \tag{5}$$

此处 $A_{\lambda_1}^{A}$、$A_{\lambda_2}^{A}$、$A_{\lambda_1}^{B}$、$A_{\lambda_2}^{B}$ 分别代表在 λ_1 及 λ_2 时组分 A 和 B 的吸光度

由（4）式可得：

$$c^{B} = \frac{A_{\lambda_1}^{A+B} - k_{\lambda_1}^{A} c^{A}}{k_{\lambda_1}^{B}} \tag{6}$$

将（6）式代入（5）式得：

$$c^A = \frac{k_{\lambda_1}^B A_{\lambda_2}^{A+B} - k_{\lambda_2}^B A_{\lambda_1}^{A+B}}{k_{\lambda_1}^A k_{\lambda_2}^B - k_{\lambda_2}^B k_{\lambda_1}^A} \tag{7}$$

这些不同的 k 值均可由纯物质求得。也就是说，在各纯物质的最大吸收峰的波长 λ_1、λ_2 处，测定吸光度 A 和浓度 c 的相关，如果在该波长处符合朗伯-比尔定律，那么 A-c 为直线，直线的斜率为 k 值。$A_{\lambda_1}^{A+B}$、$A_{\lambda_2}^{A+B}$ 是混合溶液在 λ_1、λ_2 处测得的总吸光度，因此根据（6）、（7）式即可计算混合溶液中组分 A 和组分 B 的浓度。

甲基红溶液即为②中所述情况。其他情况要比①②更复杂一些，本实验暂不作讨论。

2. 甲基红电离平衡常数及 pK 的测定

甲基红是一种弱酸型的染料指示剂，具有酸（HMR）和碱（MR⁻）两种形式。其分子式为：

它在溶液中部分电离，在碱性溶液中呈黄色，在酸性溶液中呈红色。在酸性溶液中它以两种离子形式存在：

酸（HMR）——红

碱（MR⁻）——黄

简单地写成：

$$HMR \rightleftharpoons H^+ + MR^-$$

甲基红的酸形式　　甲基红的碱形式

在波长 520 nm 处，甲基红酸式 HMR 对光有最大吸收，碱式吸收较小；在波长 430 nm 处，甲基红碱式 MR⁻ 对光有最大吸收，酸式吸收较小。故依据（6）、（7）式，可得：

$$[MR^-]/[HMR] = (A_{430}^{总} \times k'^{HMR}_{520} - A_{520}^{总} \times k'^{HMR}_{430})/(A_{520}^{总} \times k'^{MR^-}_{430} - A_{430}^{总} \times k'^{MR^-}_{520}) \tag{8}$$

由于 HMR 和 MR⁻ 两者在可见光光谱范围内具有强的吸收峰，溶液离子强度的变化对它的酸电离平衡常数没有显著影响，而且在简单 $CH_3COOH - CH_3COONa$ 缓冲体系中就很容易使颜色在 pH4~6 范围内改变，因此比值 [MR⁻]/[HMR] 可用分光光度法测定而求得。

甲基红的电离常数

$$k = \frac{[H^+][MR^-]}{[HMR]}$$

令 $-\lg K = pK$，则

$$pK = pH - \lg \frac{[MR^-]}{[HMR]} \tag{9}$$

由（9）式可知，只要测定溶液中 [MR⁻]/[HMR] 及溶液的 pH 值（用 pH 计测得），即可求得甲基红的 pK。

3. 可见分光光度计的原理及使用方法

分光光度计的结构一般由五部分组成，如图 2.24 所示：

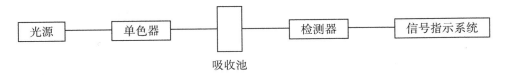

图 2.24　分光光度计的结构

本实验使用的是 722N 型可见分光光度计（图 2.25）。

722N 型可见分光光度计采用光栅自准式色散系统和单色光结构光路，布置如图 2.26。

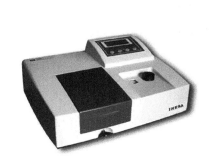

图 2.25　722N 型可见分光光度计实物图

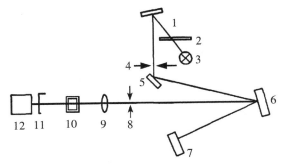

1. 聚光镜　2. 滤色片　3. 钨卤素灯　4. 进狭缝
5. 反射镜　6. 准直镜　7. 光栅　8. 出狭缝
9. 聚光镜　10. 样品架　11. 光门　12. 光电池

图 2.26　722N 型分光光度计光学原理

使用此仪器时应注意：

（1）按照指导教师指导的仪器使用方法规范使用；

（2）如果仪器发生故障，需报告指导教师，不能自行进行修理；

（3）使用分光计前要预热仪器，使电压稳定；

（4）比色皿放入样品室前，用镜头纸擦干比色皿外的溶液，切忌用手触碰比色皿透光面。

三、仪器与试剂

1. 仪器

722型分光光度计

2. 试剂

甲基红、95%乙醇、0.1 mol·L⁻¹HCl、0.04 mol·L⁻¹NaAc、蒸馏水

四、实验步骤

1. 甲基红储备溶液的配制

用研钵将甲基红研细，称取1 g甲基红固体溶解于500 mL 95%酒精中。甲基红储备溶液已配好，此步骤略去。

2. 甲基红标准溶液的配制

由公用滴定管放出5 mL甲基红储备液于100 mL量筒，加入50 mL 95%酒精溶液，用蒸馏水稀释至刻度，摇匀。储备溶液呈深红色，稀释成标准溶液后颜色变浅。

3. A溶液（纯酸式）和B溶液（纯碱式）的配制

A溶液：取10.00 mL甲基红标准溶液，加10.00 mL 0.1 mol·L⁻¹ HCl，再加水稀释至100 mL，此时溶液的pH大约为2，故此时溶液中的甲基红以HMR形式存在。

B溶液：取10.00 mL甲基红标准溶液，加25.00 mL 0.04 mol·L⁻¹NaAc，再加水稀释至100 mL，此时溶液的pH大约为8，故此时溶液中的甲基红以MR⁻形式存在。

A溶液呈红色，B溶液呈黄色。

4. 最高吸收峰的测定

（1）*A溶液的最高吸收峰*

取两个1 cm比色皿，分别装入蒸馏水和A溶液，以蒸馏水为参比，在420~600 nm波长之间每隔20 nm测一次吸光度。在500~540 nm之间每隔10 nm测一次吸光度，以便精确求出最高点之波长。

（2）*B溶液的最高吸收峰*

取两个1 cm比色皿，分别装入蒸馏水和B溶液，以蒸馏水为参比，在410~530 nm波长之间每隔20 nm测一次吸光度。在410~450 nm之间每隔10 nm测一次吸光度，以便精确求出最高点之波长。

操作分光光度计时应注意，每次更换波长都应重新在蒸馏水处调整T挡为100%，然后再切换到A挡，测定溶液A值。

5.按下表分别配制不同浓度的溶液

表1 不同浓度的以酸式为主的甲基红溶液的配制

溶液编号	A 溶液的体积百分比含量	A 溶液/mL	0.1 mol·L⁻¹ HCl/mL
0#	100%	20.00	0.00
1#	75%	15.00	5.00
2#	50%	10.00	10.00
3#	25%	5.00	15.00

表2 不同浓度的以碱式为主的甲基红溶液的配制

溶液编号	B 溶液的体积百分比含量	B 溶液/mL	0.1 mol·L⁻¹ NaAc/mL
0#	100%	20.00	0.00
4#	75%	15.00	5.00
5#	50%	10.00	10.00
6#	25%	5.00	15.00

配制完后分别测得7种溶液在520 nm及430 nm处的吸光度A。

6.配制不同pH下的甲基红溶液

表3 4种溶液

溶液编号	标准溶液 / mL	0.1 mol·L⁻¹ HCl/mL	0.04 mol·L⁻¹ NaAc/mL
7#	10.00	5.00	25.00
8#	10.00	10.00	25.00
9#	10.00	25.00	25.00
10#	10.00	50.00	25.00

按照表3配制4种溶液，配制完后分别测得4种溶液在520 nm及430 nm处的吸光度A。

5、6步骤中在测量溶液的吸光度时，一个比色皿要使用多次，在更换溶液时要清洗干净，再换装溶液。

五、数据处理

1.数据记录

（1）纯酸式甲基红HMR（A溶液）和纯碱式甲基红MR⁻（B溶液）最高吸收峰的测定

测得的纯酸式甲基红HMR（A溶液）和纯碱式甲基红MR⁻（B溶液）在不同波长时的吸光度如下表：

纯酸式甲基红 HMR(A溶液)		纯碱式甲基红 MR⁻(B溶液)	
λ/nm	吸光度 A	λ/nm	吸光度 A
420	0.061	410	0.398
440	0.138	420	0.411
460	0.296	430	0.415
480	0.551	440	0.412
500	0.835	450	0.399
510	0.947	470	0.326
520	1.008	490	0.192
530	1.000	510	0.078
540	0.963	530	0.035
560	0.753	—	—
580	0.251	—	—
600	0.039	—	—

（2）以酸式为主和以碱式为主的甲基红各溶液吸光度的测定

将 0#、0'#、1#～6#溶液在波长 520 nm、430 nm 处分别测定吸光度，以蒸馏水为参比溶液，数据记录在下表：

溶液编号	$A^{总}_{520}$	$A^{总}_{430}$
0#	0.992	0.084
1#	0.766	0.061
2#	0.510	0.038
3#	0.260	0.018
0'#	0.050	0.421
4#	0.026	0.295
5#	0.018	0.207
6#	0.009	0.101

（3）不同［MR⁻］/［HMR］值的甲基红溶液吸光度的测定

将 7#～10#溶液在波长 520 nm、430 nm 处分别测其吸光度，以蒸馏水为参比溶液，数据记录如下：

溶液编号	$A^{总}_{520}$	$A^{总}_{430}$
7#	0.583	0.217
8#	0.724	0.164
9#	0.856	0.116
10#	0.917	0.100

（4）甲基红溶液 pH 的测定

用 pH 计分别测定上述 7#～10# 溶液的 pH，测得的 pH 如下：

溶液编号	7#	8#	9#	10#
pH	4.67	4.33	3.89	3.58

2.数据处理

（1）用 1 中的数据作出 A 溶液和 B 溶液的 A–λ 图，由图中读出其最大吸收波长为 520 nm。

（2）求 A 溶液和 B 溶液的摩尔消光系数。

（3）甲基红溶液中［MR⁻］/［HMR］值的计算。

将 2 中计算出的摩尔消光系数和五、3 中的吸光度，代入式（8），计算出 7#、8#、9#、10# 溶液中［MR⁻］/［HMR］之比。

溶液编号	7#	8#	9#	10#
［MR⁻］/［HMR］	0.692	0.328	0.108	0.045

（4）甲基红溶液离解平衡常数 K 的计算

将五、4 中测得的 pH 和相应的［MR⁻］/［HMR］代入式（8），计算出 7#、8#、9#、10# 溶液的 pK 值，取其平均值。

溶液编号	7#	8#	9#	10#
pK	4.82	4.81	4.86	4.93

计算得 pK$_{平均}$=4.86

即 $K=1.38×10^{-5}$

[注意事项]

1.实验中拟合计算 $k'_{MR-430\,nm}$ 和 $k'_{MR-520\,nm}$ 时，图中出现明显偏离线性关系的点，分析其原因可能是测量吸光度时没有用蒸馏水标定 100%，也有可能是比色皿换装溶液时未洗净。另外，由于分光光度计的测量精度在 0.001，所以吸光度越小，其相对误差越大，这也是配制 0#～6# 溶液未用蒸馏水稀释的原因。

2.常温下pK为4.95±0.05，最后计算结果为4.86，相对误差为：R=1.8%误差产生的原因除1中原因外，还有可能是溶液配制不标准，也有可能是温度因素影响，随着温度升高，K值会增大，pK会减小，所以实验过程应尽量保持恒温。

[思考题]

1.为何要先测出最大吸收波长，然后在最大吸收峰处测定吸光度？
2.为何待测液要配成稀溶液？
3.用分光光度法进行测定时，为何要用空白溶液校正零点？

第三章 电化学实验

实验11 离子迁移数的测定（Hittorf法）

一、实验目的

1.掌握希托夫（Hittorf）法测定电解质溶液中离子迁移数的基本原理和方法；
2.掌握库仑计的原理和使用方法；
3.测定 $CuSO_4$ 溶液中 Cu^{2+} 和 SO_4^{2-} 的迁移数。

二、实验原理

当电流通过含有电解质溶液的电解池时，溶液中的阳离子和阴离子将分别向阴极和阳极定向迁移，同时电极上将发生氧化还原反应。此时，通过溶液的总电量等于溶液中所有正、负离子迁移的电量之和。某种离子传递的电量与通过溶液的总电量之比称为该离子在此溶液中的迁移数，用符号 t 表示。若正、负离子传递电量分别为 q_+ 和 q_-，通过溶液的总电量为 Q，则正、负离子的迁移数分别为：

$$t_- = \frac{q_-}{Q}$$

$$t_+ = \frac{q_+}{Q}$$

且

$$Q = q_+ + q_-$$

$$t^+ + t_- = 1$$

离子迁移数与浓度、温度、溶剂的性质有关，一般增加某种离子的浓度则该离子传递电量的百分数增加，离子迁移数也相应增加；温度改变，离子迁移数也会发生变化，但温度升高正、负离子的迁移数差别变小；同一种离子在不同电解质中迁移数亦不相同。

测定离子的迁移数常用的方法有希托夫法（Hittorf Method）、界面移动法（Moving Boundary Method）和电动势法（Electromotive Force Method）三种。本实验采用希托夫

法测定 $CuSO_4$ 溶液中 Cu^{2+} 和 SO_4^{2-} 的迁移数。

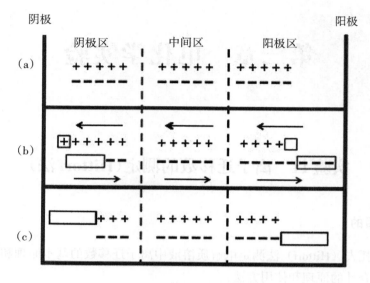

图3.1　离子迁移示意图

希托夫法测定离子迁移数的原理是根据电解前后阴、阳两极区电解质数量的变化来求算离子的迁移数。以1-1价电解质为例，假设阴离子的迁移速率为阳离子的3倍，设想两电极间存在三个区域：阳极区、中间区和阴极区（如图3.1所示）。通电前，三区浓度一致，如图3.1（a）所示；当电流通过电解池时，阴、阳两极区的浓度都减小，而中间区的浓度保持不变。根据假设，由于阴离子的迁移速率是阳离子的3倍，那么，当1个阳离子从阳极区迁出，必定由3个阴离子从阴极区迁出，如图3.1（b）所示；当4个阳离子在阴极上沉积还原，必定有4个阴离子在阳极上放电，如图3.1（c）所示。

根据法拉第定律，在电极界面上发生化学变化物质的质量与通入的电量成正比。因此，阴、阳离子迁移数为：

$$t_- = \frac{\text{阴极区减少的电解质}}{\text{通过溶液的总电量}}$$

$$t_+ = \frac{\text{阳极区减少的电解质}}{\text{通过溶液的总电量}}$$

上述关系式中，阴、阳两极区减少的电解质可通过分析通电前、后各区域电解质的变化量得到，通过溶液的总电量可用库仑计测量。

需要注意的是，希托夫法测定迁移数至少包含两个假设：

（1）电的输送者只是电解质的离子，溶剂（水）不导电，这一点与实际情况接近。

（2）不考虑离子的水化现象。

三、仪器与试剂

1.仪器

希托夫迁移管1套、库仑计1套、分析天平1台、台秤1台、精密稳流电源1台、碱式滴定管（100 mL）1支、锥形瓶4个、移液管（10 mL）只、铁架台、滴管若干

2.试剂

硫酸铜电解液（100 mL水中含15 g $CuSO_4 \cdot 5H_2O$，5 mL浓硫酸，5 mL乙醇）、硫酸铜溶液（0.05 mol·L^{-1}）、KI溶液（10%）、淀粉指示剂（0.5%）、硫代硫酸钠溶液（0.0500 mol·L^{-1}）、KSCN溶液（100 g·L^{-1}）、HAc（1 mol·L^{-1}）、乙醇（A.R.）

四、实验步骤

1.洗净所有器皿。迁移管用0.05 mol/L的$CuSO_4$溶液荡洗2次（注意：迁移管活塞下的尖端部分也要荡洗），盛满硫酸铜溶液后安装到固定架上。电极表面处理洁净并用硫酸铜淋洗后装入迁移管中，打开A、B活塞。

2.取下库仑计中的铜片电极，先用细砂纸磨光，除去表面氧化层，用蒸馏水洗净，用1 mol·L^{-1}硝酸溶液处理去除表面的氧化层，用蒸馏水冲洗后，阳极铜片装入库仑计；阴极铜片用乙醇淋洗并吹干（注意：温度不能太高），在分析天平上称量，质量为m_1，装入盛有硫酸铜电解液电量计中。

3.按电路图连接好装置，接通电源，调节电流强度为10～15 mA，连续通电60 min后停止通电，立即关闭A、B活塞。取出库仑计中的铜阴极，用蒸馏水冲洗，用乙醇淋洗并吹干，在分析天平上称量，质量为m_2。

4.取2个空的、干燥的锥形瓶称量后，取阴、阳极区溶液，再次称量后用间接碘量法滴定Cu^{2+}的浓度。

5.取原始溶液和中间区溶液各25 mL，用间接碘量法滴定Cu^{2+}的浓度。

[注意事项]

1.向迁移管中注入被测溶液时，切勿使管壁或镉电极上黏附气泡。橡皮管处不能漏水，否则重新密封。迁移管垂直固定避免振动。

2.使用精密稳流电源时要注意安全，接上或断开外电源时，仪器开关应处在关的位置上，在接通电源时，应将仪器面板上的输出调节旋至最小。

3.实验结束后，关闭仪器电源开关，用蒸馏水洗净电极、迁移管和烧杯，仪器放置整齐，桌面擦拭干净。

五、数据处理

1.根据库仑定律和阴极铜片质量变化计算通过迁移管的总电量：

$$Q = \frac{2F(m_1 - m_2)}{M_{Cu}}$$

式中：F 为法拉第常数，M_{Cu} 为析出铜的摩尔质量。

2. 根据滴定结果计算，计算原始溶液和通电后中间区 $CuSO_4$ 的物质的量。如果二者结果相差太大，需重做实验。

3. 根据滴定结果计算，计算通电后阴、阳极区 $CuSO_4$ 的物质的量，并计算 Cu^{2+} 和 SO_4^{2-} 的迁移数。

[思考题]

1. 通过库仑计阴极的电流密度为什么不能太大？

2. 通电前、后中间区溶液的浓度改变，须重做实验，为什么？

3. 0.1 $mol \cdot L^{-1}$ KCl 和 0.1 $mol \cdot L^{-1}$ NaCl 中的 Cl^- 迁移数是否相同？

实验12 电导的测定及其应用

一、实验目的

1. 理解溶液的电导、电导率和摩尔电导率的概念；掌握电导率仪的使用方法；

2. 测量 KCl 水溶液的电导率，求算其无限稀释摩尔电导率；

3. 用电导法测量弱酸的电离平衡常数及难溶盐的溶度积常数。

二、实验原理

1. 弱电解质电离常数的测定

一定条件（温度、浓度）下，分子电离成离子的速率和离子结合成分子的速率相等，溶液中各分子和离子的浓度都保持不变的状态叫电离平衡状态。AB 型弱电解质在溶液中电离达到平衡时，电离平衡常数 k_c 与原始浓度 c 和电离度 α 有以下关系：

$$AB \rightleftharpoons A^+ + B^-$$

起始浓度：　c　　　　　0　　　　　0

平衡浓度：　$c - c\alpha$　　　$c\alpha$　　　　$c\alpha$

$$K_c = \frac{c\alpha^2}{1 - \alpha} \tag{1}$$

因此，AB 型弱电解质的电离平衡常数 k_c，可以通过测定弱电解质的电离度 α 计算得到。

将电解质溶液注入电导池内，溶液电导 G 与两电极间的距离 L 成反比，与电极面积 A 成正比：

$$G = \frac{kA}{L} \tag{2}$$

式中：$\frac{L}{A}$ 为电导池常数，用 K_{cell} 表示；k 为电导率。

由于 L 和 A 不易精确测量，因此实验中用一种已知电导率值的溶液，先求出电导池常数 K_{cell}，然后把待测溶液注入该电导池测出其电导值，即可根据（2）式求出其电导率。

摩尔电导率是指把含有 1 mol 电解质的溶液置于相距 1 m 的两平行电极之间时的电导。以 Λ_m 表示，单位为 $S \cdot m^2 \cdot mol^{-1}$。摩尔电导率 Λ_m 与电导率 k 之间的关系用公式表示为：

$$\Lambda_m = kV_m = \frac{k}{c} \tag{3}$$

式中：c 为溶液的浓度，其单位为 $mol \cdot L^{-1}$。

Kohlrausch 根据实验得出强电解质稀溶液的摩尔电导率 Λ_m 与浓度有如下关系：

$$\Lambda_m = \Lambda_m^\infty - A\sqrt{c} \tag{4}$$

式中，Λ_m^∞ 是溶液在无限稀释时的摩尔电导率。

对于弱电解质溶液，Λ_m 与 $\sqrt{c}$ 不存在线性关系，但是其 Λ_m^∞ 可以根据强电解质的 Λ_m^∞ 进行求解。

根据 Kohlrausch 离子独立运动规律：

$$\Lambda_m^\infty = \lambda_{m,+}^\infty + \lambda_{m,-}^\infty \tag{5}$$

$$\Lambda_m^\infty(HAC) = \Lambda_m^\infty(HCl) + \Lambda_m^\infty(NaAc) - \Lambda_m^\infty(NaCl) \tag{6}$$

式中，$\lambda_{m,+}^\infty$ 和 $\lambda_{m,-}^\infty$ 分别表示在无限稀释时溶液中正、负离子的电导。

弱电解质的电离度与摩尔电导率的关系为

$$\alpha = \frac{\Lambda_m}{\Lambda_m^\infty} \tag{7}$$

因此，对于 AB 型弱电解质，电离常数 K_c 为

$$K_c = \frac{c\Lambda_m^2}{\Lambda_m^\infty\left(\Lambda_m^\infty - \Lambda_m\right)} \tag{8}$$

或

$$c\Lambda_m = \left(\Lambda_m^\infty\right)^2 K_c \frac{1}{\Lambda_m} - \Lambda_m^\infty K_c \tag{1-8'}$$

因此，测定不同浓度下的 Λ_m，以 $c\Lambda_m$ 对 $\frac{1}{\Lambda_m}$ 作图，其直线的斜率为 $\left(\Lambda_m^\infty\right)^2$，若已知 Λ_m^∞，即可求算 K_c。

2.$BaSO_4$ 饱和溶液溶度积（K_{sp}）的测定

在测定难溶盐 $BaSO_4$ 的溶度积时，其电离过程为

$$BaSO_4 \longrightarrow Ba^{2+} + SO_4^{2-}$$

根据摩尔电导率 Λ_m 与电导率 k 的关系：

$$\Lambda_m\left(BaSO_4\right) = \frac{k\left(BaSO_4\right)}{c\left(BaSO_4\right)} \tag{9}$$

因为难溶盐溶解程度极小，可看作是无限稀释，因此可用 Λ_m 代替 Λ_m^∞。

$$\Lambda_m \approx \Lambda_m^\infty = \lambda_m^\infty\left(Ba^{2+}\right) + \lambda_m^\infty\left(SO_4^{2-}\right) \tag{10}$$

$\lambda_m^\infty\left(Ba^{2+}\right)$ 和 $\lambda_m^\infty\left(SO_4^{2-}\right)$ 可通过查表获得。

$$\Lambda_m\left(BaSO_4\right) = \frac{k\left(BaSO_4\right)}{c\left(BaSO_4\right)} = \frac{k\left(溶液\right) - k\left(水\right)}{c\left(BaSO_4\right)} \tag{11}$$

$$c\left(BaSO_4\right) = c\left(SO_4^{2-}\right) = c\left(Ba^{2+}\right) \tag{12}$$

所以，

$$K_{sp} = c\left(SO_4^{2-}\right) \times c\left(Ba^{2+}\right) = c^2 \tag{13}$$

这样，难溶盐的溶度积和溶解度是通过测定难溶盐饱和溶液的电导率来确定的。很显然，测定的电导率是由难溶盐溶解的离子和水中的 H^+ 和 OH^- 所决定的，故还必须测定电导水的电导率。

三、仪器与试剂

1.仪器

电导率仪1台、电导电极1支、电导池2只、恒温槽装置1套、50 mL移液管4支、100 mL容量瓶4个

2.试剂

KCl（0.02 mol·L^{-1}）、HAc（0.20 mol·L^{-1}）

四、实验步骤

1.弱电解质电离常数的测定

（1）打开电导率仪，预热5 min。

（2）KCl溶液电导率测定

①溶液配制：用0.02 mol·L^{-1}的KCl溶液配制浓度分别为0.020 mol·L^{-1}、0.010 mol·L^{-1}、0.0050 mol·L^{-1}、0.00250 mol·L^{-1}、0.0125 mol·L^{-1}的KCl溶液，做好标记，放入30 ℃的恒温槽中备用。

②测定不同浓度的KCl溶液的电导：用电导水洗涤电导池和电导电极2～3次，将电极插入溶液中，按照浓度依次升高的顺序分别测定5个溶液的电导。平行测定3次。

（3）HAc溶液电导率测定

①溶液配制：配制浓度分别为0.20 mol·L^{-1}、0.10 mol·L^{-1}、0.05 mol·L^{-1}、0.025 mol·L^{-1}、0.0125 mol·L^{-1}的醋酸溶液，做好标记，放入30 ℃的恒温槽中备用。

②测定不同浓度HAc溶液的电导：用电导水洗涤电导池和电导电极2～3次，将电极插入溶液中，按照浓度依次升高的顺序分别测定5个溶液的电导。平行测定3次。

（4）倾去电导池中的电导水，量杯放回烘箱，电极用滤纸吸干，关闭电源。

2.$BaSO_4$饱和溶液溶度积（K_{sp}）的测定

（1）蒸馏水的电导测定

取约100 mL蒸馏水煮沸、冷却，倒入一干燥烧杯内，插入电极，读3次，取平均值。

（2）测定$BaSO_4$的溶度积

①称取1 g $BaSO_4$放入250 mL锥形瓶内，加入100 mL蒸馏水，摇动并加热至沸腾，倒掉上层清液，以除去可溶性杂质，重复2次。

②再加入100 mL蒸馏水，加热至沸腾，使之充分溶解。冷却至室温，将上层清液倒入一干燥烧杯中，插入电极，测其电导值，读3次，取平均值。

[注意事项]

1.电导池不用时，应把电导电极浸在蒸馏水中，以免干燥致使表面发生改变。

2.实验中温度要恒定，测量必须在同一温度下进行。恒温槽的温度要控制在（25.0±0.1）℃或（30.0±0.1）℃。

3.测定前，必须将电导电极及电导池洗涤干净，以免影响测定结果。

五、数据处理

1.以KCl溶液的以Λ_m对$\sqrt{c}$作图，根据（7）式计算Λ_m^∞；

2.以HAC溶液的以Λ_m对$\sqrt{c}$作图，根据（7）式计算Λ_m^∞；以$c\Lambda_m$对$\frac{1}{\Lambda_m}$作图，根据（6）式K_c。

[思考题]

1.电解质溶液电导与哪些因素有关？

2.测电导时为什么要恒温？实验中测电导池常数和溶液电导，温度是否要一致？

3.如何定性地解释电解质的摩尔电导率随浓度增加而降低？

实验13　电动势的测定及其应用

一、实验目的

1.掌握对消法测定电池电动势和电极电势的原理；

2.学会铜电极和锌电极的处理方法；

3.掌握电位差计、检流计的使用方法；

4.盐桥、参比电极的制备方法。

二、实验原理

对消法测定电动势就是在所研究电池的外电路上加一个方向相反的电压，当两者相等时，电路的电流为零（通过检流计指示）。此时，所研究电池的电动势就可以从外电路的电压数值读出。

原电池由正、负两极和电解质组成。电池在放电过程中，正极上发生还原反应，负极上发生氧化反应，电池反应是电池中所有反应的总和。

电池除可用来提供电能外，还可用它来研究构成此电池化学反应的热力学性质。从化学热力学知道，在恒温、恒压、可逆条件下，电池反应有以下关系：

$$\Delta G = -nEF \tag{1}$$

式中 ΔG 是电池反应的吉布斯自由能增量；n 为电极反应中得失电子的数目；F 为法拉第常数；E 为电池的电动势。所以测出该电池的电动势 E 后，进而又可求出其他热力学函数。但必须注意，测定电池电动势时，首先要求电池反应本身是可逆的，可逆电池应满足如下条件：

（1）电池反应可逆，亦即电池电极反应可逆；

（2）电池中不允许存在任何不可逆的液接界；

（3）电池必须在可逆的情况下工作，即充、放电过程必须在平衡态下进行，亦即允许通过电池的电流为无限小。

因此在制备可逆电池、测定可逆电池的电动势时应符合上述条件，在精确度不高的测量中，常用正、负离子迁移数比较接近的盐类构成"盐桥"来消除液接电位。

在进行电池电动势测量时，为了使电池反应在接近热力学可逆条件下进行，采用电位计测量。原电池电动势主要是两个电极电势的代数和，如能测定出两个电极的电势，就可计算得到由它们组成电池的电动势。由（1）式可推导出电池的电动势以及电极电势的表达式。以铜-锌电池为例：

$$Zn(s)| ZnSO_4(m_1)\| CuSO_4(m_2)| Cu(s)$$

符号"|"代表固相两相界面；"‖"代表连通两个液相的"盐桥"；m_1 和 m_2 分别为 $ZnSO_4$ 和 $CuSO_4$ 的质量摩尔浓度。

当电池放电时，

负极反应为：$Zn(s)-2e^- \longrightarrow Zn^{2+}(\alpha_{Zn^{2+}})$

正极反应为：$Cu^{2+}(\alpha_{Zn^{2+}})+2e^- \longrightarrow Cu(s)$

电池总反应为：$Zn(s)+ Cu^{2+}(\alpha_{Zn^{2+}}) \longrightarrow Zn^{2+}(\alpha_{Zn^{2+}})+ Cu(s)$

电池反应的吉布斯自由能变化值为：

$$\Delta G = \Delta G^{\theta} - RT \ln \frac{\alpha_{Zn^{2+}}}{\alpha_{Cu^{2+}}} \tag{2}$$

式中 ΔG^{θ} 为标准态时自由能的变化值；α 为溶液中离子的活度。标态时，$\alpha_{Zn^{2+}} = \alpha_{Cu^{2+}} = 1$，所以：

$$\Delta G = \Delta G^{\theta} = -nE^{\theta}F \tag{3}$$

式中 E^{θ} 为电池的标准电动势。由（1）至（3）式可得：

$$E = E^{\theta} - \frac{RT}{nF} \ln \frac{\alpha_{Zn^{2+}}}{\alpha_{Cu^{2+}}} \tag{4}$$

对于任一电池，其电动势等于两个电极电势之差值：

$$E = \varphi^{+} - \varphi^{-} \tag{5}$$

对铜–锌电池，根据能斯特公式可得：

$$\varphi^{+} = \varphi^{\theta}_{Cu^{2+}/Cu} - \frac{RT}{2F} \ln \frac{1}{\alpha_{Cu^{2+}}} \tag{6}$$

$$\varphi^{-} = \varphi^{\theta}_{Zn^{2+}/Zn} - \frac{RT}{2F} \ln \frac{1}{\alpha_{Zn^{2+}}} \tag{7}$$

式中 $\varphi^{\theta}_{Cu^{2+}/Cu}$ 和 $\varphi^{\theta}_{Zn^{2+}/Zn}$ 是当 $\alpha_{Zn^{2+}} = \alpha_{Cu^{2+}} = 1$ 时，铜电极和锌电极的标准电极电势。

对于单个离子，其活度是无法测定的，但强电解质的活度与物质的平均质量摩尔浓度和平均活度系数之间有以下关系：

$$\alpha_{Zn^{2+}} = \gamma_{\pm} m_1 \tag{8}$$

$$\alpha_{Cu^{2+}} = \gamma_{\pm} m_2 \tag{9}$$

$\gamma_{\pm}$ 是离子的平均离子活度系数，其数值大小与物质浓度、离子的种类、实验温度等因素有关。

在电化学中，电极电势的绝对值至今无法测定，在实际测量中是以某一电极的电极电势作为零标准，然后将待测电极与标准电极组成电池，测量电池电动势，则该电动势为该待测电极的电极电势。被测电极在电池中的正、负极性，可由它与零标准电极两者的还原电势比较而确定。通常将氢电极在氢气压力为一个大气压，溶液中氢离子活度为1时的电极电势规定为零，称为标准氢电极。由于氢电极使用不便，常用一些易制备、稳定的电极作为参比电极，最常用的参比电极为甘汞电极。

以上所讨论的电池是在电池总反应中发生了化学变化，因而被称为化学电池。还有一类电池叫作浓差电池，这种电池在净作用过程中，仅仅是一种物质从高浓度（或高压力）状态向低浓度（或低压力）状态转移，从而产生电动势，而这种电池的标准电动势 E^{θ} 等于零。

例如电池 $Cu(s)|\, CuSO_4(0.01\ mol \cdot L^{-1})\parallel CuSO_4(0.10\ mol \cdot L^{-1})|\, Cu(s)$ 就是一种浓差

电池。

必须指出，电池电动势的测量必须在可逆条件下进行。电极电势的大小，不仅与电极种类、溶液浓度有关，而且与温度有关。本实验是在实验室温度下测得的电极电势 φ_T，由（6）式和（7）式可计算 φ_T^θ。为了比较方便起见，可根据下式求出 298 K 时的标准电极电势 φ^{298K}。

$$\varphi_T^\theta = \varphi_{298K}^\theta + \alpha(T - 298\,K) + \frac{1}{2}\beta(T - 298\,K)^2 \tag{10}$$

式中 α、β 为电极电势的温度系数。对于 Cu–Zn 电池：

铜电极：$\alpha = -0.016 \times 10^{-3}\,V \cdot K^{-1}$，$\beta = 0$；

锌电极：$\alpha = -0.100 \times 10^{-3}\,V \cdot K^{-1}$，$\beta = 0.62 \times 10^{-6}\,V \cdot K^{-2}$。

三、仪器与试剂

1. 仪器

电位差计 1 台、检流计 1 台、标准电池 1 只、饱和甘汞电极 1 支、电极管 3 支

2. 试剂

铜片、锌片、饱和 KCl 溶液、硫酸锌（0.1 mol·L⁻¹）溶液、硫酸锌（0.01 mol·L⁻¹）溶液、硫酸铜（0.1 mol·L⁻¹）溶液、硫酸铜（0.01 mol·L⁻¹）溶液、电镀液（1000 mL 水中溶解 15 g CuSO₄·5H₂O、5 mL 浓 H₂SO₄ 和 5 g C₂H₅OH）

四、实验步骤

1. 电极制备

（1）锌电极：先用 3 mol·L⁻¹ 的稀硫酸浸洗锌片，去除表面氧化物，然后用水洗涤，再用蒸馏水淋洗。把处理好的电极浸入饱和硝酸亚汞溶液 3～5 s，取出后用滤纸轻轻擦拭电极，使锌电极表面上有一层均匀的汞齐。再用蒸馏水洗净（硝酸亚汞有剧毒，用过的滤纸不要随便乱扔，应投入指定的有盖广口瓶内，以便统一处理）。把汞齐化的锌电极插入清洁的电极管（见图 3.2）内并塞紧，将电极管的虹吸管口浸入所需浓度的硫酸锌溶液中，用针筒或洗耳球自支管抽气，将溶液吸入电极管直到较虹吸管略高一点时，停止抽气，旋紧螺旋夹。装好的虹吸管电极（包括管口）不能有气泡，不能有漏液现象。汞齐化的目的是使锌电极片表面均匀，以便得到重现性较好的电极电位。

（2）铜电极：先用 3 mol·L⁻¹ 的硝酸浸洗铜片，去除表面氧化物，然后取出用水洗涤，再用蒸馏水淋洗。以此电极片做阴极，另取一纯铜片做阳极，控制电流密度为 25 mA/cm² 左右，电镀时间约为 60 min。电镀后应使铜电极表面有一新鲜的、紧密的铜镀层，镀完后取出，用蒸馏水淋洗再用滤纸吸干，插入电极管，按上法吸入所需浓度的 CuSO₄ 溶液，制成铜电极。

2. 按标准电池电动势温度校正公式计算实验温度下标准电池的电动势值，并对电位

差测试仪进行温度补偿校正。数字电位差计操作步骤见附录。

$$E_T = 1.0186 - 4.06 \times 10^{-5}(t - 20) - 9.5 \times 10^{-7}(t - 20)^2$$

3.饱和KCl溶液为盐桥,按图3.2所示分别将下列4组电池接入电位差测试仪的测量端,测量其电动势。

(1)$Zn \mid ZnSO_4(0.1\ mol \cdot L^{-1}) \parallel KCl(饱和) \mid Hg_2Cl_2, Hg$

(2)$Hg, Hg_2Cl_2 \mid KCl(饱和) \parallel CuSO_4(0.1\ mol \cdot L^{-1}) \mid Cu$

(3)$Zn \mid ZnSO_4(0.1\ mol \cdot L^{-1}) \parallel CuSO_4(0.1\ mol \cdot L^{-1}) \mid Cu$

(4)$Cu \mid CuSO_4(0.01\ mol \cdot L^{-1}) \parallel CuSO_4(0.1\ mol \cdot L^{-1}) \mid Cu$

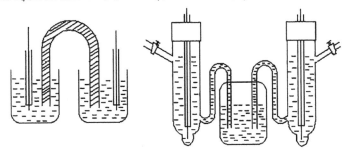

图3.2　电池组装示意图

[注意事项]

制备电极时,防止将正、负极接错,并严格控制电镀电流。

五、数据处理

1.根据饱和甘汞电极的电极电位与温度关系式

$$j_{饱和甘汞}/V=0.2415 - 7.61 \times 10^{-4}(T/K - 298.2)$$

对饱和甘汞电极的电极电位进行校准,然后根据电池(1)、(2)的实测电动势求出铜、锌电极的φ_T、φ_T^0和φ_{298}^0的值。

3.根据有关公式计算在实验温度下各组电池的电动势理论值,并与实验值进行比较。

[思考题]

1.为什么不能用伏特计测量电池电动势?

2.对消法测量电池电动势的主要原理是什么?

实验14　极化曲线的测定

一、实验目的

1. 掌握稳态恒电位法测定金属极化曲线的基本原理和测试方法；
2. 了解极化曲线的意义和应用；
3. 掌握恒电位仪的使用方法。

二、实验原理

1. 极化现象与极化曲线

为了探索电极过程机理及影响电极过程的各种因素，必须对电极过程进行研究，其中极化曲线的测定是重要方法之一。我们知道在研究可逆电池的电动势和电池反应时，电极上几乎没有电流通过，每个电极反应都是在接近平衡状态下进行的，因此电极反应是可逆的。但当有电流明显地通过电池时，电极的平衡状态被破坏，电极电势偏离平衡值，电极反应处于不可逆状态，而且随着电极上电流密度的增加，电极反应的不可逆程度也随之增大。由于电流通过电极而导致电极电势偏离平衡值的现象称为电极的极化，描述电流密度与电极电势之间关系的曲线称作极化曲线，如图3.3所示。

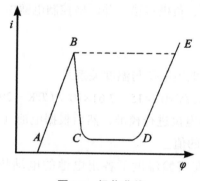

图3.3　极化曲线

金属的阳极过程是指金属作为阳极时在一定的外电势下发生的阳极溶解过程，如下式所示：

$$M \longrightarrow M^{n+} + ne^-$$

此过程只有在电极电势正于其热力学电势时才能发生。阳极的溶解速度随电位变正而逐渐增大，这是正常的阳极溶出，但当阳极电势正到某一数值时，其溶解速度达到最大值，此后阳极溶解速度随电势变正反而大幅度降低，这种现象称为金属的钝化现象。图3.3中曲线表明，从A点开始，随着电位向正方向移动，电流密度也随之增加，电势超过B点后，电流密度随电势增加迅速减至最小，这是因为在金属表面生产了一层电阻高、耐腐蚀的钝化膜。B点对应的电势称为临界钝化电势，对应的电流称为临界钝化电流。电势到达C点以后，随着电势的继续增加，电流却保持在一个基本不变的很小的数值上，该电流称为维钝电流，直到电势升到D点，电流随着电势的上升而增大，表示阳极又发生了氧化过程，可能是高价金属离子产生也可能是水分子放电析出氧气，DE段称为过钝化区。

2.极化曲线的测定

（1）恒电位法

恒电位法就是将研究电极依次恒定在不同的数值上，然后测量对应于各电位下的电流。极化曲线的测量应尽可能接近稳态体系。稳态体系指被研究体系的极化电流、电极电势、电极表面状态等基本上不随时间而改变。在实际测量中，常用的控制电位测量方法有以下两种：

静态法：将电极电势恒定在某一数值，测定相应的稳定电流值，如此逐点地测量一系列各个电极电势下的稳定电流值，以获得完整的极化曲线。某些体系达到稳态可能需要很长时间，为节省时间，提高测量重现性，往往人们自行规定每次电势恒定的时间。

动态法：控制电极电势以较慢的速度连续地改变（扫描），并测量对应电位下的瞬时电流值，以瞬时电流与对应的电极电势作图，获得整个极化曲线。一般来说，电极表面建立稳态的速度愈慢，则电位扫描速度也应愈慢。因此，对不同的电极体系，扫描速度也不相同。为测得稳态极化曲线，人们通常依次减小扫描速度测定若干条极化曲线，当测至极化曲线不再明显变化时，可确定此扫描速度下测得的极化曲线即为稳态极化曲线。同样，为节省时间，对于那些只是为了比较不同因素对电极过程影响的极化曲线，则选取适当的扫描速度绘制准稳态极化曲线就可以了。

上述两种方法都已经获得了广泛应用，尤其是动态法，由于可以自动测绘，扫描速度可控，因而测量结果重现性好，特别适合于对比实验。

（2）恒电流法

恒电流法就是控制研究电极上的电流密度依次恒定在不同的数值下，同时测定相应的稳定电极电势值。采用恒电流法测定极化曲线时，由于种种原因，给定电流后，电极电势往往不能立即达到稳态，不同的体系，电势趋于稳态所需要的时间也不相同，因此，在实际测量时一般电势接近稳定（如$1\sim3\,\mathrm{min}$内无大的变化）即可读值，或人为自行规定每次电流恒定的时间。

三、仪器与试剂

1.仪器

恒电位仪一台、饱和甘汞电极1支、碳钢电极1支、铂电极1支、三室电解槽1只

2.试剂

$2 \ mol \cdot L^{-1}$（NH_4）$_2CO_3$溶液、$0.5 \ mol \cdot L^{-1} H_2SO_4$溶液、丙酮溶液

四、实验步骤

1.碳钢预处理

用金相砂纸将碳钢研究电极打磨至镜面光亮，用石蜡蜡封，留出 $1 \ cm^2$ 面积，如蜡封多可用小刀去除多余的石蜡，保持切面整齐。然后在丙酮中除油，在 $0.5 \ mol \cdot L^{-1}$ 的硫酸溶液中去除氧化层，浸泡时间分别不低于 $10 \ s$。

2.恒电位法测定极化曲线的步骤

（1）仪器开启前，"工作电源"置于"关"，"电位量程"置于"20 V"，"补偿衰减"置于"0"，"补偿增益"置于"2"，"电流量程"置于"200 mA"，"工作选择"置于"恒电位"，"电位测量选择"置于"参比"。

（2）插上电源，"工作电源"置于"自然"挡，指示灯亮，电流显示为0，电位表显示的电位为"研究电极"相对于"参比电极"的稳定电位，称为自腐电位，其绝对值大于0.8 V可以开始下面的操作，否则需要重新处理电极。

（3）"电位测量选择"置于"给定"，仪器预热5～15 min。电位表指示的给定电位为预设定的"研究电极"相对于"参比电极"的电位。

（4）调节"恒电位粗调"和"恒电位细调"使电位表指示的给定电位为自腐电位，"工作电源"置于"极化"。

（5）阴极极化：调节"恒电位粗调"和"恒电位细调"，每次减少10 mV，直到减少200 mV，每减少一次，测定1 min后的电流值。测完后，将给定电位调回自腐电位值。

（6）阳极极化：将"工作电源"置于"自然"挡，"电位测量选择"置于"参比"，等待电位逐渐恢复到自腐电位±5 mV，否则需要重新处理电极。重复（3）—（5）步骤，第（5）步中给定电位每次增加10 mV，直到作出完整的极化曲线。到达极化曲线的平台区，给定电位可每次增加100 mV。

（7）实验完成，"电位测量选择"置于"参比"，"工作电源"置于"关"。

[注意事项]

1.按照实验要求，严格进行电极处理。

2.将研究电极置于电解槽时，要注意与鲁金毛细管之间的距离每次应保持一致。研究电极与鲁金毛细管应尽量靠近，但管口离电极表面的距离不能小于毛细管本身的直径。

3.每次做完测试后，应在确认恒电位仪或电化学综合测试系统在非工作的状态下，关闭电源，取出电极。

五、数据处理

1.以电流密度为纵坐标、电极电势（相对饱和甘汞）为横坐标，绘制极化曲线。

2.讨论所得实验结果及曲线的意义，指出钝化曲线中的活性溶解区，过渡钝化区，稳定钝化区，过钝化区，并标出临界钝化电流密度（电势），维钝电流密度等数值。

[思考题]

1.比较恒电流法和恒电位法测定极化曲线有何异同，并说明原因。

2.测定阳极钝化曲线为何要用恒电位法？

实验15　电势–pH曲线的测定与应用

一、实验目的

1.掌握电极电势、电池电动势和pH值的测定原理和方法；

2.测定 Fe^{3+}/Fe^{2+}-EDTA 络合体系在不同pH条件下的电极电势，绘制电势–pH曲线；

3.了解电势–pH曲线的意义及应用。

二、实验原理

有 H^+ 或 OH^- 离子参与的氧化还原反应，其电极电势与溶液的pH值有关。对于此类反应体系，保持氧化还原物质的浓度不变，改变溶液的酸碱度，则电极电势将随着溶液的pH值变化而变化。以电极电势对溶液的pH值作图，可绘制出体系的电势–pH曲线。

本实验研究 Fe^{3+}/Fe^{2+}-EDTA体系的电势–pH曲线，该体系在不同的pH值范围内，络合产物不同。EDTA为六元酸，在不同的酸度条件下，其存在形态在分析化学中已有详细的讨论。以 Y^{4-} 为EDTA酸根离子，与 Fe^{3+}/Fe^{2+} 络合状态可从三个不同的pH区间来进行讨论。

1.在一定的pH范围内，Fe^{3+} 和 Fe^{2+} 能与EDTA形成稳定的络合物——FeY^- 和 FeY^{2-}，其电极反应为：

$$FeY^- + e^- \rule[0.5ex]{1em}{0.4pt}\!\!\!=\!\!\!\rule[0.5ex]{1em}{0.4pt} FeY^{2-} \tag{1}$$

根据能斯特方程，溶液的电极电势为：

$$\varphi = \varphi^\theta - \frac{RT}{F} \ln \frac{\alpha_{FeY^{2-}}}{\alpha_{FeY^-}} \tag{2}$$

式中，φ^θ 为标准电极电势；α 为溶液中离子的活度。

根据活度与质量摩尔浓度的关系：

$$\alpha = \gamma m \tag{3}$$

代入（2）式，得：

$$\varphi = \varphi^{\theta} - \frac{RT}{F} \ln \frac{\gamma_{FeY^{2-}}}{\gamma_{FeY^-}} - \frac{RT}{F} \ln \frac{m_{FeY^{2-}}}{m_{FeY^-}}$$

$$= \left(\varphi^{\theta} - b_1\right) - \frac{RT}{F} \ln \frac{m_{FeY^{2-}}}{m_{FeY^-}} \tag{4}$$

当溶液的离子强度和温度一定时，$\dfrac{RT}{F} \ln \dfrac{\gamma_{FeY^{2-}}}{\gamma_{FeY^-}}$ 为常数 b_1。在此 pH 范围内，体系的电极电势只与络合物 FeY^{2-} 和 FeY^- 的质量浓度比有关。在 EDTA 过量时，生成络合物的浓度与配制溶液时 Fe^{3+} 和 Fe^{2+} 的浓度近似相等，即：

$$m_{FeY^{2-}} \approx m_{Fe^{2+}}$$

$$m_{FeY^-} \approx m_{Fe^{3+}} \tag{5}$$

因此，体系的电极电势不随 pH 值的变化而变化，在电势–pH 曲线上出现平台，如图 1.4 中 bc 段所示。

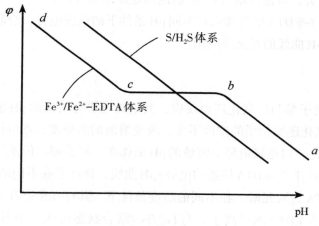

图 3.4 电势–pH 曲线

2.在 pH 值较低时，体系的电极反应为：

$$FeY^- + H^+ + e^- \Longrightarrow FeHY^- \tag{6}$$

可推得：

$$\varphi = \varphi^{\theta} - \frac{RT}{F} \ln \frac{\alpha_{FeHY^-}}{\alpha_{FeY^-} \cdot \alpha_{H^+}}$$

$$= (\varphi^{\theta} - b_2) - \frac{RT}{F} \ln \frac{m_{FeHY^-}}{m_{FeY^-}} - \frac{2.303RT}{F} pH \tag{7}$$

同样，当溶液的离子强度和温度一定时，b_2 为常数。且当 EDTA 过量时，有：

$$m_{FeHY^-} \approx m_{Fe^{2+}}$$

$$m_{FeY^-} \approx m_{Fe^{3+}} \tag{8}$$

当 Fe^{3+} 和 Fe^{2+} 浓度不变时，溶液的氧化还原电极电势与溶液 pH 呈线性关系，如图 3.4 中 cd 段所示。

3. 在 pH 值较高时，体系的电极反应为：

$$Fe(OH)Y^{2-} + e^- \Longrightarrow FeY^{2-} + OH^- \tag{9}$$

考虑到在稀溶液中可用水的离子积代替水的活度积，可推得：

$$\varphi = \varphi^\theta - \frac{RT}{F} \ln \frac{\alpha_{FeY^{2-}} \cdot \alpha_{OH^-}}{\alpha_{Fe(OH)Y^{2-}}}$$

$$= (\varphi^\theta - b_3) - \frac{RT}{F} \ln \frac{m_{FeY^{2-}}}{m_{Fe(OH)Y^{2-}}} - \frac{2.303RT}{F} pH \tag{10}$$

溶液的电极电势同样与 pH 值呈线性关系，如图 3.4 中 ab 段所示。

用惰性金属电极与参比电极组成电池，监测测定体系的电极电势。用酸、碱溶液调节溶液的酸度并用酸度计监测 pH 值，可绘制出电势–pH 曲线。

利用电势–pH 曲线可以对溶液体系中的一些平衡问题进行研究，本实验所讨论的 Fe^{3+}/Fe^{2+}–EDTA 体系，可用于消除天然气中的 H_2S 气体。将天然气通入 Fe^{3+}–EDTA 溶液，可将其中的 H_2S 气体氧化为元素硫而除去溶液中的 Fe^{3+}–EDTA 络合物。Fe^{3+}–EDTA 被还原为 Fe^{2+}–EDTA。再通入空气，将 Fe^{2+}–EDTA 氧化为 Fe^{3+}–EDTA，使溶液得到再生而循环使用。

电势–pH 曲线可用于选择合适的脱硫 pH 值条件。例如，低含硫天然气中的 H_2S 含量约为 $0.1 \sim 0.6$ g·m^{-3}，在 25 ℃时相应的 H_2S 分压为 $7.29 \sim 43.56$ Pa。根据电极反应：

$$S + 2H^+ + 2e^- \Longrightarrow H_2S(g) \tag{11}$$

在 25 ℃时，其电极电势为：

$$\varphi(V) = -0.072 - 0.0296 \lg pH_{2S} - 0.0591 pH \tag{12}$$

将该电极电势与 pH 值的关系及 Fe^{3+}/Fe^{2+}–EDTA 体系的电势–pH 曲线绘制在同一坐标中，如图 3.4 所示。从图中可以看出，在曲线平台区，对于具有一定浓度的脱硫液，其电极电势与式（12）所示，反应的电极电势之差随着 pH 的增大而增大，到平台区的 pH 上限时，两电极电势的差值最大，超过此 pH 值，两电极电势之差值不再增大而为定值。由此可知，对于指定浓度的脱硫液，脱硫的热力学趋势在它的电极电势平台区 pH 上限为最大，超过此 pH 值，脱硫趋势不再随 pH 值的增大而增大。图 3.4 中大于或等 a 点的 pH 值，是该体系脱硫的合适条件。当然，脱硫液的 pH 值不能太大，否则可能会产生 $Fe(OH)_3$ 沉淀。

三、仪器与试剂

1. 仪器

SDC-II型数字综合电位分析仪、pHS-3C型精密酸度计、超级恒温槽、磁力搅拌器、铂电极、甘汞电极、复合电极、氮气钢瓶、恒温反应瓶

2. 试剂

$(NH_4)_2Fe(SO_4)_2 \cdot 6H_2O$、$NH_4Fe(SO_4)_2 \cdot 12H_2O$、EDTA（二钠盐）、NaOH 固体、HCl 4 mol·L^{-1}、NaOH 2 mol·L^{-1}

四、实验步骤

1. 配制溶液

将反应瓶置于磁力搅拌器上，加入搅拌子，接通恒温水，调节超级恒温槽使温度恒定于 25 ℃。向反应瓶中加入 100 mL 蒸馏水，加入 EDTA 二钠盐 7.44 g、NaOH 1.00 g。开启搅拌器，待 EDTA 溶解后，通入氮气。

称取 $(NH_4)Fe(SO_4)_2 \cdot 12H_2O$ 1.45 g，加入恒温瓶中，搅拌使之完全溶解。再称取 $(NH_4)_2Fe(SO_4)_2 \cdot 6H_2O$ 1.18 g，加入恒温瓶中，同样搅拌至完全溶解。此溶液中含 EDTA 0.2 mol·L^{-1}、Fe^{3+} 0.03 mol·L^{-1}、Fe^{2+} 0.03 mol·L^{-1}。

2. 连接装置

利用标准缓冲溶液校正酸度计。

在反应瓶盖上分别插入铂电极、甘汞电极和复合电极。连接酸度计和综合电位分析仪。

在搅拌情况下用滴管从加液孔缓缓加入 2 mol·L^{-1} NaOH，调节溶液 pH 至 8 左右，调节综合电位分析仪，测定当前的电池电动势值。

3. 测定电势-pH关系

从加液孔加入 4 mol·L^{-1} HCl 溶液，使溶液 pH 值改变约 0.3，等酸度计读数稳定后，调节综合电位分析仪，分别读取 pH 值和电池电动势值。

继续滴加 HCl 溶液，在每改变 0.3 pH 时读取一组数据，直到溶液的 pH 值低于 2.5 为止。

测定完毕后，取出电极，清洗干净并妥善保存，关闭恒温槽，拆解实验装置，洗净反应瓶。

[注意事项]

1. 反应瓶盖上连接的装置较多，操作时要注意安全。

2. 在用 NaOH 溶液调 pH 值时，要缓慢加入，并适当提高搅拌速度，以免产生 $Fe(OH)_3$ 沉淀。

五、数据处理

将实验数据输入计算机，根据测得的电池电动势和饱和甘汞电极的电极电势计算 Fe^{3+}/Fe^{2+}-EDTA 体系的电极电势，其中饱和甘汞电极的电极电势以下式进行温度校正：

$$\varphi = 0.2412 - 6.61 \times 10^{-4}(t - 25) - 1.75 \times 10^{-6}(t - 25)^2 - 9 \times 10^{-10}(t - 25)^3$$

用绘图软件绘制电势-pH曲线，由曲线确定 FeY^- 和 FeY^{2-} 稳定存在时的 pH 范围。

[思考题]

1. 写出 Fe^{3+}/Fe^{2+}-EDTA 体系在电势平台区、低 pH 和高 pH 时，体系的基本电极反应及其所对应的电极电势公式的具体形式，并指出各项的物理意义。

2. 如果改变溶液中 Fe^{3+} 和 Fe^{2+} 的用量，则电势-pH曲线将会发生什么样的变化？

实验16　电导滴定法测定啤酒中 Cl⁻ 的含量

一、实验目的

1. 掌握电导滴定法测定溶液浓度的原理和方法；
2. 进一步熟悉电导仪的使用；
3. 测定啤酒中 Cl⁻ 的浓度。

二、实验原理

在一定温度下，电解质溶液的电导与溶液中的离子组成和浓度有关，而滴定过程中系统的离子组成和浓度都在不断变化，因此，可以利用电导的变化来指示反应终点。电导滴定法是利用滴定终点前、后电导的变化来确定终点的滴定分析方法。该方法的主要优点是，可用于稀溶液、有色或混浊溶液、没有合适指示剂体系的测定。电导滴定法不仅可用于酸碱反应，也可用于氧化还原反应、配位反应和沉淀反应。

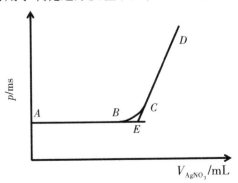

图3.5　电导率与滴定体积关系图

本实验采用电导滴定法测定啤酒中 Cl^- 的浓度。

在一定条件下，啤酒样品的电导决定于样品中各种离子的总数。当滴入硝酸银溶液时，样品中的 Cl^- 与 Ag^+ 结合为难溶的 $AgCl$ 沉淀。因为每沉淀一个 Cl^- 的同时，也加入了一个 NO_3^-，所以在等当点之前，样品中离子的总数保持不变，只是 Cl^- 被 NO_3^- 取代。因为 Cl^- 和 NO_3^- 的导电能力相差不大，所以从开始滴定到等当点之前，溶液的电导只有微小的变化，如图 3.5AB 段所示。过了等当点之后，溶液中离子的总数随溶液的继续加入而逐渐增加，所以电导也逐渐增大，如图 3.5CD 段所示，将两直线反向延伸，交点 E 即为滴定终点。

三、仪器与试剂

1.仪器

电导仪、电导池、铂黑电极、恒温磁力搅拌器、滴定管
2.试剂

NaCl标准溶液（$0.0500 \ mol \cdot L^{-1}$）、AgNO$_3$标准溶液（$0.0500 \ mol \cdot L^{-1}$，待标定）

四、实验步骤

1.装好电导池，按电导仪的使用方法开启电导仪。
2.测定
（1）用倾倒法去除啤酒中的二氧化碳。
（2）移取 25.0 mL 待测啤酒样品于 100 mL 烧杯中，加入 50 mL 去离子水，充分搅拌后，将电导电极插入溶液中，测定溶液的电导，待读数稳定后记录数据。然后用滴定管加入 $AgNO_3$ 标准溶液，每加 0.50 mL 充分搅拌后，测定并记录溶液的电导率，当溶液电导率由减小转为开始增大后，再测 4～5 个点即可停止。
（3）实验完毕，用去离子水冲洗电极，将电极浸泡在去离子水中。

[注意事项]

1.为使溶液混合均匀，每次滴加标准溶液后，要充分搅拌。
2.电导电极在使用前、后要清洗干净，放入蒸馏水中。

五、数据处理

1.根据自动电位滴定的数据，绘制电位（E）–滴定体积（V）的滴定曲线，通过 E–V 曲线确定终点电位和终点体积。
2.根据滴定终点所消耗的 $AgNO_3$ 溶液体积计算试液中 Cl^- 的质量浓度（$mg \cdot L^{-1}$）。

$$Cl^- (mg \cdot L^{-1}) = \frac{c_{AgNO_3} \cdot V_{AgNO_3}}{V_{啤酒}} \times 35.45 \times 1000$$

[思考题]

1. 电导滴定法有何优点？
2. 电导与电导率有什么不同？本实验可否采用测电导的方式进行滴定？

实验17　电解质稀溶液中离子
平均活度系数的测定——电动势法

一、实验目的

1. 掌握用电动势法测定电解质溶液平均离子活度系数的基本原理和方法；
2. 通过实验加深对活度、活度系数、平均活度、平均活度系数等概念的理解；
3. 学会应用外推法处理实验数据。

二、实验原理

活度系数 γ 表示真实溶液与理想溶液中任一组分浓度的偏差而引入的一个校正因子，它与活度 α、质量摩尔浓度 m 之间的关系为：

$$\alpha = \gamma \cdot \frac{m}{m_0} \tag{1}$$

在理想溶液中各电解质的活度系数为1，在稀溶液中活度系数近似为1。对于电解质溶液，由于溶液是电中性的，所以单个离子的活度和活度系数是不可测量的。通过实验只能测量离子的平均活度系数 $\gamma_\pm$，它与平均活度 $\alpha_\pm$、平均质量摩尔浓度之间的关系为：

$$a_\pm = \gamma_\pm \cdot \frac{m_\pm}{m_0} \tag{2}$$

平均活度和平均活度系数测量方法主要有气液相色谱法、动力学法、稀溶液依数性法、电动势法等。本实验采用电动势法测定 $ZnCl_2$ 溶液的平均活度系数。其原理如下：
$ZnCl_2$ 溶液构成如下单液化学电池：

$$Zn(s) | ZnCl_2(a) \| AgCl(s), Ag(s)$$

电池反应为：

$$Zn(s) + 2AgCl(s) === 2Ag(s) + Zn^{2+}\left(\alpha_{Zn^{2+}}\right) + 2Cl^-(\alpha_{Cl^-})$$

其电动势为：

$$E = \varphi_{AgCl, Ag}^\theta - \varphi_{Zn^{2+}, Zn}^\theta - \frac{RT}{2F} \ln \left(\alpha_{Zn^{2+}}\right)\left(\alpha_{Cl^-}\right)^2$$

$$= \varphi_{\text{AgCl, Ag}}^{\theta} - \varphi_{\text{Zn}^{2+}, \text{Zn}}^{\theta} - \frac{RT}{2F} \ln \left(\alpha_{\pm} \right)^3 \qquad (3)$$

根据：

$$m_{\pm} = \left(m_+^{v_+} + m_-^{v_-} \right)^{\frac{1}{v}} \qquad (4)$$

$$a_{\pm} = \left(a_+^{v_+} + a_-^{v_-} \right)^{\frac{1}{v}} \qquad (5)$$

$$\gamma_{\pm} = \left(\gamma_+^{v_+} + \gamma_-^{v_-} \right)^{\frac{1}{v}} \qquad (6)$$

得：

$$E = E^{\theta} - \frac{RT}{2F} \ln \left(m_{\text{Zn}^{2+}} \right) \left(m_{\text{Cl}^-} \right)^2 - \frac{RT}{2F} \ln \gamma_{\pm}^3 \qquad (7)$$

式中：

$E^{\theta} = \varphi_{\text{AgCl/Ag}} - \varphi_{\frac{\text{Zn}^{2+}}{\text{Zn}}} - \frac{RT}{2F} \ln \gamma_{\pm}^3$ 称为电池的标准电动势。

当电解质浓度 m 已知时，在一定温度下，只要测得电动势 E，再由标准电极电势表的数据求得 E^{θ}，即可求得 $\gamma_{\pm}$。

E^{θ} 的值也可根据实验结果用外推法得到：

将 $m_{\text{Zn}^{2+}} = m, m_{\text{Cl}^+} = 2m$ 带入（7）式得：

$$E + \frac{RT}{2F} \ln 4m^3 = E^{\theta} - \frac{RT}{2F} \ln \gamma_{\pm}^3 \qquad (8)$$

根据德拜–休克尔公式和离子强度的定义：

$$\ln \gamma_{\pm} = -A \sqrt{I} \qquad (9)$$

$$I = \frac{1}{2} \sum m_i z_i^2 = 3m \qquad (10)$$

因此，

$$E + \frac{RT}{2F} \ln 4m^3 = E^{\theta} + \frac{3\sqrt{3} \, ART}{2F} \ln \sqrt{m} \qquad (11)$$

通过绘制 $E + \frac{RT}{2F} \ln 4m^3 - \sqrt{m}$ 图，外推之 $m = 0$，即得 E^{θ}。

三、仪器与试剂

1. 仪器

电化学工作站、恒温装置、标准电池、100 mL 容量瓶 6 只、5 mL 和 10 mL 移液管各 1 支、250 mL 和 400 mL 烧杯各 1 只、Ag/AgCl 电极、细砂纸

2. 试剂

ZnCl₂（A.R.）、锌片

四、实验步骤

1.溶液的配制

用二次蒸馏水准确配制浓度为 1.0 mol·L⁻¹ 的 ZnCl₂ 溶液 250 mL。用此标准浓度的 ZnCl₂ 溶液配制 0.005 mol·L⁻¹、0.01 mol·L⁻¹、0.02 mol·L⁻¹、0.05 mol·L⁻¹、0.1 mol·L⁻¹ 和 0.2 mol·L⁻¹ 标准溶液各 100 ml。

2.控制恒温浴温度为 25.0 ℃± 0.2 ℃。

3.用细砂纸将锌电极打磨至光亮，用乙醇、丙酮等除去电极表面的油，再用稀酸浸泡片刻以除去表面的氧化物，取出用蒸馏水冲洗干净，备用。

4.电动势的测定：将配制的 ZnCl₂ 标准溶液，按由稀到浓的次序分别装入电解池恒温。将锌电极和 Ag/AgCl 电极分别插入装有 ZnCl₂ 溶液的电池管中，用电化学工作站分别测定各种在 ZnCl₂ 浓度时电池的电动势。

5.实验结束后，将电池、电极等洗净备用。

五、数据处理

1.以实验数据绘制 $E + \dfrac{RT}{2F} \ln 4m^3 - \sqrt{m}$ 图，外推之 $m = 0$，即得 E^θ。

2.通过查表计算出 E^θ 的理论值，并求其相对误差。

3.通过（8）式计算不同浓度 ZnCl₂ 溶液的平均离子活度系数，再计算相应溶液的平均离子活度。

[注意事项]

1.测量电动势时注意电池的正、负极不能接错。

2.锌电极要仔细打磨、处理干净方可使用，否则会影响实验结果。

3.Ag/AgCl 电极要避光保存，若表面的 AgCl 层脱落，须重新电镀后再使用。

4.在配置 ZnCl₂ 溶液时，若出现浑浊可加入少量的稀硫酸溶解。

[思考题]

1.为何可用电动势法测定 ZnCl₂ 溶液的平均离子活度系数？

2.配制溶液所用蒸馏水中若含有 Cl⁻，对测定的 E 值有何影响？

3.影响本实验测定结果的主要因素有哪些？分析 E^θ 的理论值与实验值出现误差的原因。

实验18 氢超电势的测定

一、实验目的

1. 测量氢在光亮铂电极上的活化超电势,求得塔菲尔公式中的两个常数a、b;
2. 了解超电势的种类和影响超电势的因素;
3. 掌握测量不可逆电极电势的实验方法。

二、实验原理

一个电极,当没有电流通过时,它处于平衡状态。此时的电极电势称为可逆电极电势,用$\varphi_{可逆}$表示。在有明显的电流通过电极时,电极的平衡状态被破坏,电极电势偏离其可逆电极电势。通电情况下的电极电势称为不可逆电极电势,用$\varphi_{不可逆}$表示之。

某一电极的可逆电极电势与不可逆电极电势之差,称为该电极的超电势,超电势用η表示。即:

$$\eta = |\varphi_{可逆} - \varphi_{不可逆}| \tag{1}$$

超电势的大小与电极材料、溶液组成、电流密度、温度、电极表面的处理情况有关。

超电势由三部分组成:电阻超电势、浓差超电势和活化超电势。分别用η_R、η_C、η_E表示。

η_R是电极表面的氧化膜和溶液的电阻产生的超电势。

η_C是由于电极表面附近溶液的浓度与中间本体的浓度差而产生的。

η_E是由于电极表面化学反应本身需要一定的活化能引起的。

氢电极η_R和η_C比η_E小得多,在实验时,η_R和η_C可设法减小到可忽略的程度,因此,通过实验测得的是氢电极的活化超电势。图3.6为氢超电势与电流密度对数的关系图。

1905年,塔菲尔总结了大量的实验结果,得出了在一定电流密度范围内,超电势与通过电极的电流密度j的关系式,称为塔菲尔公式:

$$\eta = a + b\ln j \quad (或\eta = a + b'\lg j) \tag{2}$$

式中η为电流密度为j时的超电势。a、b为常数,单位均为V。a的物理意义是在电流密度j为$1\ \text{A}\cdot\text{cm}^{-2}$时的超电势。$a$的大小与电极材料、电极的表面状态、电流密度、溶液组成和温度有关,它基本上表征着电极的不可逆程度,a值越大,在给定电流密度下氢的超电势也越大。铂电极属于低超电势金属,a值在$0.1\sim0.3$ V之间。b为超电势与电流密度对数的线性方程式中的斜率,如图3.6所示。b值受电极性质的影响较小,对于大多数金属来说相差不多,在常温下接近0.05 V。

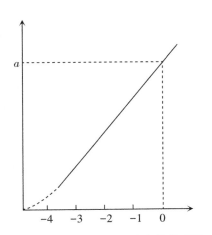

图3.6　氢超电势与电流密度的关系图

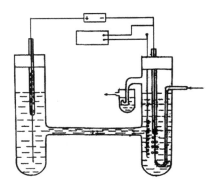

1.精密稳流电源；2.数字电压表；

3.辅助电极；4.HCl溶液；5.被测电极；

6.参比电极；7.氢气；8.氢气

图3.7　测定氢超电势的装置图

理论和实验都已证实，电流密度j很小时，η和$\ln j$的关系不符合塔菲尔公式。

本实验是测量氢在光亮铂电极上的超电势。实验装置如图3.7所示。

被测电极5与辅助电极3构成一个电解池。可调节精密稳流电源来控制通过电解池的电流大小。当有不同的电流密度通过被测电极时，其电极电势具有不同的数值。

被测电极5与参比电极6构成一个原电池，借助数字电压表2来测量此原电池的电动势。参比电极具有稳定不变的电极电势，而被测电极的电极电势则随通过其上的电流密度而改变。当通过被测电极的电流密度改变时，由数字电压表2所测得的原电池电动势的改变表征着被测电极不可逆电极电势的改变。

三、仪器与试剂

1.仪器

直流数字电压表、精密稳流电源、氢气发生器装置、恒温槽装置、电极管、铂电极、参比电极（Ag-AgCl电极）、辅助电极

2.试剂

电导水（重蒸馏水）、$1\ mol\cdot L^{-1}$ HCl、浓 HNO_3（化学纯）

四、实验步骤

1.将电极管中各电极取出，妥善放置（内有水银，切勿倒放），电极管先用水荡洗，再用蒸馏水、电导水各洗2～3遍，最后用电解液（$1\ mol\cdot L^{-1}$ HCl）洗2次～3次（每次量要少），然后倒入一定量电解液，H_2出口处用电解液封住。

2.将Ag-AgCl参比电极从$1\ mol\cdot L^{-1}$ HCl溶液中取出，插入电极管内。

光亮铂电极和辅助电极（都是铂丝）的处理：

每学期由指导教师认真处理一次，每次学生使用时只需将上次用过的铂电极在浓硝酸中浸泡 2～3 min，以蒸馏水、电导水依次冲洗之，即可用于测定。

3.将电极管放入恒温槽内恒温（25～35 ℃）。将 H_2 发生器接通电源，以 3 A 电流电解，产生 H_2，待 H_2 压强达到一定程度后，调节旋夹，控制 H_2 均匀放出。

4.测量：接好线路后，用数字电压表测电解电流为 0 时原电池的电动势数次，测定可逆电动势偏差在 1 mV 以下，调节精密稳流电源，使其读数为 0.3 mA，在此电流下电解 15 min，测量原电池的电动势。用同样方法分别测定电流为 0.5 mA、0.7 mA、0.9 mA、1.2 mA、1.5 mA、1.8 mA、2.1 mA、2.5 mA 时原电池的电动势，每个电流密度重复测 3 次，在大约 3 min 内，其读数平均偏差应小于 2 mV，取其平均值，计算其超电势。

5.实验结束后，应记下被测电极的面积，并使仪器设备复原。

五、数据处理

1.计算不同电流密度 j 的超电势 η 值。

2.将电流强度 I 换算成电流密度 j，并取对数求 $\ln j$。

3.以 η 对 $\ln j$ 作图，连接线性部分。

4.求出直线斜率 b，并将直线延长，在 $\ln j=0$ 时读取 a 值〔或将数据代入（2）式求算常数 a 值〕。写出超电势与电流密度的经验式。

[注意事项]

1.被测电极在测定过程中，应始终保持浸在 H_2 的气氛中，H_2 气泡要稳定地、一个一个地吹打在铂电极上，并密切注意测定过程中铂电极的变化。如铂电极表面吸附一层小气泡，或变色或吸附了一层其他物质，应立即停止实验，重新处理电极，一切从头开始。产生这种情况的原因很可能是电极漏汞造成的，应及时请指导教师处理。

2.产生 H_2 的装置应使 H_2 达到一定压力，方能保证 H_2 均匀放出。凡做本实验的学生，一进实验室应首先打开 H_2 发生器的电源，让电解水的反应开始，然后，再按实验步骤做好准备工作。

[思考题]

1.根据塔菲尔公式，b 的理论值以 $\lg j$ 表示或 $\ln j$ 时应分别是多少？

2.电极管中三个电极的作用分别是什么？

3.影响超电势的因素有哪些？

4.用什么方法可以最大限度地减小电阻超电势 η_1 和浓差超电势 η_2？

5.本实验测的是阴极超电势，还是阳极超电势？如果万一开始时将被测电极接在直流稳压电源的"＋"极上，实验会出现什么情况？

实验19 循环伏安法测定铁氰化钾的电极反应过程

一、实验目的

1.学习循环伏安法测定电极反应参数的基本原理及方法；
2.学会使用伏安仪；
3.掌握用循环伏安法判断电极反应过程的可逆性。

二、实验原理

1.循环伏安法

循环伏安法是将循环变化的电压施加于工作电极和对电极之间，记录工作电极上得到的电流与施加电压的关系曲线。此方法也称为三角波线性电位扫描方法。图3.8表明了施加电压的变化方式。选定电位扫描范围 $E_1 \sim E_2$ 和扫描速率，从起始电位 E_1 开始扫描到达 E_2，然后连续反向再扫描从 E_2 回到 E_1。由图3.9可见，循环伏安图有两个峰电流和两个峰电位。i_{pc} 和 i_{pa} 分别表示阴极峰值电流和阳极峰值电流，对应的阴极峰值电位与阳极峰值电位分别为 E_{pc} 和 E_{pa}。

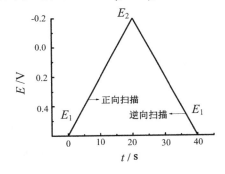

图3.8 循环伏安法的典型激发信号 | 图3.9 $K_3Fe(CN)_6$ 在KCl溶液中的循环伏安图

2.判断电极可逆性

根据Nernst方程，在实验测定温度为298 K时，计算得出

$$\Delta E_p = E_{pa} - E_{pc} \approx \frac{59}{n} \text{（mV）} \tag{1}$$

阳极峰电流 i_{pa} 和阴极峰电流 i_{pc} 满足以下关系：

$$i_{pc}/i_{pa} \approx 1 \tag{2}$$

同时满足以上两式，即可认为电极反应是可逆过程。如果从循环伏安图得出的 $\Delta E_p = \dfrac{55}{n} \sim \dfrac{65}{n}$ （mV）范围，也可认为电极反应是可逆的。

3.计算原理

铁氰化钾离子–亚铁氰化钾离子氧化还原电对的标准电极电位

$$[Fe(CN)_6]^{3-}+e^-\Longrightarrow[Fe(CN)_6]^{4-}$$

$$\varphi=0.36\ V$$

电极电位与电极表面活度的 Nernst 方程：

$$\Delta\varphi_{pa}=\varphi^{\theta'}+\frac{RT}{F}\ln\frac{c_{ox}}{c_{Red}}$$

峰电流与电极表面活度的 Randles-Savcik 方程：

$$i_p=2.69\times10^5n^{3/2}acd^{1/2}v^{1/2}$$

三、仪器与试剂

1.仪器

CHI660 电化学工作站、电解池、铂盘工作电极、铂丝辅助电极、Ag-AgCl 参比电极

2.试剂

铁氰化钾溶液（0.1 mol/L）、硝酸钾溶液（1.0 mol/L）

四、实验步骤

1.Pt工作电极预处理

不同粒度的 α-Al$_2$O$_3$ 粉，抛光，洗去表面污物，在超声水浴中清洗，每次 2～3 min，重复3次，得到平滑光洁和新鲜的电极表面。

2.铁氰化钾试液的配制

准确移取 0 mL、0.25 mL，0.50 mL、1.0 mL 和 2.0 mL 溶度为 2.0×10^{-2} mol·L^{-1} 的铁氰化钾标准液于 10 mL 的小烧杯中，加入 1.0 mol·L^{-1} 的氯化钾溶液 1.0 mL，再加蒸馏水稀释至 10 mL。因此，5 种铁氰化钾试液的浓度依次是：

0 mol·L^{-1}，0.5×10^{-3} mol·L^{-1}，1.0×10^{-3} mol·L^{-1}，2.0×10^{-3} mol·L^{-1}，4.0×10^{-3} mol·L^{-1}。

3.将铁氰化钾标准溶液转移至 10 mL 电解池中，插入 3 支电极，在"实验"菜单中选择"实验方法"，选择"循环伏安法"，点"确定"，设置实验参数：起始电位（+0.6 V）；终止电位（−0.2 V）；静止时间（2 s）；扫描时间（任意扫速）；扫描速度（0.1 V/s）；灵敏度（1.0×e^{-3}）；循环次数（1）；是否敲击（不敲击）；通氮时间（0）；氮气（不保持），点"确定"。从"实验"菜单中选择"开始实验"，观察循环伏安图，记录峰电流和峰电位。

4.考察峰电流与扫描速度的关系：使用上述溶液，分别以不同的扫描速度：0.1 V/s、0.2 V/s、0.5 V/s（其他实验条件同上）分别记录从 + 0.6 V 到−0.2 V 扫描的循环伏安图，记录峰电流。

5.考察峰电流与浓度的关系：分别准确移取上述溶液1.00 mL、2.00 mL、5.00 mL，置于3只10 mL容量瓶中，分别用去离子水定容，摇匀，以0.1 V/s的扫描速度（灵敏度调为$1.0 \times e^{-4}$，其他实验条件同上）分别记录从+0.6 V到-0.2 V扫描的循环伏安图，记录峰电流。

五、数据处理

1.计算阳极峰电位与阴极峰电位的差ΔE。

2.计算相同实验条件下阳极峰电流与阴极峰电流的比值i_{pa} / i_{pc}。

3.相同$K_3Fe(CN)_6$浓度下，以阴极峰电流或阳极峰电流对扫描速度的平方根作图，说明二者之间的关系。

4.相同扫描速度下，以阴极峰电流或阳极峰电流对$K_3Fe(CN)_6$的浓度作图，说明二者之间的关系。

5.根据实验结果说明$K_3Fe(CN)_6$在KNO_3溶液中电极反应过程的可逆性。

[思考题]

1.循环伏安法测定电极参数的基本原理是什么？

2.循环伏安法测定中电极表面处理不光洁、不平滑会有什么后果？

3.循环伏安法判断电极可逆性的依据是什么？

第四章　动力学实验

实验20　蔗糖水解反应速率常数的测定

一、实验目的

1. 根据物质的光学性质研究蔗糖水解反应，测定其反应速率常数；
2. 测定蔗糖转化反应的速率常数和半衰期；
3. 了解旋光仪的基本原理，掌握其使用方法。

二、实验原理

蔗糖在水中转化成葡萄糖与果糖，其反应为：

$$C_{12}H_{22}O_{11} + H_2O \longrightarrow C_6H_{12}O_6 + C_6H_{12}O_6$$

它属于二级反应，在纯水中此反应的速率极慢，通常需要在H^+离子催化下进行。由于反应时水大量存在，尽管有部分水分子参与反应，仍可近似地认为整个反应过程中水的浓度是恒定的，而且H^+是催化剂，其浓度也保持不变。因此在一定浓度下，反应速度只与蔗糖的浓度有关，蔗糖转化反应可看作为一级反应。

一级反应的速率方程可由下式表示：

$$-dc/dt = kc$$

式中：c为蔗糖溶液浓度，k为蔗糖在该条件下的水解反应速率常数。

令蔗糖开始水解反应时浓度为c_0，水解到某时刻时的蔗糖浓度为c_t，对上式进行积分得：

$$\ln \frac{c_t}{c_0} = -kt$$

该反应的半衰期与k的关系为：

$$t_{1/2} = \frac{\ln 2}{k}$$

蔗糖及其转化产物，都具有旋光性，而且它们的旋光能力不同，故可以利用体系在反应进程中旋光度的变化来度量反应进程。

测量物质旋光度所用的仪器称为旋光仪。溶液的旋光度与溶液中所含旋光物质的旋光能力、溶剂性质、溶液浓度、样品管长度及温度等均有关系。当温度、波长、溶剂一定时，旋光度的数值为：

$$\alpha = L \cdot c \cdot [\alpha]_D^t$$

或

$$\alpha = kc$$

式中 L 为液层厚度，即盛装溶液的旋光管的长度；c 为旋光物质的体积摩尔浓度；$[\alpha]_D^t$ 为比旋光度；t 为温度；D 为所用光源的波长。

比例常数 k 与物质旋光能力、溶剂性质、样品管长度、光源的波长、溶液温度等有关。可见，旋光度与物质的浓度有关，且溶液的旋光度为各组分旋光度之和。

作为反应物的蔗糖是右旋性物质，其比旋光度 $[\alpha_{蔗}]_D^{20} = 66.65°$；生成物中葡萄糖也是右旋性物质，其比旋光度 $[\alpha_{葡}]_D^{20} = 52.5°$；但果糖是左旋性物质，其比旋光度 $[\alpha_{果}]_D^{20} = -91.9°$。由于生成物中果糖的左旋性比葡萄糖右旋性大，所以生成物呈左旋性质。因此，随着反应的进行，体系的右旋角不断减小，反应至某一瞬间，体系的旋光度可恰好等于零，而后就变成左旋，直至蔗糖完全转化，这时左旋角达到最大值 α_∞。

反应过程浓度变化转变为旋光度变化：

$$C_{12}H_{22}O_{11} \quad + \quad H_2O \quad \xrightarrow{H^+} \quad C_6H_{12}O_6 \quad + \quad C_6H_{12}O_6$$

$t=0$	c_0	0	0
$t=t$	c_t	$c_0 - c_t$	$c_0 - c_t$
$t=\infty$	0	c_0	c_0

当 $t=0$ 时，溶液中只有蔗糖，溶液的旋光度值为：

$$\alpha_0 = k_{蔗糖}c_0 \tag{1}$$

当 $t=\infty$ 时，蔗糖完全水解，溶液中只有葡萄糖和果糖。旋光度为：

$$\alpha_\infty = \left(k_{葡} + k_{果}\right)c_0 \tag{2}$$

当 $t=t$ 时，溶液中有蔗糖、果糖和葡萄糖，此时旋光度为：

$$\alpha_t = k_{蔗糖}c_t + \left(k_{葡} + k_{果}\right)\left(c_0 - c_t\right) \tag{3}$$

经数学处理得：

$$c_0 = \left(\alpha_0 - \alpha_\infty\right)\Big/\left[k_{蔗糖} - \left(k_{葡} + k_{果}\right)\right] \tag{4}$$

$$c_t = \left(\alpha_t - \alpha_\infty\right)\Big/\left[k_{蔗糖} - \left(k_{葡} + k_{果}\right)\right] \tag{5}$$

即得：

$$\ln\left(\alpha_t - \alpha_\infty\right) = -kt + \ln\left(\alpha_0 - \alpha_\infty\right)$$

三、仪器与试剂

1.仪器

旋光仪（1台）、50 mL容量瓶（1个）、5 mL移液管（1支）、25 mL移液管（1支）、锥形瓶（3个）、恒温水水浴（1台）、秒表（1个）、分析台秤（1台）

2.试剂

蔗糖、HCl溶液（2 mol/L）

四、实验步骤

1.温度设定与准备

（1）将旋光仪电源开启预热10 min。

（2）将超级恒温水浴的温度调节到25 ℃。

（3）旋光仪零点校正：用蒸馏水清洗样品管后，向管内倒满蒸馏水（不产生气泡），用滤纸吸干管外壁的水，将样品管放入旋光仪中，调整旋光度的刻度值为零或其零刻度附近。

2.溶液的配制

称取10 g蔗糖放在烧杯中，加蒸馏水溶解，移至50 mL容量瓶，加水稀释至刻度。

用25 mL移液管移取蔗糖溶液于2个锥形瓶中，准确加入5 mL 2 mol/L的HCl溶液，按下秒表开始计时（注意：秒表一经启动勿停，直至实验完毕）。将其中一份放入恒温水浴中加热，另一份用另一个锥形瓶相互倾倒2～3次，使溶液混合均匀，把配制好的溶液置于25 ℃的恒温槽中恒温10～15 min。

3.α_t测定

迅速用反应混合液将旋光管洗涤1次后，将反应混合液装满旋光管，擦净后放入旋光仪，测定规定时间的旋光度。反应前期可2 min测一次，反应速度变慢后可5～10 min测一次，测至60 min即可。

4.α_∞的测量

将放入恒温水浴中加热的溶液使反应充分后拿出，冷却至室温后测定体系的旋光度。

实验日期：_____；

超级恒温器温度：_____ ℃；旋光仪零点：_____。

5.α_t的测定

时间/min	5	5	5	10	10	15	20	25
旋光度α_t								

最终旋光度$\alpha_\infty=$_____。

五、数据处理

1. 计算 $\alpha_t - \alpha_\infty$ 和 $\ln(\alpha_t - \alpha_\infty)$；

2. 作 $\ln(\alpha_t - \alpha_\infty) - t$ 关系图；

3. 计算直线斜率 k，反应速率常数 K；

4. 求出半衰期 $t_{1/2}$。

计算 $\alpha_t - \alpha_\infty$ 和 $\ln(\alpha_t - \alpha_\infty)$ 的结果

时间/min	5	5	5	5	10	10	15	20	25
$\alpha_t - \alpha_\infty$									
$\ln(\alpha_t - \alpha_\infty)$									

[注意事项]

1. 样品管通常有 10 cm 和 20 cm 两种长度，一般选用 10 cm 长度的，这样换算成比旋光度时较方便。但对于旋光能力较弱或溶液浓度太稀的样品，需用 20 cm 长的样品管。

2. 旋光度受温度的影响较大，一般来说，旋光度具有负的温度系数，其间不存在简单的线性关系，且随物质的构型不同而异，但一般均在 0.01～0.04 之间，因此，在精密测定时必须用装有恒温水夹套的样品管，恒温水由超级恒温槽循环控制。

3. 样品管的玻璃窗片是由光学玻璃制成的，用螺丝帽盖及橡皮垫圈拧紧时，不能拧得过紧，以不漏水为限，否则，光学玻璃会受应力而产生一种附加的偏振作用，给测量造成误差。

4. 配制蔗糖溶液前，应先将其经 380 K 烘干。实验结束时，应将样品管洗净，防止酸腐蚀样品管盖。同时，应将锥形瓶洗干净再干燥，以免发生炭化。

5. 旋光仪的使用见"第九章常用仪器"的使用。

[思考题]

1. 蔗糖水解反应速率常数和哪些因素有关？

2. 在旋光度的测量中为什么要对零点进行校正？它对旋光度的精确测量有什么影响？在本实验中若不进行零点校正对结果是否有影响？

3. 反应开始时，为什么将盐酸倒入蔗糖溶液中，而不是相反？

4. 配制蔗糖和盐酸时浓度不够准确，对测量结果是否有影响？

实验21 乙酸乙酯皂化反应速率常数的测定

一、实验目的

1. 用电导法测定乙酸乙酯皂化反应的速率常数和活化能；
2. 了解二级反应的特点，学会用图解法求二级反应的速率常数；
3. 掌握测量原理，并熟悉电导率仪的使用。

二、实验原理

反应速率与反应物浓度的二次方成正比的反应为二级反应，其速率方程式可以表示为：

$$-\frac{dc}{dt} = k_2 c^2 \tag{1}$$

将（1）积分可得动力学方程：

$$\int_{c_0}^{c} -\frac{dc}{c^2} = \int_0^t k_2 dt \tag{2}$$

$$\frac{1}{c} - \frac{1}{c_0} = k_2 t \tag{3}$$

式中：c_0为反应物的初始浓度；c为t时刻反应物的浓度；k_2为二级反应的反应速率常数。将$\frac{1}{c}$对t作图应得到一条直线，直线的斜率即为k_2。

对于大多数反应，反应速率与温度的关系可以用阿累尼乌斯经验方程式来表示：

$$\ln k = \ln A - \frac{E_a}{RT} \tag{4}$$

式中：E_a为阿累尼乌斯活化能或反应活化能；A为前因子；k为速率常数。

实验中若测得两个不同温度下的速率常数，就很容易得到

$$\ln \frac{k_{T_2}}{k_{T_1}} = \frac{E_a}{R}\left(\frac{T_2 - T_1}{T_1 T_2}\right) \tag{5}$$

由（5）就可以求出活化能E_a。

乙酸乙酯皂化反应是一个典型的二级反应，

$$CH_3COOC_2H_5 + NaOH \longrightarrow CH_3COONa + C_2H_5OH$$

$t=0$时	c_0	c_0	0	0
$t=t$时	c_0-x	c_0-x	x	x
$t=\infty$时	0	0	$x \to c_0$	$x \to c_0$

乙酸乙酯皂化反应的全部过程是在稀溶液中进行的，可以认为生成的CH_3COONa是

全部电离的，因此，对体系电导值有影响的有 Na^+、OH^- 和 CH_3COO^-，而 Na^+ 在反应的过程中浓度保持不变，因此其电导值不发生改变，可以不考虑，而 OH^- 的减少量和 CH_3COO^- 的增加量又恰好相等，又因为 OH^- 的导电能力要大于 CH_3COO^- 的导电能力，所以体系的电导值随着反应的进行是减小的，并且减小的量与 CH_3COO^- 的浓度成正比，设 κ_0 为反应开始时体系的电导值，κ_∞ 为反应完全结束时体系的电导值，κ_t 为反应时间为 t 时体系的电导值，则有

设在时间 t 内生成物的浓度为 x，则反应的动力学方程为

$$\frac{dx}{dt} = k_2(c_0 - x)^2 \tag{6}$$

$$k_2 = \frac{1}{t} \frac{x}{c_0(c_0 - x)} \tag{7}$$

本实验使用电导法测量皂化反应进程中电导率随时间的变化。设 κ_0、κ_t 和 κ_∞ 分别代表时间为 0、t 和 ∞（反应完毕）时溶液的电导率，则在稀溶液中有：

$$\kappa_0 = A_1 c_0$$
$$\kappa_\infty = A_2 c_0$$
$$\kappa_t = A_1(c_0 - x) + A_2 x$$

式中 A_1 和 A_2 是与温度、溶剂和电解质的性质有关的比例常数，由上面的三式可得

$$x = \frac{\kappa_0 - \kappa_t}{\kappa_0 - \kappa_\infty} - c_0 \tag{8}$$

将（8）式代入（7）式得：

$$k_2 = \frac{1}{t \cdot c_0} \cdot \frac{\kappa_0 - \kappa_t}{\kappa_t - \kappa_\infty} \tag{9}$$

整理上式得到

$$\kappa_t = -k_2 c_0(\kappa_t - \kappa_\infty)t + \kappa_0 \tag{10}$$

以 κ_t 对 $(\kappa_t - \kappa_\infty)$ 作图可得一直线，直线的斜率为 $-k_2 c_0$，由此可以得到反应速率系数 k_2。

溶液中的电导（对应于某一电导池）与电导率成正比，因此以电导代替电导率，（10）式也成立。实验中既可采用电导率仪，也可采用电导仪。

三、仪器与试剂

1. 仪器

恒温水浴 1 套、数字电导率仪 1 台（图 4.1）、秒表 1 只、叉形电导管 1 支、移液管（10 mL）3 支、试管 1 支、移液管（2 mL 带刻度）1 只、容量瓶（50 mL）1 只、容量瓶（1000 mL）1 只

2. 试剂

乙酸乙酯标准溶液（$0.0212\ mol \cdot L^{-1}$）、NaOH 标准溶液（$0.0212\ mol \cdot L^{-1}$）

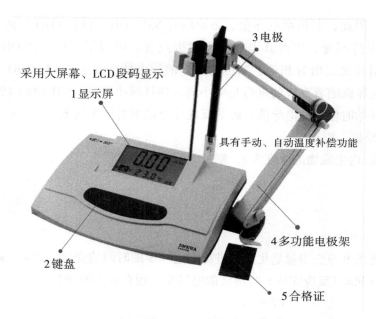

3 电极

采用大屏幕、LCD 段码显示

1 显示屏

具有手动、自动温度补偿功能

4 多功能电极架

2 键盘

5 合格证

图 4.1 数字电导率仪实物图

四、实验步骤

1. 配制乙酸乙酯溶液

配制 100 mL 乙酸乙酯溶液，使其浓度与氢氧化钠标准溶液相同。乙酸乙酯的密度根据下式计算：

$$\rho = 924.54 - 1.168 \times t - 1.95 \times 10^{-3} \times t^2$$

根据环境温度，求得乙酸乙酯的密度为 903.50 kg/m³，则需要乙酸乙酯的体积为：

$$V = \frac{c_{NaOH}V_{NaOH}M}{\rho} = 0.14535 \, mL$$

配制方法如下：在 100 mL 容量瓶中装 2/3 体积的水，用 0.2 mL 刻度移液管吸取 0.145 mL 乙酸乙酯，滴入容量瓶中，加水至刻度，混匀待用。

2. 调节恒温槽

调节温度为 25 ℃，同时电导率仪提前打开预热。

3. κ_0 的测定

分别取 10 mL 蒸馏水和 10 mL NaOH 标准溶液，加到洁净、干燥的叉形管中充分混匀，然后将其置于 25 ℃恒温槽中，恒温 5 min，并接上电导率仪，测其电导率 κ_0。

4. κ_t 的测定

在另一支叉形管的直支管中加 10 mL CH₃COOC₂H₅ 标准溶液，侧支管中加 10 mL NaOH 标准溶液，放入 25 ℃恒温槽中恒温 5 min 后，将其混合均匀并立即计时，同时用该溶液冲洗电极 3 次，开始测量其电导率值（由于反应为吸热反应，开始时会有所降低，因此一般从第6 min开始读数）当反应进行6 min、9 min、12 min、15 min、20 min、25 min、30 min、35 min、40 min时各测电导率一次，记录电导率 κ_t 及时间 t。

反应结束后，倾去反应液，洗净电导池及电极，将铂黑电极浸入蒸馏水中。

调节恒温槽温度为35 ℃，重复上述步骤测定其 κ_0 和 κ_t，但在测定时是按照反应进行 4 min、6 min、8 min、10 min、12 min、15 min、18 min、21 min、24 min、27 min、30 min时测其电导率。

五、数据处理

1.将记录曲线外推到 $t=0$ 时，求得 κ_0 值。
2.在记录曲线上选取10～15个点，以 κ_t 对 $(\kappa_0-\kappa_t)/t$ 作图，由所得直线的斜率求 k。
3.由30.0 ℃与35.0 ℃两个温度下所测的 k 值求表观活化能。

[注意事项]

1.电导率仪的电极须用蒸馏水冲洗擦干后方可使用；不可用力擦拭，防止电极上的铂黑脱落。
2.温度对反应速度及溶液电导值的影响特别显著，应严格控制恒温。
3.NaOH溶液露置于空气中的时间愈短愈好，以免吸收空气中的 CO_2 改变其浓度，随手盖上瓶塞尤为重要。
4.乙酸乙酯溶液要重新配制，因放置过久，能自行缓慢水解而影响结果。
5.电导率仪的使用见"第九章常用仪器"的使用。

[思考题]

1.为什么乙酸乙酯与氢氧化钠溶液必须足够稀？
2.被测溶液的电导主要是哪些离子的贡献？
3.为什么用洗耳球压溶液混合要反复2次，而且动作要迅速？
4.为什么可以用记录纸的格子数代替电导率计算反应速度常数？
5.反应溶液在空气中放置时间太长对结果有什么影响？

实验22 氨基甲酸铵分解反应平衡常数的测定

一、实验目的

1.熟悉用等压法测定固体分解反应的平衡压力；
2.掌握真空实验技术；
3.测定氨基甲酸铵分解压力，计算分解反应平衡常数及有关热力学函数。

二、实验原理

氨基甲酸铵（NH_2COONH_4）是合成尿素的中间产物，白色固体，不稳定，加热易发生如下的分解反应：

$$NH_2COONH_4(s) \rightleftharpoons 2NH_3(g)+CO_2(g)$$

该反应是可逆的复相反应，在封闭系统中很容易达到平衡。若将气体看成理想气体，并不将分解产物从系统中移走，则很容易达到平衡，标准平衡常数 K_p 可表示为：

$$K_p^{\Phi} = \left[\frac{p_{NH_3}}{p^{\Phi}}\right]^2 \cdot \left[\frac{p_{CO_2}}{p^{\Phi}}\right] \tag{1}$$

式中，p_{CO_2}、p_{NH_3} 分别表示 CO_2 和 NH_3 平衡时的分压。

设平衡时总压为 p，由于 1 mol $NH_2COONH_4(s)$ 分解能生成 2 mol $NH_3(g)$ 和 1 mol $CO_2(g)$，又因为固体氨基甲酸铵的蒸气压很小，所以体系的平衡总压就可以看作 p_{CO_2} 与 p_{NH_3} 之和，从分解反应式可知：$p_{NH_3} = 2p_{CO_2}$。

则，
$$p_{NH_3} = \frac{2}{3}p \qquad p_{CO_2} = \frac{1}{3}p \tag{2}$$

式（2）代入式（1），得：

$$K_p^{\Phi} = \left(\frac{2p}{3p^{\Phi}}\right)^2 \cdot \left(\frac{p}{3p^{\Phi}}\right) = \frac{4}{27}\left(\frac{p}{p^{\Phi}}\right)^3 \tag{3}$$

因此，当体系达平衡后，测量其总压 p，即可计算出平衡常数。

温度对平衡常数的影响可用下式表示：

$$\frac{d\ln K_p^{\Phi}}{dT} = \frac{\Delta_r H_m^{\Phi}}{RT^2} \tag{4}$$

式中，T 为热力学温度；

$\Delta_r H_m^{\Phi}$ 为等压反应热效应。

当温度变化范围不大时，$\Delta_r H_m^{\Phi}$ 可视为常数，由式（4）积分得：

$$\ln K_p^{\Phi} = -\frac{\Delta_r H_m^{\Phi}}{RT} + C' \tag{5}$$

式中，C' 为积分常数。

若以 $\ln K_p^{\Phi}$ 对 $\frac{1}{T}$ 作图，得一直线，其斜率为 $-\frac{\Delta_r H_m^{\Phi}}{R}$，由此可以求出 $\Delta_r H_m^{\Phi}$。

氨基甲酸铵分解反应为吸热反应，反应热效应很大，在 25 ℃时每摩尔固体氨基甲酸铵分解的等压反应热 $\Delta_r H_m^{\Phi}$ 为 159.4×10^3 J/mol，所以温度对平衡常数的影响很大，实验中必须严格控制恒温槽的温度，使温度波动小于 ± 0.1℃。

由实验求得某温度下的平衡常数 K_p^{Φ} 后，可按式（6）计算该温度下反应的标准吉布

斯自由能变化 $\Delta_r H_m^\Phi$：

$$\Delta_r H_m^\Phi = -RT\ln K_p^\Phi \tag{6}$$

利用实验温度范围内反应的平均等压热效应 $\Delta_r H_m^\Phi$ 和某温度下的标准吉布斯自由能变化 $\Delta_r G_m^\Phi$，可近似计算出该温度下的熵变 $\Delta_r S_m^\Phi$。

$$\Delta_r S_m^\Phi = \frac{\Delta_r H_m^\Phi - \Delta_r G_m^\Phi}{T} \tag{7}$$

三、仪器与试剂

1.仪器

仪器装置一套、稳压包、压力指示仪、真空泵（公用）

2.试剂

新制备的氨基甲酸铵、硅油

四、实验步骤

1.按图4.2所示安装仪器。

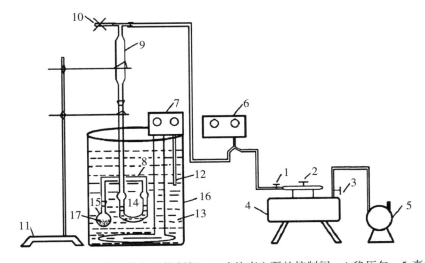

1.连接系统的控制阀；2.连接大气的控制阀；3.连接真空泵的控制阀；4.稳压包；5.真空泵；6.压力指示仪；7.温度显示器；8.U形等压计；9.缓冲管；10.铁夹；11.铁架台；12.温度计；13.蒸馏水；14.封闭液；15.装样瓶；16.恒温槽；17.氨基甲酸铵

图4.2　静态平衡压力法测定分解反应平衡气压装置图

（1）安装注意事项

①安装时不要向装样瓶里加试样，等检测完系统的气密性后再加试样；

②向U形等压计中加入的硅油量约为7 mL，不宜过多。

（2）系统气密性检查

关闭接系统的控制阀和连接大气的控制阀，打开连接真空泵的控制阀，接着打开泵的开关，然后缓慢打开连接系统的控制阀，对系统进行缓慢抽气。抽气2 min后，先关闭连接系统的控制阀，再打开连接大气的控制阀，最后关掉泵。抽气操作完成后观察压力指示仪，若其值保持不变，说明系统的气密性是良好的，可以进行实验。若其值发生变化，则需要检查漏气的原因。

（3）缓慢打开连接系统的控制阀使系统与大气相通，然后取下装样瓶装入氨基甲酸铵约4 g，开始测取氨基甲酸铵在不同温度下的平衡气压。

（4）按照与步骤2相同的抽气方法对系统抽气至真空（低于0.5 kPa）后，先关闭连接系统的控制阀，再打开连接大气的控制阀，最后关掉泵。

（5）调节恒温槽温度为25.0 ℃，恒温5 min后，缓缓打开连接系统的控制阀，将空气慢慢分次放入系统，同时仔细观察U形等压计中硅油的液面，液面相平并且在2 min内保持不变时，停止通气，关闭连接系统的控制阀。此时即可认为体系处于平衡状态，读取压力指示仪的读数和恒温水浴的温度（精确到0.1 ℃）。（注意：通气时一定要缓慢打开连接系统的控制阀，如果空气通得过多，则导致U形等压计右边的液面高于左边的液面，此时必须重新对系统抽气，否则无法得到此温度下的饱和蒸气压。所以，为了防止重新抽气，一定缓慢打开连接系统的控制阀。）

（6）调节恒温槽温度为30.0 ℃，重复步骤（5）。然后依次测定35.0 ℃、40.0 ℃、45.0 ℃时的分解压力。

（7）记录5个温度下的压力值交指导教师检查。

（8）实验完毕，缓慢打开连接系统的控制阀将空气放入系统中至U形等压计液面相平，切断电源、水源。

[注意事项]

1.U形等压计液面必须达到相平衡后才能读取压力指示仪数值。

2.恒温槽温度控制到±0.1 ℃。

3.玻璃等压计中的封闭液一定要选用黏度小、密度小、蒸气压低并且与反应体系不发生反应的液体。

4.关泵时一定要先打开连接大气的控制阀，使连接大气的控制阀与大气相通。

5.对连接系统的控制阀操作时一定要缓慢，否则会使U形等压计中的硅油发生剧烈的运动而不利于实验。

6.整个实验不需要采零。

五、数据处理

1.求实验前后大气压的平均值，并做温度、海拔高度、纬度校正。

2.求不同温度下系统的平衡总压 $p = p_{大气} - \Delta p$，并与如下经验式计算结果相比较：

$$\ln p = \frac{-6313.5}{T} + 30.5546。$$ 式中 p 的单位是 Pa。

3.列表计算记录反应温度、分解压、$1/T$、K^{Φ} 和 $\ln K^{\Phi}$ 的数据。

4.以 $\ln K^{\Phi}$ 对 $1/T$ 作图，由斜率求得 $\Delta_r H_m^{\Phi}$。

5.计算 298 K 时氨基甲酸铵分解反应的 $\Delta_r G_m^{\Phi}$ 和 $\Delta_r S_m^{\Phi}$。

[注意事项]

1.残留在体系中的氨气和二氧化碳会可逆地形成氨基甲酸铵，在外界温度较低的情况下会黏附在设备的内壁上，因此，在实验结束后要进行净化处理，即将设备再次抽空，把氨气和二氧化碳抽净。

2.氨基甲酸铵受潮极易分解成碳酸铵和碳酸氢铵，所以无市售商品，需在实验前自行制备。

3.用于测定固体分解压、升华压等的压管封闭液必须不与被测物反应，不溶解被测物蒸气，最好是密度较小的液体，它本身的蒸气压可以忽略，可从总压中扣除。

4.要准确测定压力，并对压力计加以校正。在一恒定温度下，两次测定结果相差应小于 266.6 Pa，才能进行另一温度下分解压的测定。

水银压力计所测得的表观平衡压力 p 应校正为标准压力 p_0。由于汞的密度随温度的变化而改变以及刻度尺的热膨胀，当使用汞柱压力计时温度若不为 0 ℃，则必须对读数进行校正，其公式为

$$p_0 = p \cdot \frac{1 + \beta(t - t_0)}{1 + \alpha \cdot t}$$

式中：p 为压力计读数，Pa；

p_0 为校正到 0 ℃时的标准压力，Pa；

t 为使用压力计时的温度，℃；

t_0 为制作刻度尺刻度时的温度，℃；

α 为汞的体积膨胀系数，通常在 20 ℃时：$\alpha = 1.818 \times 10^{-4}$；

β 为刻度尺所用材料的热膨胀系数。

因 β 值很小，公式中的分子中的第二项可忽略不计，校正公式简化为

$$p_0 = p \cdot \frac{1}{1 + \alpha \cdot t} = p \cdot \frac{1}{1 + 1.818 \times 10^{-4}t}$$

5.实验过程中不能让液状石蜡（或硅油）进入装样玻璃球中，以免阻止氨基甲酸铵的分解。

6.要注意掌握基本操作技术。当检漏、减压及实验结束放空时，均应打开样品管上方的两通活塞，以使体系畅通；减压时先开真空泵，后旋转活塞；旋塞时左手应扶住活

塞颈，右手扭动活塞，放空时要充分发挥毛细管之功能——"少""慢""稳"。

[思考题]

1. 如何检查系统是否漏气？
2. 什么叫分解压？怎样测定氨基甲酸铵的分解压力？
3. 为什么要抽净小球泡中的空气？若系统中有少量空气，对实验结果有何影响？
4. 如何判断氨基甲酸铵分解已达平衡？
5. 根据哪些原则选用等压计中的密封液？
6. 当使空气通入系统时，若通得过多有何现象出现？如何克服？

实验23　B–Z化学振荡反应

一、实验目的

1. 了解Belousov–Zhabotinski反应（简称B–Z反应）的机理；
2. 通过测定电位–时间曲线求得振荡反应的表观活化能。

二、实验原理

对于以B–Z反应为代表的化学振荡现象，目前被普遍认同的是Field、Kooros和Noyes在1972年提出的FKN机理，他们提出了该反应由三个主过程组成：

过程A：

$$BrO_3^- + Br^- + 2H^+ \longrightarrow HBrO_2 + HOBr \tag{①}$$

$$HBrO_2 + Br^- + H^+ \longrightarrow 2HOBr \tag{②}$$

式中HBrO$_2$为中间体，过程特点是大量消耗Br$^-$。反应中产生的HOBr能进一步反应，使有机物MA如丙二酸按下式被溴化为BrMA：

$$HOBr + Br^- + H^+ \longrightarrow Br_2 + H_2O \tag{③}$$

$$Br_2 + MA \longrightarrow BrMA + Br^- + H^+ \tag{④}$$

过程B：

$$BrO_3^- + HBrO_2 + H^+ \Longrightarrow 2BrO_2 + H_2O \tag{⑤}$$

$$2BrO_2 + 2Ce^{3+} + 2H^+ \longrightarrow 2HBrO_2 + 2Ce^{4+} \tag{⑥}$$

这是一个自催化过程，在Br$^-$消耗到一定程度后，HBrO$_2$才转化到按以上⑤、⑥两式进行反应，并使反应不断加速，与此同时，催化剂Ce^{3+}被氧化为Ce^{4+}。在过程B的⑤和⑥中，⑤的正反应是速率控制步骤。此外，HBrO$_2$的累积还受到下面歧化反应的制约。

$$2HBrO_2 \longrightarrow BrO_3^- + HOBr + H^+ \qquad\qquad ⑦$$

过程C

MA 和 BrMA 使 Ce^{4+} 离子还原为 Ce^{3+}，并产生 Br^-（由 BrMA）和其他产物。这一过程目前了解得还不够，反应可大致表达为：

$$2Ce^{4+} + MA + BrMA \longrightarrow fBr^- + 2Ce^{3+} + 其他产物 \qquad\qquad ⑧$$

式中 f 为系数，它是每两个 Ce^{4+} 离子反应所产生的 Br^- 数，随着 BrMA 与 MA 参加反应的不同比例而异。过程C对化学振荡非常重要。如果只有过程A和过程B，那就是一般的自催化反应或时钟反应，进行一次就完成。正是由于过程C，以有机物 MA 的消耗为代价，重新得到 Br^- 和 Ce^{3+}，反应得以重新启动，形成周期性的振荡。

丙二酸的 B-Z 反应，MA 为 $CH_2(COOH)_2$，BrMA 即为 $BrCH(COOH)_2$，总反应为：

$$3H^+ + 3BrO_3^- + 5CH_2(COOH)_2 \xrightarrow{Ce^{3+}} 3BrCH(COOH)_2 + 2HCOOH + 4CO_2 + 5H_2O \qquad ⑨$$

它是由 ①+②+4×⑤+4×⑥+2×⑦+5×（A_1）+5×（A_2），再加上⑩的特征，

$$8Ce^{4+} + 2BrCH(COOH)_2 + 4H_2O \longrightarrow 8Ce^{3+} + 2Br^- + 2HCOOH + 4CO_2 + 10H^+ \qquad ⑩$$

组合而成。但这个反应式只是一种计量方程，并不反映实际的历程。

按在 FKN 机理的基础上建立的俄勒冈模型，可以导得，振荡周期 $t_{振}$ 与过程C即反应步骤⑩的速率系数 k_c 以及有机物的浓度 c_B 呈反比关系，比例常数还与其他反应步骤的速率系数有关。当测定不同温度下的振荡周期 $t_{振}$，如近似地忽略比例常数随温度的变化，可以估算过程C即反应步骤⑩的表观活化能。另一方面，随着反应的进行，c_B 逐渐减小，振荡周期将逐渐增大。

三、仪器与试剂

1. 仪器

超级恒温槽1套，计算机1台，夹套反应器1个，电磁搅拌器1台，铂电极、溴离子选择性电极、双液接饱和甘汞电极各1支

2. 试剂

$0.304\ mol\cdot L^{-1}\ CH_2(COOH)_2$（丙二酸），$1.52\ mol\cdot L^{-1}\ H_2SO_4$（硫酸）、$0.252\ mol\cdot L^{-1}\ KBrO_3$（溴酸钾）、$0.024\ mol\cdot L^{-1}\ Ce(NH_4)_2(NO_3)_6$（硝酸铈铵）

实验装置如图4.3所示：

实验条件：

室温为 17.5 ℃，气压为 101.29 kPa。实验分别在 20 ℃、25 ℃、30 ℃、35 ℃进行。

四、实验步骤

1. 恒温槽的调节

打开超级恒温槽电源开关，按下"测量⇔设定"开关至设定处，旋转"设定⇔调

节"旋钮至30.30 ℃（一般超级恒温槽温度设定要高于反应器温度0.30～0.90 ℃），再将"测量⇔设定"开关按回测量处，此时示数为恒温槽实测温度。按下"循环"开关，旋转"循环量"旋钮调节适当循环量。

2.计算机参数设定

打开计算机，运行B-Z振荡反应实验软件，进入主菜单。再进入"参数设置"菜单，点击"横坐标极值"设置横坐标（时间 t）最大值（一般为1000 s，横坐标零点默认为0）。点击"纵坐标极值"和"纵坐标零点"设置纵坐标（一般为1500 mV）。设置反应的"目标温度"和"起波阈值"（一般为2 mV）。

按"画图起点设定"，然后点"yes"表示设置实验一开始（后面操作中加入硫酸铈铵总体积一半时，点击"OK"后）就作图；点击"确定"检查参数设置是否正确，然后退出。

3.观察振荡反应现象

检查好仪器样品，按照装置图接好电路。其中，铂电极接在正极上，饱和甘汞电极接在负极上，在进行实验之前需检查甘汞电极中的液面是否合适以及是否有气泡等。接通相应设备电源，准备数据采集。

调节恒温槽温度为20 ℃。分别取7 mL丙二酸、15 mL溴酸钾、18 mL硫酸溶液于干净的反应器中，开动搅拌。打开数据记录设备，开始数据采集，待基线走稳后，用移液管加入2 mL硝酸铈铵溶液。

观察溶液的颜色变化及反应曲线，待重复8～10次完整周期后，停止数据记录，保存数据文件，记录恒温槽温度，从数据文件中读出相应的诱导期和振荡周期。后依次升温至25 ℃、30 ℃、35 ℃，进行实验操作。

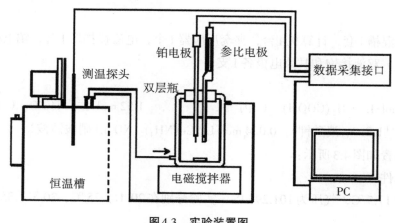

图4.3　实验装置图

[注意事项]

1.各个组分的混合顺序对体系的振荡行为有影响。应在丙二酸、溴酸钾、硫酸混合均匀后，且当记录仪的基线走稳后，再加入硝酸铈铵溶液。

2.反应温度可明显地改变诱导期和振荡周期，故应严格控制温度恒定。

3.实验中溴酸钾试剂纯度要求高。

4.配制硝酸铈铵溶液时，一定要在硫酸介质中配制，防止发生水解反应呈浑浊。

5.所使用的反应容器一定要冲洗干净，转子位置及速度都必须加以控制。

五、数据处理

1.说明溶液颜色变化与电势曲线的关系；

2.根据公式 $t_{振} = \dfrac{t_5 - t_{诱}}{5}$ 求出振荡周期 $t_{振}$；

3.根据公式 $\dfrac{1}{t_{诱}} \propto k = A\mathrm{ex}(\dfrac{-E_{表}}{RT})$ 可得 $\ln\dfrac{1}{t_{诱}} = \ln A - \dfrac{E_{表}}{RT}$（$A$ 为前参量，$E_{表}$ 为表观活

化能，T 为绝对温度）。作 $\ln\dfrac{1}{t_{诱}} - \dfrac{1}{T}$ 图，由斜率求出表观活化能 $E_{诱}$。

4.作 $\ln\dfrac{1}{t_{振}} - \dfrac{1}{T}$ 图，由斜率求出表观活化能 $E_{振}$。

[思考题]

1.B-Z 化学振荡反应的影响因素都有哪些？影响最大的因素是什么？

2.硫酸在 B-Z 化学振荡反应中所起的主要作用是什么？酸度对反应影响大吗？

3.KBrO$_3$ 浓度的变化对 B-Z 振荡反应是如何影响的？

实验24 复杂反应——丙酮碘化速率方程

一、实验目的

1.采用分光光度法测定用酸做催化剂时丙酮碘化反应的速率系数、反应级数和活化能；

2.通过本实验加深对复合反应特征的理解；

3.熟练掌握分光光度计的原理和使用方法。

二、实验原理

孤立法，即设计一系列溶液，其中只有某一种物质的浓度不同，而其他物质的浓度

均相同，借此可以求得反应时该物质的反应级数。同样亦可得到各种作用物的级数，从而确立速率方程。

丙酮碘化是一个复杂反应，其反应式为：

$$CH_3—\overset{\overset{\textstyle O}{\|}}{C}—CH_3 + I_2 \xrightarrow{H^+} CH_3—\overset{\overset{\textstyle O}{\|}}{C}—CH_2I + H^+ + I^-$$

设丙酮碘化反应速率方程式为：

$$-\frac{dc_{I_2}}{dt} = kc_{CH_3COCH_3}^{x} \cdot c_{HCl}^{y} \cdot c_{I_2}^{z} \tag{1}$$

式中 k 为反应速率常数，指数 x、y、z 分别为丙酮、酸和碘的反应级数。将该式取对数后可得：

$$\lg\left(-\frac{dC_{I_2}}{dt}\right) = \lg k + x \lg c_{CH_3COCH_3} + y \lg c_{HCl} + z \lg c_{I_2} \tag{2}$$

在上述三种物质中，固定其中两种物质的浓度，配制第三种物质浓度不同的一系列溶液，则反应速率只是该物质浓度的函数。以 $\lg\left(\dfrac{-dc_{I_2}}{dt}\right)$ 对该组分浓度的对数作图，所得直线即为该物质在此反应中的反应级数。同理，可得其他两个物质的反应级数。

碘在可见光区有很宽的吸收带，可用分光光度计测定反应过程中碘浓度随时间变化的关系。按照朗伯-比尔定律可得：

$$A = -\lg T = -\lg\left(\frac{I}{I_0}\right) = ab\,c_{I_2} \tag{3}$$

式中 A 为吸光度，T 为透光率，I 和 I_0 分别为某一特定波长的光线通过待测溶液和空白溶液后的光强，a 为吸光系数，b 为样品池光径长度，以 A 对时间 t 作图，斜率为 $ab\left(\dfrac{-dc_{I_2}}{dt}\right)$，测得 a 和 b，可算出反应速率。

若 $c_{CH_3COCH_3} \approx c_{HCl} \gg c_{I_2}$，发现 A 对 t 作图后得一直线。显然只有在 $\left(\dfrac{-dc_{I_2}}{dt}\right)$ 不随时间改变时才成立，意味着反应速率与碘的浓度无关，从而得知该反应对碘的级数为零。

当控制碘为变量时，反应过程中可认为丙酮和盐酸的浓度不变，又因为 z 为 0，则由（2）积分可得：

$$c_{碘1} - c_{碘2} = kc_{丙酮}^{x}c_{盐酸}^{y}(t_2 - t_1)$$

将（3）代入后可得：

$$k = \left(\frac{A_1 - A_2}{t_2 - t_1}\right) \times \frac{1}{ab} \times \frac{1}{c_{丙酮}^{x}c_{盐酸}^{y}}$$

三、仪器与试剂

1. 仪器

722型分光光度计1套、超级恒温槽1套、秒表1块、容量瓶（25 mL）7个、刻度移液管（5 mL）各3支

2. 试剂

丙酮标准液（2.00 mol·L⁻¹）、HCl标准液（1.9355 mol·L⁻¹）、I₂标准液（0.01 mol·L⁻¹）

四、实验步骤

1. 检查仪器和药品、接通电源。

2. 开启恒温槽，检查水路是否通畅和漏水。

3. 打开分光光度计，将波长调至520 nm处。

4. 用蒸馏水作为参比溶液，反复将分光光度计调整0T、100T。

5. 将装入已标定好的碘液、丙酮溶液、盐酸的玻璃瓶放入恒温槽中恒温。恒温槽温度设定在20 ℃。到达设定温度并恒定10 min后开始实验。

6. 用蒸馏水作为参比溶液，在1 cm比色皿样品池里装2/3的蒸馏水。打开分光光度计，将波长调至520 nm处，合上盖板，调节拉杆位置及100旋钮使透光率在100位置上。打开盖板，用透光率旋钮调到0.000。打开盖板观察是否显示1。

7. 在50 mL容量瓶中分别移入10 mL的2.00 mol·L⁻¹盐酸和10 mL的0.02 mol·L⁻¹的碘液，稀释至30 mL，加入10 mL丙酮溶液，稀释至刻度。迅速混匀后，尽快倒入样品池中。读取吸光度读数A，以后每隔5 min读数一次。

编号	1#	2#	3#	4#	5#	6#	7#
V(HCl)	2.50	2.50	2.50	2.50	2.50	1.65	3.75
V(丙酮)	2.50	2.50	2.50	1.65	3.75	2.50	2.50
V(碘液)	5.00	2.50	4.00	2.50	2.50	2.50	2.50

加入一半碘液时开始按下秒表计时，1#、3#大约每隔1 min记一组数据，其他组每隔30 s记一组数据。记第一组数据的时间尽量控制在1 min之内。

[注意事项]

1. 实验时应当先加丙酮、盐酸，最后加碘液。否则碘会先与丙酮发生反应。

2. 实验操作尽量迅速，如果将溶液在室温下放置会降温，导致反应温度不恒定。

3. 第一组数据是其余各组数据比较的参照组，十分重要，因此要等到温度充分稳定后，最后一个测定。

4.分光光度计的使用见"第九章 常用仪器"的使用。

五、数据处理

1.a、b值的测定

将测得数据填于表1，并用（3）式计算a、b值。

表1 实验数据

$c_{I_2} =$

序号	吸光度	平均值	a、b
1			
2			
3			

2.混合溶液的时间–吸光度填于表2。

表2 混合溶液的时间—吸光度

恒温温度：_____

1号	时间/min	
	吸光度A	
2号	时间/min	
	吸光度A	
3号	时间/min	
	吸光度A	
4号	时间/min	
	吸光度A	

3.混合溶液的丙酮、盐酸、碘的初始浓度填于表3。

表3 混合溶液的丙酮、盐酸、碘的初始浓度

序号	$c(丙酮)/mol \cdot L^{-1}$	$c(H^+)/mol \cdot L^{-1}$	$c(I_2)/mol \cdot L^{-1}$
1			
2			
3			
4			

4.作A–t图，求斜率。

5.根据斜率、ab值及丙酮、盐酸的浓度分别计算出反应速率常数。

6.文献值：①$E_a = 86.2 \, kJ \cdot mol^{-1}$。

②反应速率常数见表4。

表4 反应速率常数

$t/℃$	0	25	27	35
$k \times 10^5/\text{L} \cdot \text{mol}^{-1} \cdot \text{s}^{-1}$	0.115	2.86	3.60	8.80
$k \times 10^3/\text{L} \cdot \text{mol}^{-1} \cdot \text{min}^{-1}$	0.69	1.72	2.16	5.28

7.误差分析

（1）在配液时，用洗瓶定容不是很准确，而且用移液管移液也会有误差，最终导致浓度有误差。

（2）没在1 min左右测得第一个数据，没有记下能反映实验现象的最佳数据。

（3）在测量吸光度时，用秒表计时，由于主观原因时间的记录也存在误差，同时也存在仪器误差。

[思考题]

1.实验中，是将丙酮溶液加到盐酸和碘的混合液中，但没有立即计时，而是当混合物稀释至25 mL，摇匀倒入恒温比色皿测透光率时才开始计时，这样做是否影响实验结果？为什么？

2.在动力学实验中，正确计量时间是很重要的。本实验中从反应开始到开始计算反应时间，中间有一段不算很短的操作时间。这对实验结果有无影响？为什么？

3.影响本实验结果的主要因素是什么？

实验25 化学反应速率和活化能的测定

一、实验目的

1.从实验结果获得反应物浓度、温度、催化剂对反应速率的影响；

2.根据Arrhenius方程式，学会使用作图法测定反应活化能；

3.测定$(NH_4)_2S_2O_8$与KI反应的速率、反应级数、速率系数和反应的活化能。

二、实验原理

在水溶液中过二硫酸铵与碘化钾反应为：

$$(NH_4)_2S_2O_8 + 3KI === (NH_4)_2SO_4 + K_2SO_4 + KI_3$$

其离子反应为：

$$S_2O_8^{2-} + 3I^- === 2SO_4^{2-} + I_3^- \tag{1}$$

反应速率方程为：

$$r = kc_{S_2O_8^{2-}}^m \cdot c_{I^-}^n$$

式中 r 是瞬时速率。若 $c_{S_2O_8^{2-}}$、c_{I^-} 是起始浓度，则 r 表示初速率（v_0）。在实验中只能测定出在一段时间内反应的平均速率。

$$\bar{r} = \frac{-\Delta c_{S_2O_8^{2-}}}{\Delta t}$$

在此实验中近似地用平均速率代替初速率：

$$r_0 = kc_{S_2O_8^{2-}}^m \cdot c_{I^-}^n = \frac{-\Delta c_{S_2O_8^{2-}}}{\Delta t}$$

为了能测出反应在 Δt 时间内 $S_2O_8^{2-}$ 浓度的改变量，需要在混合$(NH_4)_2S_2O_8$ 和 KI 溶液的同时，加入一定体积已知浓度的 $Na_2S_2O_3$ 溶液和淀粉溶液，这样在（1）进行的同时还进行着另一反应：

$$2S_2O_3^{2-} + I_3^- = S_4O_6^{2-} + 3I^- \tag{2}$$

此反应几乎是瞬间完成，（1）反应比（2）反应慢得多。因此，反应（1）生成的 I_3^- 立即与 $S_2O_3^{2-}$ 反应，生成无色 $S_4O_6^{2-}$ 和 I^-，因而观察不到碘与淀粉呈现的特征蓝色。当 $S_2O_3^{2-}$ 消耗尽，（2）反应不进行，（1）反应还在进行，则生成的 I_3^- 遇淀粉呈蓝色。

从反应开始到溶液出现蓝色这一段时间 Δt 里，$S_2O_3^{2-}$ 浓度的改变值为：

$$\Delta c_{S_2O_3^{2-}} = -[c_{S_2O_3^{2-}(\text{终})} - c_{S_2O_3^{2-}(\text{始})}] = c_{S_2O_3^{2-}(\text{始})}$$

再将（1）反应和（2）反应对比，则得：

$$\Delta c_{S_2O_8^{2-}} = \frac{c_{S_2O_3^{2-}(\text{始})}}{2}$$

通过改变 $S_2O_8^{2-}$ 和 I^- 的初始浓度，测定消耗等量的 $S_2O_8^{2-}$ 的物质的量浓度 $\Delta c_{S_2O_8^{2-}}$ 所需的不同时间间隔，即计算出反应物不同初始浓度的初速率，确定出速率方程和反应速率常数。

由 Arrhenius 方程得

$$\lg k = A - \frac{E_a}{2.303RT}$$

式中：E_a 为反应的活化能；

R 为摩尔气体常数，$R = 8.314\ \text{J} \cdot \text{mol}^{-1} \cdot \text{K}^{-1}$；

T 为热力学温度。

求出不同温度时的 k 值后，以 $\lg k$ 对 $\frac{1}{T}$ 作图，可得一直线，由直线的斜率 $-\frac{E_a}{2.303R}$ 可求得反应的活化能 E_a。

Cu^{2+} 可以加快$(NH_4)_2S_2O_8$ 与 KI 的反应，Cu^{2+} 的加入量不同，加快的反应速率也不同。

三、仪器与试剂

1. 仪器

恒温水浴、碘量瓶、量筒、烧杯、秒表

2. 试剂

过二硫酸铵、碘化钾、硝酸钾、硝酸铜、淀粉

四、实验步骤

1. 浓度对化学反应速率的影响

在室温条件下进行编号 I 的实验。用量筒分别量取 20.0 mL 0.20 mol/L KI 溶液，8.0 mL 0.010 mol/L $Na_2S_2O_3$ 溶液和 2.0 mL 0.20 mol/L 0.4% 淀粉溶液，全部注入烧杯中，混合均匀。

然后用另一量筒取 20.0 mL 0.2mol/L $(NH_4)_2S_2O_8$ 溶液，迅速倒入上述混合溶液中，同时开动秒表，并不断搅拌，仔细观察。

当溶液刚出现蓝色时，立即按停秒表，记录反应时间和室温。

室温_____℃

实 验 编 号		I	II	III	IV	V
	0.20 mol/L $(NH_4)_2S_2O_8$	20.0	10.0	5.0	20.0	20.0
	0.20 mol/L KI	20.0	20.0	20.0	10.0	5.0
试剂用量	0.010 mol/L $Na_2S_2O_3$	8.0	8.0	8.0	8.0	8.0
mL	0.4% 淀粉溶液	2.0	2.0	2.0	2.0	2.0
	0.20 mol/L KNO_3	0	0	0	10.0	15.0
	0.20 mol/L $(NH_4)_2SO_4$	0	10.0	15.0	0	0
混合液中反应的 起始浓度 mol·L^{-1}	$(NH_4)_2S_2O_8$					
	KI					
	$Na_2S_2O_3$					
反应时间 Δt/s						
$S_2O_8^{2-}$ 的浓度变化 $\Delta c_{S_2O_8^{2-}}$/mol·L^{-1}						
反应速率 r						

2. 温度对化学反应速率的影响

按上表实验 IV 中的药品用量，将装有 KI、$Na_2S_2O_3$、KNO_3 和淀粉混合溶液的烧杯和装有 $(NH_4)_2S_2O_8$ 溶液的小烧杯，放在冰水浴中冷却，待温度低于室温 10 ℃ 时，将 2 种溶液迅速混合，同时计时并不断搅拌，出现蓝色时记录反应时间。

用同样方法在热水浴中进行高于室温 10 ℃ 时的实验。

实验编号	VI	IV	VII
反应温度 t/ ℃			
反应时间 Δt/s			
反应速率 r			

3.催化剂对化学反应速率的影响

按实验IV药品用量进行实验，在$(NH_4)_2S_2O_8$溶液加入KI混合液之前，先在KI混合液中加入2滴$Cu(NO_3)_2$（0.02 mol/L）溶液，搅匀，其他操作同实验1。

五、数据处理

1.计算反应级数和反应速率常数

$$r = kc_{S_2O_8^{2-}}^{m} \cdot c_{I^-}^{n}$$

两边取对数： $\lg r = m\lg c_{S_2O_8^{2-}} + n\lg c_{I^-} + \lg k$

当 c_{I^-} 不变（实验 I 、II 、III）时，以$\lg v$对$\lg c_{S_2O_8^{2-}}$作图，得直线，斜率为m。同理，当$c_{S_2O_8^{2-}}$不变（实验 I 、IV 、V）时，以$\lg r$对$\lg c_{I^-}$作图，得n，此反应级数为$m+n$。利用实验1一组实验数据即可求出反应速率常数k。

实 验 编 号	I	II	III	IV	V
$\lg r$					
$\lg c_{S_2O_8^{2-}}$					
$\lg c_{I^-}$					
m					
n					
反应速率常数 k					

2.计算反应活化能

$$\lg k = A - \frac{E_a}{2.30RT}$$

测出不同温度下的k值，以$\lg k$对$\frac{1}{T}$作图，得直线，斜率为$-\dfrac{E_a}{2.30R}$，可求出反应的活化能E_a。

实验编号	VI	VII	IV
反应速率常数 k			
$\lg k$			
$\dfrac{1}{T}$			
反应活化能 E_a			

[思考题]

1.若用 I^-（或 I_3^-）的浓度变化来表示该反应的速率，则 v 和 k 是否和用 $S_2O_8^{2-}$ 的浓度变化表示的一样？

2.反应液中为什么加入 KNO_3、$(NH_4)_2SO_4$？

3.取 $(NH_4)_2S_2O_8$ 试剂量筒没有专用，对实验有何影响？

4.$(NH_4)_2S_2O_8$ 缓慢加入 KI 等混合溶液中，对实验有何影响？

5.催化剂 $Cu(NO_3)_2$ 为何能够加快该化学反应？

6.实验中当蓝色出现后，反应是否就终止了？

实验26　多相催化——甲醇分解

一、实验目的

1.测定氧化锌催化剂对甲醇分解反应的催化活性，了解制备条件对催化剂活性的影响；

2.熟悉动力学实验中流动法的特点和关键，掌握流动法测量催化剂活性的实验方法；

3.掌握流速计、流盘计、稳压管的原理和使用。

二、实验原理

催化剂的活性是指催化剂在某一确定的反应条件下所进行催化反应的产率、转化率或指有催化剂存在时反应速率增加的程度。通常，由于非催化反应的速率可以忽略不计，故催化剂的活性仅取决于催化反应的速率。严格地讲，催化剂的活性是对在某一确定条件下所进行的具体反应而言的，离开了具体的反应条件，任何定量的催化剂活性比较都是毫无意义的。根据需要选择催化剂，其适宜的反应条件应由实验来确定。因此，我们根据生产上的需要，既要研制高效率的催化剂，又要从实验中选择催化剂所适宜的反应条件，作为扩大生产时确定工艺条件的依据。

同一种催化剂，常可通过许多不同的途径来制取。例如，要制取某金属氧化物催化剂，可以直接利用其硝酸盐、碳酸盐、有机酸盐的干法灼烧分解来制得，也可以将其溶液沉淀成氢氧化物再进一步热分解得到；可以在制得金属氧化物后直接加工成型，也可以将其沉积在惰性载体上得到载体催化剂。从不同途径制取的某一金属氧化物催化剂，用经典化学分析法常不能加以区别。但它们的催化活性却可能悬殊。这往往与它们的活性表面结构有关。

催化反应可以分为均相催化和复相催化。本实验研究固相氧化锌催化剂对气相甲醇的复相催化分解反应。

制备大部分复相催化剂，都必须将催化剂放在特定温度下进行灼烧处理才能使它处于活性的中间过渡态，而催化剂活性表面形成时的这种温度和灼烧的时间往往是影响其活性的重要因素。各种催化剂的最合适的灼烧温度与时间必须由实验确定。

对于复相催化反应，由于实际反应在固体催化剂表面上进行，因此催化剂的比表面大小往往又起着主要作用。工业上常用单位质量或单位体积的催化剂对反应物的转化百分率来表示催化剂的活性。这种表示活性的方法虽然并不确切，然而十分直观，故经常采用。

测定催化剂活性的实验方法可大致分为静态法和流动法两类。静态法是将反应物和催化剂放入一封闭容器中，测量体系的组成与反应时间关系的实验方法。流动法是指反应物不断稳定地流过反应器，并在其中发生反应，离开反应器后即有产物混杂其间。然后设法分离和分析产物。流动法的许多优点是静态法无法做到的。如容易模拟大规模的生产工艺、便于对反应体系进行自动控制、反应效率高以及产物质量稳定等。在石油炼制、石油化工和基本有机合成等现代化工工业生产中，已普遍采用流动法进行生产。由于在工业连续生产中，使用的装置与条件和流动法类似，因此，在探讨反应速率、研究反应机理的动力学实验及催化剂活性测定的实验中，流动法使用较广。

但是，流动法本身也有较多不便之处。首先要产生和控制稳定的气流，气流速度既不能太大，也不能太小。因为太大反应进行不完全；太小则有气流扩散的影响，产生副反应。其次，要长时间控制整个反应系统各处的实验条件（温度、压力、浓度等）不变，也颇为困难。最后，流动法实验数据的处理也比静态法麻烦。

流动法的关键是要产生和控制稳定的流态。如流态不稳定，则实验结果不具有任何意义。流动法的另一个关键是要在整个实验时间内控制整个反应系统各部分实验条件（温度、压力、浓度等）稳定不变。

为了满足流动条件，必须等速加料，常用饱和蒸气带出法，即用稳定流速的惰性气体通过恒温的液体，使惰性气体为液体的饱和蒸气所饱和。由于在一定温度时液体的饱和蒸气压恒定，因此，控制气体的流速和液体的温度就能使反应物等速注入反应器。

流动法按催化剂是否流动又可分为固定床和流化床，而流动的流态情况又可分为气相和液相、常压和高压。ZnO催化剂对甲醇分解反应所用的是最简单的气相、常压、固定床的流动法。

甲醇可由CO和H_2比做原料合成，反应式为

$$CO + 2H_2 \rightleftharpoons CH_3OH$$

这是一个可逆反应，反应速率很小，关键是要找到优良的催化剂，但按正向反应进行实验需要在高压下进行，而且还有生成CH_4等的副反应，对实验不利。按催化剂的特点，凡是对正向反应是优良的催化剂，那么对逆向反应也同样是优良的催化剂，而甲醇的分解反应可在常压下进行，因此在选择催化剂的（活性）实验中往往利用甲醇的催化分解反应。

$$CH_3OH(g) \xrightarrow{\text{ZnO催化剂、300~400℃}} CO(g) + 2H_2(g)$$

为了便于实验的进行，用逆向反应来评价用于正向反应催化剂的性能是催化实验中常用的方法。

本实验是用单位质量的ZnO催化剂在一定的实验条件下，用100 g甲醇中所分解掉的甲醇质量（g）来表示催化剂的活性。以恒定的甲醇蒸气送入系统，由于反应物和产物可经冷凝而分离，所以催化剂活性愈大，则由甲醇分解所生成的氢气和一氧化碳愈多。因此，只要测试流动的气流经过催化剂、捕集器（其作用是将未分解的甲醇蒸气冷疑成液体而除去）后的体积增量，便可比较催化剂活性的大小。

三、仪器与试剂

1. 仪器

流速计、流盘计、稳压管、马弗炉

2. 试剂

ZnO催化剂：取80 g ZnO（A.R.）加20 g皂土（做黏结剂）和约50 mL蒸馏水研压混合使均匀，成型弄碎，过筛，取粒度约1.5 mm（12～14目）的筛分，在温度为383.2 K的烘箱内烘2～3 h，分成2份，分别放入573 K和773 K的马弗炉中烘烧2 h，取出放入真空干燥器内备用。甲醇（A.R.），KOH(C.P.)，食盐，碎冰，液状石蜡。

四、实验步骤

1. 按图4.4所示连接仪器，并做好下列准备工作。

（1）用量筒向各液体挥发器（本实验中为保证甲醇蒸气饱和，共串联3个液体挥发器）内加入甲醇至充满2/3的盘。

（2）向杜瓦瓶内加食盐及碎冰的混合物作为冷却剂。

（3）调节超级恒温槽温度到40.0 ℃±0.1 ℃，打开循环水的出口，使恒温水沿挥发器夹套进行循环。

调节湿式气体流盘计至水平位置，并检查计内液面。

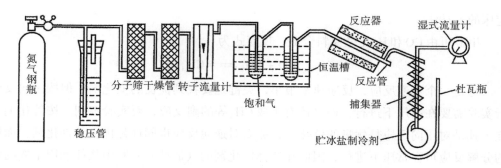

图 4.4 ZnO/Al₂O₃ 催化活性测定装置

2.检查整个系统有无漏气，其方法如下：小心开启氮气钢瓶的减压阀，使用小股 N₂ 流通过系统（毛细管流速计上出现压力差）。这时把湿式气体流量计和捕集器间的导管闭死，若毛细管流速计上的压力表逐渐变小直至为零，则表示系统不漏气，否则要分段检查，直至无漏气。

3.检漏后，缓缓开启氮气钢瓶的减压阀，调节稳压管内液面的高度，并使气泡不断地从支管经液状石蜡逸出，其速度约为每秒 1 个（这时稳压管才起到作用）。根据已校正毛细管的流速计校正曲线，使流速稳定为每分钟 50 mL，准确读下这时毛细管流速计上的压力表读数，作为下面测量时判断流速是否稳定为某数值的依据。每次测定过程中，自始至终都需要保持 N₂ 流速的稳定，这是本实验成功的关键之一。

4.测定

（1）空白曲线的测定

通电加热并调节电炉温度为（573±2）K，在反应管中不放催化剂，调节 N₂ 流为 50 mL·min⁻¹，稳定后，每 5 min 读湿式气体流盘计 1 次，共计 40 min，以流量读数 V_{N_2}(L) 对时间 t(min) 作图，得图上的直线。重复测定空白曲线，至 2 次测定结果重复为止。

（2）样品活性的测定

称取存放在真空干燥器内、粒度为 1.5 mm 左右、经 573 K 焙烧的 ZnO 催化剂约 2 g 装入反应管内（管两端要放玻璃布，催化剂放在其中。装催化剂时应沿壁轻轻倒入，并把反应管加以转动和摇动以装匀，但不宜重摇，以免催化剂破碎而堵塞气流），装好后记下催化剂层在反应管内的位置，当插入到电炉中时，催化剂层应在电炉的等温区内。然后接好管道并检漏，打开电炉电源并调节电炉温度到（573±2）K，调节流速，使其与空白实验（50 mL·min⁻¹）时相同（由毛细管流速计的压力表来指示），同样，每隔 5 min 读一次湿式气体流盘计（即 $V_{N_2+H_2+CO}$），共 40 min，其 $V-t$ 图中的直线为线 Ⅱ。换去反应管中的催化剂重测 573 K 焙烧的 ZnO 催化剂活性，至 2 次测定结果一致。

（3）同法，在氮气流速为 50 mL·min⁻¹ 的条件下，对经 773 K 焙烧的 ZnO 催化剂进行活性测定。实验结束后应切断电源和关掉氮气钢瓶，并把减压阀内余气放掉。

[注意事项]

1. 系统必须不漏气。

2. N_2 的流速在实验过程中需保持稳定。

3. 在对比不同焙烧温度下制得的催化剂活性时，实验条件（如装样，催化剂在电炉中的位置等）需尽量相同。

4. 在通入 N_2 前，不要打开干燥管上通向液体挥发器的活塞，以防甲醇蒸气或甲醇液体流至装有 KOH 的干燥管，堵塞通路。

5. 在实验前需检查湿式流盘计的水平和水位，并预先使其运转数圈，使水与气体饱和后，方可进行计量。

6. 实验结束后，需用夹子使挥发器不与反应管和干燥管相通，以免因炉温下降使甲醇被倒吸入反应管内。

7. 甲醇对人体有毒，严重的可导致失明，实验时必须严防甲醇泄漏。另外，尾气中含有 CO、H_2 及少量甲醇蒸气，必须排放至室外或下水道中。

五、数据处理

将测得数据记录到表1中：

室温：_____大气压：_____毛细管流速计压力差：_____

恒温槽温度：_____催化剂质量：_____

表1　实验数据记录表

时间/min	湿式流量计体积示值(V_{N_2}/L)	湿式流量计体积示值(V/L)
0		
5		
10		
⋮		
40		

① 从直线 I、II 算出催化反应后增加的 H_2 和 CO 总体积。

② 由 H_2 和 CO 总体积算得催化反应分解掉的甲醇质量（g）。

③ 根据 N_2 流速和甲醇在 40 ℃的饱和蒸气压，算出 40 min 内通入反应管的甲醇质量（g）。

④ 以 100 g 甲醇所分解掉的质量（g）来表示实验条件下单位质量 ZnO 催化剂的活性，并比较不同灼烧温度下制得的催化剂活性。

⑤ 文献值。用 $ZnCO_3$ 加皂土制备的催化剂活性列于表2中。

表2 用 $ZnCO_3$ 加皂土制备的催化剂活性

焙烧温度/K	$V_{N_2}/(mL \cdot min^{-1})$	活性
573	50	26±3
573	70	17±2
773	50	16±2
773	70	10±2

注：活性用单位质量 ZnO 催化剂在一定实验条件下，使100 g甲醇中所分解掉的甲醇质量（g）来表示。

[注意事项]

1.毛细管流速计中的毛细管要选择适当，对于一定的气体流速有一定的压差。如毛细管孔径过大，则会因压差过小而导致误差过大，使结果发生偏差。

2.稳压管中液面的高度要适当，气泡经石蜡油层逸至大气，其速度以每秒1个为宜，过少或过多都会造成 N_2 流速不稳。在实验过程中，应随时注意毛细管流速计的高度，加以调节。

3.要获得稳定的加料速度，对于挥发性的液体常可采用液体挥发器来达到。其原理是当流速为 v_1 的载气（如 N_2）流经挥发性液体（如甲醇），就被该挥发性的蒸气所饱和。由于液体的挥发，气流速度由 v_1 增加到 v_2（此即为挥发器出口的流速），这一流速的增值（$\Delta v = v_2 - v_1$）和 v_2 之比在数值上等于挥发性液体蒸气在载气中所占的分数，即

$$\frac{\Delta v}{v_2} = \frac{p_S}{p_A}$$

式中：p_A 为大气压；

p_S 为实验温度下挥发性液体的蒸气压。

因此，只要控制合适的温度和载气流速，就可以得到稳定的加料速度。

[思考题]

1.毛细管流速计和湿式流量计二者有何异同？

2.为什么实验时必须严格控制 N_2 流速稳定于同一数值？如果空白测定和样品测定时 N_2 的流速不同，对实验结果有何影响？

3.欲得较低的温度，氯化钠和冰应以怎样的比例混合？

4.催化剂流失对实验结果有何影响？如何防止催化剂流失？

5.试设计测定合成氨铁催化剂活性的装置。

实验27 药物稳定性测定

一、实验目的

1.了解药物水解反应的特征；

2.掌握硫酸链霉素水解反应速率常数测定方法，并求出硫酸链霉素水溶液的有效期。

二、实验原理

链霉素是由放线菌属的灰色链丝菌产生的抗生素，硫酸链霉素分子中的三个碱性中心与硫酸成的盐，分子式为$(C_{21}H_{39}N_7O_{12})_2 \cdot 3H_2SO_4$，它在临床上用于治疗各种结核病，本实验是通过比色分析方法测定硫酸链霉素水溶液的有效期。

硫酸链霉素水溶液在pH4.0～4.5时最为稳定，在过碱性条件下易水解失效，在碱性条件下水解生成麦芽酚（α-甲基-β-羟基-γ-吡喃酮），反应如下：

$(C_{21}H_{39}N_7O_{12})_2 \cdot 3H_2SO_4 + H_2O \rightarrow$ 麦芽酚 + 硫酸链霉素其他降解物

该反应为假一级反应，其反应速度服从一级反应的动力学方程：

$$\lg(c_0 - x) = \frac{k}{-2.303}t + \lg c_0$$

式中：c_0为硫酸链霉素水溶液的初浓度；x为t时刻链霉素水解掉的浓度；t为时间，单位为min；k为水解反应速度常数。

若以$\lg(c_0 - x)$对t作图应为直线，由直线的斜率可求出反应速率常数k。硫酸链霉素在碱性条件下水解得麦芽酚，而麦芽酚在酸性条件下与三价铁离子作用生成稳定的紫红色螯合物，故可用比色分析的方法进行测定。由于硫酸链霉素水溶液的初始c_0正比于全部水解后产生的麦芽酚的浓度，也正比于全部水解测得的消光值E_∞，即$c_0 \propto E_\infty$；在任意时刻t，硫酸链霉菌素水解掉的浓度x应与该时刻测得的消光值E_t成正比，即$x \propto E_t$，将上述关系代入速度方程中得：

$$\lg(E_\infty - E_t) = -\frac{k}{2.303}t + \lg E_\infty$$

可见通过测定不同时刻t的消光值E_t，可以研究硫酸链霉素水溶液的水解反应规律，以$\lg(E_\infty - E_t)$对t作图得一直线，由直线斜率求出反应的速率常数k。药物的有效期一般是指当药物分解掉原含量的10%时所需要的时间$t_{0.9}$。

$$t_{0.9} = \frac{\ln(\frac{100}{90})}{k} = \frac{1}{k}\ln(\frac{100}{90}) = \frac{0.105}{k}$$

三、仪器与试剂

1. 仪器

722型分光光度计1台、超级恒温槽1台、磨口锥形瓶100 mL 2个、移液管20 mL 1支、磨口锥形瓶50 mL 11个、吸量管5 mL 3支、量筒50 mL 1个、吸量管1 mL 1支、大烧杯、电热炉、秒表1只

2. 试剂

0.4%硫酸链霉素溶液、2.0 mol/L氢氧化钠溶液、20 g/L铁试剂（加硫酸）

四、实验步骤

1. 调整超级恒温槽的温度为40 ℃±0.2 ℃。

2. 用量筒量取50 mL约0.4%的硫酸链霉素溶液置于100 mL的磨口瓶中，并将锥形瓶放于40 ℃的恒温槽中，用刻度吸量管吸取2.0 mol/L的氢氧化钠溶液0.5 mL，迅速加入硫酸链霉素溶液中，当碱量加入一半时，打开秒表，开始记录时间。

3. 取5个干燥的50 mL磨口锥形瓶，编好号，分别用移液管准确加入20 mL 0.5 mol/L 0.5 %铁试剂，再加入5滴1.12～1.18 mol/L硫酸，每隔10 min，准确取反应液5 mL于上述锥形瓶中，摇匀呈紫红色，放置5 min，而后在波长为520 nm用722型分光光度计测定消光值E_t，记录实验数据。

4. 最后将剩余反应液放入沸水浴中10 min，然后放至室温再吸收2.5 mL反应液于干燥的50 mL磨口锥形瓶中，另外加入2.5 mL蒸馏水，再加入20 mL 0.5 %铁试剂和5滴硫酸溶液，摇匀至紫红色，测其消光值乘2后即为全部水解时的消光值E_∞。

5. 调节恒温槽，升温至50 ℃，按上述操作每隔5 min取样分析一次，共测5次为止，记录实验数据。

[注意事项]

1. 硫酸链霉素在酸性或中性条件下很稳定，基本不水解，在碱性条件下则可以水解，本实验通过加入2 mol/L NaOH和恒温加热的形式提供非常态条件，测定药物的有效期，得知在碱性条件下25 ℃时，药物有效期为116.1 min。而药品在常态下保质期一般为3年，故非常态下的药品有效期仅能作为参考，并不能求得常态下的保质期。国外一些常见有效期的测定方法：将药品置于35 ℃进行6个月的试验，该试验相当于通常室温放置12个月。结果稳定，便可定为该药的有效期不超过2年。但是药品有效期常常要考虑温度、适度、运输、储藏等因素影响，因此要综合评定药物有效期。

2. 在碱性条件下水解硫酸链霉素，每隔10 min取1次样，这时时间要掌握好，取出水解的药品后，迅速加入铁试剂，这时溶液由碱性变成酸性，而硫酸链霉素在酸性条件下不水解，故水解已经停止，所以加入铁试剂后放置的时间长短对吸光度基本无影响，

但加铁试剂之前所放置的时间则对吸光度有影响。可以看到图中部分点稍稍偏离直线，导致线性不够好，这是由于操作时间长短所致，所以每隔10 min取样应该稍稍提前半分钟，并且动作迅速均匀。

3.在50 ℃条件下水解，由于组员疏忽，每10 min记录一次数据，但是经过分析，即使在50 ℃条件下，50 min后样品仍未完全水解，所以每隔10 min取样对结果基本无影响。

4.实验要求提出使用的50 mL的磨口瓶为什么要事先干燥，实际实验证明，即使磨口瓶内存在少量的水珠，对实验结果影响不大，所以磨口瓶不必吹干。

5.硫酸链霉素完全水解的吸光度结果是一致的，所以40 ℃、50 ℃条件下只需进行一次完全水解即可，完全水解应在沸水浴中进行，注意加热过程不可以完全密封，溶液变成浅黄色透明溶液则说明完全水解为麦芽酚，且有麦芽香味。

6.在进行0.2 mol/L与2 mol/L NaOH的对比实验时，碱浓度越高，水解程度越大，吸光度也越大。所以在常态下的有效期远大于在碱性条件下的有效期。除了本实验采用分光光度法以外，还可以采用红外光谱法或者测旋光度的方法间接测药物有效期。

五、数据处理

表1 40 ℃硫酸链霉素水解消光值

40.09 ℃ $E_{\infty}= 0.37$ （完全水解：浅黄色澄清溶液，有麦芽香味）

t/min	10	20	30	40	50
E_t					
$E_{\infty} - E_t$					
$\lg(E_{\infty} - E_t)$					

表2 50 ℃硫酸链霉素水解消光值

温度 50.07 ℃

t/min	5	10	15	20	25
E_t					
$E_{\infty} - E_t$					
$\lg(E_{\infty} - E_t)$					

1.40.09 ℃ 有效期计算

以 lg（$E_{\infty}-E_t$）对 t 作图，用公式 $t_{0.9} = \dfrac{\ln(\frac{100}{90})}{k} = \dfrac{1}{k}\ln(\dfrac{100}{90}) = \dfrac{0.105}{k}$ 计算药物有

效期。

2.50.07 ℃有效期计算（1）

以 lg $(E_\infty - E_t)$ 对 t 作图，用公式 $t_{0.9} = \dfrac{\ln(\frac{100}{90})}{k} = \dfrac{1}{k}\ln(\dfrac{100}{90}) = \dfrac{0.105}{k}$ 计算药物有效期。

3.50.07 ℃有效期计算（2）

由速率常数与温度的关系，符合 Arrhenius 经验式，$k = Ae^{-E_a/RT}$，取对数则得到 $\ln k = \ln A - \dfrac{E_a}{RT}$，以 $\ln k$ 对 $\dfrac{1}{T}$ 作图，得到一条直线，可根据斜率求得活化能。用公式 $t_{0.9} = \dfrac{\ln(\frac{100}{90})}{k} = \dfrac{1}{k}\ln(\dfrac{100}{90}) = \dfrac{0.105}{k}$ 计算药物有效期。

[思考题]

1.硫酸链霉素在受到酸碱性影响时水解情况如何？

2.在碱性条件下水解硫酸链霉素时，为什么要每隔 10 min 取一次样，时间间隔长短有什么影响？

3.实验要求提出使用的 50 mL 的磨口瓶为什么要事先干燥？对实验结果影响大吗？

第五章　表面与胶体化学实验

实验28　泡压法溶液表面张力的测定

一、实验目的

1.掌握最大泡压法测定表面张力的原理，了解影响表面张力测定的因素；

2.了解弯曲液面下产生附加压力的本质，熟悉拉普拉斯方程、吉布斯吸附等温式，了解朗格缪尔单分子层吸附公式的应用；

3.测定不同浓度正丁醇溶液的表面张力，计算饱和吸附量，由表面张力的实验数据求正丁醇分子的截面积及吸附层的厚度。

二、实验原理

1.表面张力的产生

液体表面层的分子一方面受到液体内层邻近分子的吸引，另一方面受到液面外部气体分子的吸引，由于前者的作用要比后者大，因此在液体表面层中，每个分子都受到垂直于液面并指向液体内部的不平衡力，如5.1图所示，这种吸引力使表面上的分子自发向内挤，促成液体的最小面积。

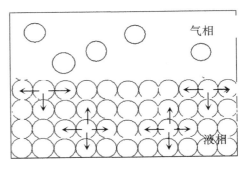

图5.1　表面张力的产生

在温度、压力、组成恒定时，每增加单位表面积，体系的表面自由能的增值称为单位表面的表面能（$J\cdot m^{-2}$）。若看作是垂直作用在单位长度相界面上的力，即表面张力（$N\cdot m^{-1}$）。事实上不仅在气液界面存在表面张力，在任何两相界面都存在表面张力。表面张力的方向是与界面相切，垂直作用于某一边界，方向指向是表面积缩小的一侧。

欲使液体产生新的表面 ΔS，就需对其做表面功，其大小应与 ΔS 成正比，系数即为表面张力 γ：

$$-W = \gamma \times \Delta S \tag{1}$$

液体的表面张力与液体的纯度有关。在纯净的液体（溶剂）中如果掺进杂质（溶质），表面张力就要发生变化，其变化的大小决定于溶质的本性和加入量的多少。

由于表面张力的存在，很多特殊界面现象得以形成。

2.弯曲液面下的附加压力

静止液体的表面在某些特殊情况下是一个弯曲表面。由于表面张力的作用，弯曲表面下的液体或气体与在平面下情况不同，前者受到附加的压力。

弯曲液体表面平衡时表面张力将产生一合力 P_s，而使弯曲液面下的液体所受实际压力与外压力不同。当液面为凹形时，合力指向液体外部，液面下的液体受到的实际压力为：

$$P' = P_0 - P_s$$

当液面为凸形时，合力指向液体内部，液面下的液体受到的实际压力为：

$$P' = P_0 + P_s$$

这一合力 P_s，即为弯曲表面受到的附加压力，附加压力的方向总是指向曲率中心。附加压力与表面张力的关系用拉普拉斯方程表示：

$$P_s = \frac{2\sigma}{R}$$

式中 σ 为表面张力，R 为弯曲表面的曲率半径，该公式是拉普拉斯方程的特殊式，适用于当弯曲表面刚好为半球形的情况。

3.毛细现象

毛细现象则是弯曲液面下具有附加压力的直接结果。假设溶液在毛细管表面完全润湿，且液面为半球形，则由拉普拉斯方程以及毛细管中升高（或降低）的液柱高度所产生的压力 $\Delta P = \rho g h$，通过测量液柱高度即可求出液体的表面张力。这就是毛细管上升法测定溶液表面张力的原理。此方法要求管壁能被液体完全润湿，且液面呈半球形。

4.最大泡压法测定溶液的表面张力

实际上，最大泡压法测定溶液的表面张力是毛细管上升法的一个逆过程。其装置图如图5.2所示，将待测表面张力的液体装于表面张力仪中，使毛细管的端面与液面相切，由于毛细现象液面即沿毛细管上升，打开抽气瓶的活塞缓缓抽气，系统减压，毛细管内液面上受到一个比表面张力仪瓶中液面上（即系统）大的压力，当此压力差——附加压力（$\Delta p = p_{大气} - p_{系统}$）在毛细管端面上产生的作用力稍大于毛细管口液体的表面张力时，气泡就从毛细管口脱出，此附加压力与表面张力成正比，与气泡的曲率半径成反比，其关系式为拉普拉斯公式：

$$\Delta p = \frac{2\sigma}{R}$$

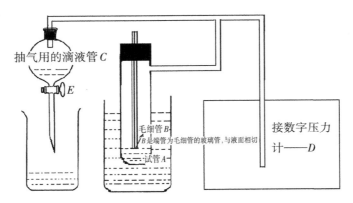

图 5.2 最大泡压法测液体表面张力装置

如果毛细管半径很小，则形成的气泡基本上是球形的。当气泡开始形成时，表面几乎是平的，这时曲率半径最大；随着气泡的形成，曲率半径逐渐变小，直到形成半球形，这时曲率半径 R 和毛细管半径 r 相等，曲率半径达到最小值，根据上式这时附加压力达到最大值，气泡形成过程如图 5.3 所示。气泡进一步长大，R 变大，附加压力则变小，直到气泡逸出。根据上式，$R = r$ 时的最大附加压力为：

$$\Delta p_{max} = \frac{2\sigma}{r} \text{ 或 } \sigma = \frac{r}{2}\Delta p_{max} = \frac{r}{2}\rho g \Delta h_{max}$$

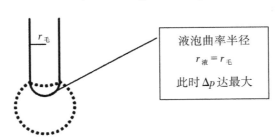

液泡曲率半径

$r_{液} = r_{毛}$

此时 Δp 达最大

图 5.3 气泡形成过程

对于同一套表面张力仪，毛细管半径 r，测压液体密度、重力加速度都为定值，因此，为了数据处理方便，将上述因子放在一起，用仪器常数 K 来表示，上式简化为：

$$\sigma = K\Delta p_{最大}$$

式中的仪器常数 K 可用已知表面张力纯水来标定。

5.溶液中的表面吸附

在定温下纯液体的表面张力为定值，只能依靠缩小表面积来降低自身的能量。而对于溶液，既可以改变其表面张力，也可以减小其面积来降低溶液表面的能量。通常以降低溶液表面张力的方法来降低溶液表面的能量。

当加入某种溶质形成溶液时，表面张力发生变化，其变化的大小取决于溶质的性质和加入量的多少。根据能量最低原理，溶质能降低溶剂的表面张力时，表面层中溶质的浓度比溶液内部大；反之，溶质使溶剂的表面张力升高时，它在表面层中的浓度比在内部的浓度低，这种表面浓度与内部浓度不同的现象叫作溶液的表面吸附。

在指定的温度和压力下，溶质的吸附量与溶液的表面张力及溶液的浓度之间的关系遵守吉布斯（Gibbs）吸附方程：

$$\Gamma = -\frac{c}{RT} \cdot \frac{d\sigma}{dc} = -\frac{1}{RT} \cdot \frac{d\sigma}{d\ln c}$$

式中：Γ 为溶质在单位面积表面层中的吸附量（mol·m^{-2}）

$\quad\quad c$ 为平衡时溶液浓度（mol·L^{-1}）

$\quad\quad R$ 为气体常数（8.314 J·mol^{-1}·K^{-1}）

$\quad\quad T$ 为吸附时的温度（K）。

从吉布斯吸附方程可以看出，在一定温度时，溶液表面吸附量与平衡时溶液浓度 c 和表面张力随浓度变化率成正比。

当 $\left(\dfrac{d\sigma}{dc}\right)_T < 0$ 时，$\Gamma > 0$，表示溶液表面张力随浓度增加而减小，则溶液表面发生正吸附，此时溶液表面层浓度大于溶液内部浓度。

当 $\left(\dfrac{d\sigma}{dc}\right)_T > 0$ 时，$\Gamma < 0$，表示溶液表面张力随浓度增加而增加，则溶液表面发生负吸附，此时溶液表面层浓度小于溶液内部浓度。

6.吸附量的计算和被吸附分子截面积计算

当界面上被吸附分子的浓度增大时，它的排列方式在改变着，最后，当浓度足够大时，被吸附分子盖住了所有界面的位置，形成饱和吸附层。这样的吸附层是单分子层，随着表面活性物质的分子在界面上愈益紧密排列，则此界面的表面张力也就逐渐减小。

以表面张力对浓度作图，可得到 $\sigma - c$ 曲线。开始时 σ 随浓度增加而迅速下降，以后的变化比较缓慢。在 $\sigma - c$ 曲线上任选一点 a 作切线，得到在该浓度点的斜率，代入吉布斯吸附等温式，得到该浓度时的表面超量（吸附量），同理，可以得到其他浓度下对应的表面吸附量，以不同的浓度对其相应的 Γ 可作出曲线，$\Gamma = f(c)$ 称为吸附等温线。

三、仪器与试剂

1.仪器

最大泡压法表面张力仪1套、洗耳球1个、移液管（5 mL 1支、1 mL 1支）、烧杯（500 mL，1只）、温度计1支

2.试剂

正丁醇（A.R.）、蒸馏水

四、实验步骤

1.仪器准备与检漏

将表面张力仪容器和毛细管洗净、用电吹风吹干。在恒温条件下将一定量蒸馏水注入表面张力仪中，调节液面，使毛细管口恰好与液面相切。打开抽气瓶活塞，使体系内的压力降低，当U形管测压计两端液面出现一定高度差时，关闭抽气瓶活塞，若2～3 min内压差计的压差不变，则说明体系不漏气，可以进行实验。

2.仪器常数的测量

打开抽气瓶活塞，调节抽气速度，使气泡由毛细管尖端成单泡逸出，且每个气泡形成的时间约为5～10 s。当气泡刚脱离管端的一瞬间，压差计显示最大压差时，记录最大压力差，连续读取3次，取其平均值。再由手册中，查出实验温度时，水的表面张力 σ，则仪器常数 $K = \dfrac{\sigma_{水}}{\Delta h_{最大}}$。

3.表面张力随溶液浓度变化的测定

用移液管分别移取0.0500 mL、0.150 mL、0.300 mL、0.600 mL、0.900 mL、1.50 mL、2.50 mL、3.50 mL、4.50 mL正丁醇，移入9个50 mL的容量瓶，配制成一定浓度的正丁醇溶液。然后由稀到浓依次移取一定量的正丁醇溶液，按照步骤2所述，置于表面张力仪中测定某浓度下正丁醇溶液的表面张力。随着正丁醇浓度的增加，测得的表面张力几乎不再随浓度发生变化。

五、数据处理

室温：<u>28.3</u> ℃　　　　大气压：<u>100.35 kPa</u>

恒温槽温度：<u>30</u> ℃　　　γ=<u>71.18</u> mN/m

$c/\text{mol}\cdot\text{L}^{-1}$	水	0.02	0.04	0.06	0.08	0.1	0.12	0.16	0.2	0.24
$\Delta p_{最大}$										
$\Delta p_{最大,1}$										
$\Delta v_{最大,2}$										
$\Delta p_{最大,3}$										
$\gamma/\text{ mN}\cdot\text{m}^{-1}\times10^{3}$										

以 γ 对 c 作图

1.查出实验温度下水的表面张力，计算仪器常数 K。

2.计算系列正丁醇溶液的表面张力，根据上述计算结果，绘制 $\gamma-c$ 等温线。

3.由 $\gamma-c$ 等温线作不同浓度的切线求 Z，并求出 Γ，绘制 $\Gamma-c$ 吸附等温线。

[思考题]

1.毛细管尖端为何必须调节得恰与液面相切？否则对实验有何影响？

2.最大气泡法测定表面张力时为什么要读最大压力差？如果气泡逸出很快，或几个气泡一起逸出，对实验结果有无影响？

3.本实验为何要测定仪器常数？仪器常数与温度有关系吗？

实验29 黏度法测定高聚物的平均摩尔质量——乌氏黏度法

一、实验目的

1.掌握用乌氏（Ubbelohde）黏度计测定高聚物平均摩尔质量的原理和方法；

2.测定聚乙烯醇的特性黏度，计算其黏均摩尔质量。

二、实验原理

高聚物是由单体分子经聚合反应或缩合反应过程合成的，由于聚合度不同，每个高聚物分子的摩尔质量大多是不均一的，所以高聚物的摩尔质量是一个统计平均值。黏度法是常用的测定高聚物平均摩尔质量的方法。由高聚物黏度与摩尔质量的经验关系式，计算高聚物的摩尔质量，这种方法测定的摩尔质量称为黏均摩尔质量。

黏度是指流体对流动所表现的阻力，这种力反抗液体中邻近部分的相对移动，因此可以看作是一种内摩擦。高聚物溶液的黏度是它流动过程中内摩擦的反映。此内摩擦主要为溶剂分子之间、溶质分子之间、溶质与溶剂分子之间三种。高聚物溶液的黏度 η 比纯溶剂黏度 η_0 大。溶液黏度与溶剂黏度的比称为相对黏度 η_r。它反映的是溶液的黏度行为。即

$$\eta_r = \frac{\eta}{\eta_0} \tag{1}$$

溶液比纯溶剂黏度增加的分数称为增比黏度 η_{sp}，它反映了扣除溶剂分子的内摩擦以后，仅高聚物分子与溶剂分子之间和高聚物分子间的内摩擦所表现出来的黏度。

$$\eta_{sp} = \frac{\eta - \eta_0}{\eta_0} = \eta_r - 1 \tag{2}$$

增比黏度随溶液浓度 c 而改变，当溶液无限稀时，溶质分子之间的内摩擦可以忽略不计，只存在溶剂分子之间、溶质分子与溶剂分子之间的摩擦作用，η_{sp}/c 趋于固定极限值 $[\eta]$，记为

$$\lim_{c \to 0} \frac{\eta_{sp}}{c} = [\eta] \tag{3}$$

[η] 称为特性黏度，可由 η_{sp}/c-c 图外推法求得。它反映了溶剂分子和高聚物分子之间的内摩擦效应，其值取决于溶剂的性质，更取决于聚合物分子的形态和大小，是一个与聚合物摩尔质量有关的量。其单位是浓度单位的倒数，它的数值随浓度表示方法的不同而不同。

随着高聚物摩尔质量的增大，它与溶剂间的接触表面也会增大，摩擦也就增大，表现出的特性黏度也增大。高聚物溶液的特性黏度 [η] 与高聚物摩尔质量之间的关系，通常用带有两个参数的 Mark-Houwink 经验方程式来表示：

$$[\eta] = K \overline{M} \alpha \tag{4}$$

式中，M 为高聚物的摩尔质量，K 为比例常数，α 是与分于形状有关的经验参数。K 和 α 值与温度、聚合物、溶剂性质有关，也和摩尔质量的大小有关。K 值受温度的影响较明显，而 α 值主要取决于高分子线团在某温度下、某溶剂中舒展的程度，其数值介于 0.5~1 之间。黏度法本身不能确定 K 与 α 的数值。只能通过其他方法如渗透压法、光散射法等来确定。现将常用的几种高聚物-溶剂体系的数值列于下表。

高聚物	溶剂	T/K	$K \times 10^4$	α
聚乙烯醇	水	298.2	2.0	0.76
	水	303.2	6.66	0.64
聚苯乙烯	苯	293.2	1.23	0.72
	甲苯	298.2	3.70	0.62
聚甲基丙烯酸甲酯	苯	298.2	0.38	0.79

相对黏度、增比黏度与浓度之间分别符合下述经验公式：

$$\frac{\eta_{sp}}{c} = [\eta] + \kappa [\eta]^2 c \tag{5}$$

$$\frac{\ln \eta_r}{c} = [\eta] + \beta [\eta]^2 c \tag{6}$$

η_{sp}/c、$\ln \eta_r/c$ 分别对 c 作图，当 $c = 0$ 时，两直线交于一点，此时的纵坐标为 [η]。

上两式中 κ 和 β 分别称为 Huggins 和 Kramer 常数。这是两直线方程，以 η_{sp}/c 对 c 或 $\ln\eta_r/c$ 对 c 作图，外推至 $c=0$ 时所得截距即为 [η]。显然，对于同一高聚物，由两线性方程作图外推所得截距交于同一点，如图5.4所示。

溶液黏度的测量用乌氏黏度计最为方便，但是该黏度计只适用于较低黏度的溶液。其测量原理是，当

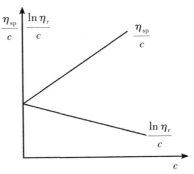

图5.4 外推法求特性黏度图

液体在重力作用下流经黏度计中的毛细管时，遵守波塞勒公式：

$$\frac{\eta}{\rho} = \frac{\pi h g r^4 t}{8lV} - m\frac{V}{8\pi lt}$$

式中：η是液体黏度；ρ是液体密度；l是毛细管长度；r是毛细管半径；g是重力加速度；t是流出时间；h是流经毛细管的液体平均液柱高度；V是流经毛细管的液体体积；m是毛细管末端校正的系数，当r/l远小于1时，可取$m=1$。

对于指定的某一黏度计，令$A = \frac{\pi h g r^4}{8lV}$，$B = \frac{mV}{8\pi l}$，则上式可写成

$$\frac{\eta}{\rho} = At - m\frac{B}{t}$$

式中，$B < 1$，当$t > 100\ \text{s}$时，等式右边第二项可以忽略不计。又因为通常测定是在稀溶液中进行，溶液与溶剂的密度近似相等，则有定量液体流经毛细管的时间t近似与溶液黏度η成正比，因此溶液的相对黏度可表示为：

$$\eta_r = \frac{\eta}{\eta_0} = \frac{t}{t_0} \tag{7}$$

式中t是溶液流经毛细管的时间；t_0是溶剂流经毛细管的时间。所以只需要分别测定溶液和溶剂在毛细管中的流出时间就可得到η_r。

三、仪器与试剂

1.仪器

恒温装置一套，乌氏黏度计，5 mL、10 mL移液管各2支；洗耳球，秒表，100 mL容量瓶1只，100 mL烧杯1只，3号砂芯漏斗1只，100 mL有塞锥形瓶11只

2.试剂

聚乙烯醇（A.R.）、正丁醇（A.R.）、无水乙醇（A.R.）

四、实验步骤

1.聚乙烯醇溶液的配制

准确称取聚乙烯醇0.500 g于烧杯中，加60 mL蒸馏水，稍加热使之溶解。待冷却至室温后，转移至100 mL容量瓶中，加入0.25～0.3 mL正丁醇（消泡剂）。在298.2 K恒温约10 min，加水稀释至100 mL，如溶液浑浊则用3号砂芯漏斗过滤后待用。

2.安装黏度计

所用黏度计必须洁净，有时微量的灰尘、油污等会产生局部的堵塞现象，影响溶液在毛细管中的流速，而导致较大的误差。所以在做实验前，应彻底洗净，并放在烘箱中干燥。本实验采取乌氏黏度计，它的最大优点是溶液的体积对测定没有影响，所以可以在黏度计内采取逐渐稀释的方法，得到不同浓度的溶液。

如图5.5，在侧管 C 上端套一软胶管，并用夹子夹紧使之不漏气。调节恒温槽至 25.00 ℃±0.05 ℃。把黏度计垂直放入恒温槽中，使 G 球完全浸没在水中，放置位置要合适，以便于观察液体的流动情况。恒温槽的搅拌马达的搅拌速度应调节合适，不致产生剧烈振动、影响测定的结果。

3.溶剂流出时间 t_0 的测定

用移液管取 10 mL 已恒温的蒸馏水，由 A 注入黏度计中。待恒温 5 min 后，利用洗耳球由 B 处将溶剂经毛细管吸入球 E 和球 G 中（注意：不要过快，以免溶剂吸入洗耳球！），然后除去洗耳球使管 B 与大气相通并打开侧管 C 之夹子，让溶剂依靠重力自由流下。记录液面从 a 到 b 标线所用的时间 t_0，重复3次，取其平均值。

4.溶液流出时间 t 的测定

在原 10 mL 蒸馏水中加入已知浓度的高聚物溶液 10 mL，加入后封闭 B 管，用洗耳球通过 A 管多次吸至 G 球，以洗涤 A 管，并使溶液混合均匀。然后如步骤3，测定该溶液的流出时间 t_1。同法测定加入 5 mL、5 mL、10 mL 和 10 mL 蒸馏水后各浓度下溶液的流出时间 t_2、t_3、t_4 和 t_5。

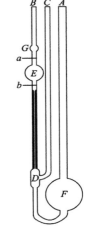

图5.5　乌氏黏度计

五、数据处理

1.将实验数据和计算结果填入下表：

$c_0 = 0.500$ g/(100 mL)

	流出时间 t/s			η_r	η_{sp}	$\dfrac{\eta_{sp}}{c}$	$\ln\eta_r$	$\ln\dfrac{\eta_r}{c}$
	测量值		平均值					
	1	2	3					
纯溶剂								
$c = 1/2c_0$								
$c = 2/5c_0$								
$c = 1/3c_0$								
$c = 1/4c_0$								
$c = 1/5c_0$								

2.分别做 $\dfrac{\eta_{sp}}{c} - c$、$\ln\dfrac{\eta_r}{c} \sim c$ 图，外推至 $c = 0$，求出 $[\eta]$。

3.代入公式（4）求出平均摩尔质量，其中 $K = 0.0373$ dm$^3 \cdot$ kg^{-1}，$\alpha = 0.66$。

[注意事项]

1.高聚物在溶剂中溶解缓慢，配制溶液时必须保证其完全溶解，否则会影响溶液起始浓度，而导致结果偏低。

2.黏度计必须洁净，高聚物溶液中若有絮状物不能将它移入黏度计中。

3.本实验溶液的稀释是直接在黏度计中进行的，因此每加入一次溶剂进行稀释时必须混合均匀，并抽洗 E 球和 G 球。

4.实验过程中恒温槽的温度要恒定，溶液每次稀释恒温后才能测量。

5.黏度计要垂直放置，实验过程中不要振动黏度计，否则影响结果的准确性。

[思考题]

1.乌氏黏度计中的支管 C 的作用是什么？本实验能否采用 U 形黏度计（即减去 C 管）？为什么？

2.黏度法测定高聚物的摩尔质量有何局限性？该法适用的高聚物质量范围是多少？

3.黏度计的毛细管的粗细对实验结果有何影响？

4.测定黏度时黏度计必须一要垂直，二要放入恒温槽内，为什么？

5.测定相对黏度，不用同一根黏度计可以吗？

6.评价黏度法测定高聚物摩尔质量的优缺点，指出影响准确测定结果的因素。

实验30　胶体的制备及电泳速率的测定

一、实验目的

1.掌握凝聚法制备 $Fe(OH)_3$ 溶胶和纯化溶胶的方法；

2.观察溶胶的电泳现象并了解其电学性质，掌握电泳法测定胶体电泳速度和溶胶 ζ 电位的方法。

二、实验原理

溶胶是一个多相体系，其分散相胶粒的大小约在 1 nm～1 μm 之间。由于本身的电离或选择性地吸附一定量的离子以及其他原因如摩擦所致，胶粒表面带有一定量的电荷，而胶粒周围的介质中分布着反离子。反离子所带电荷与胶粒表面电荷符号相反、数量相等，整个溶胶体系保持电中性，胶粒周围的反离子由于静电引力和热扩散运动形成了两部分——紧密层和扩散层。紧密层约有一到两个分子层厚，紧密附着在胶核表面上，而扩散层的厚度则随外界条件（温度、体系中电解质浓度及其离子的价态等）而改变，扩散层中的反离子符合玻尔兹曼分布。由于离子的溶剂化作用，紧密层的反离子结合有一定数量的溶剂分子，在电场的作用下，它和胶粒作为一个整体移动，而扩散层中的反离子则向相反的电极方向移动。这种在电场作用下分散相粒子相对于分散介质的运动称为电泳。发生相对移动的界面称为滑移面，滑移面与液体本体的电位差称为动电位（电动电位）或 ζ 电位，而作为带电粒子的胶粒表面与液体内部的电位差称为质点的表面电势 φ^0，相当于热力学电势（如图 5.6，图中 AB 为滑移面）。

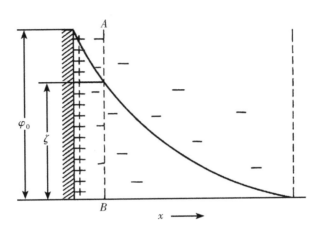

图 5.6　扩散双电层模型

胶粒电泳速度除与外加电场的强度有关外，还与 ζ 电位的大小有关。而 ζ 电位不仅与测定条件有关，还取决于胶体粒子的性质。

ζ 电位是表征胶体特性的重要物理量之一，在研究胶体性质及其实际应用中有着重要意义。胶体的稳定性与 ζ 电位有直接关系。ζ 电位绝对值越大，表明胶粒荷电越多，胶粒间排斥力越大，胶体越稳定。反之则表明胶体越不稳定。当 ζ 电位为零时，胶体的稳定性最差，此时可观察到胶体的聚沉。

本实验是在一定的外加电场强度下通过测定 $Fe(OH)_3$ 胶粒的电泳速度然后计算出 ζ 电位。实验用拉比诺维奇–付其曼 U 形电泳仪，如图 5.7 所示。

图中活塞 2、3 以下盛待测的溶胶，以上盛辅助液。

在电泳仪两极间接上电位差 $E(V)$ 后，在 $t(s)$ 时间内观察到溶胶界面移动的距离为 D（m），则胶粒的电泳速度 $U(m \cdot s^{-1})$ 为：

$$U = \frac{D}{t} \tag{1}$$

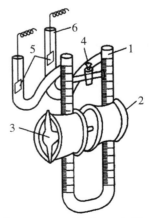

1.U 形管；2、3、4.活塞；5.电极；6.弯管

图 5.7　拉比诺维奇–付其曼 U 形电泳仪

同时相距为 $l(m)$ 的两极间的电位梯度平均值 $H(V \cdot m^{-1})$ 为：

$$H = \frac{E}{l} \tag{2}$$

如果辅助液的电导率 $\bar{\kappa_0}$ 与溶胶的电导率 $\bar{\kappa}$ 相差较大，则在整个电泳管内的电位降是不均匀的，这时需用下式求 H：

$$H = \frac{E}{\dfrac{\bar{\kappa}}{\bar{\kappa_0}}(l - l_k) + l_k} \tag{3}$$

式中 l_k 为溶胶两界面间的距离。

从实验求得胶粒电泳速度后，可按下式求出 ζ（V）电位：

$$\zeta = \frac{K\pi\eta}{\varepsilon H} \cdot U \tag{4}$$

式中 K 为与胶粒形状有关的常数（对于球形粒子 $K = 5.4 \times 10^{10} V^2 \cdot s^{-2} \cdot kg^{-1} \cdot m^{-1}$；对于棒形粒子 $K = 3.6 \times 10^{10} V^2 \cdot s^2 \cdot kg^{-1} \cdot m^{-1}$，本实验胶粒为棒形）；$\eta$ 为介质的黏度（$kg \cdot m^{-1} \cdot s^{-1}$）；$\varepsilon$ 为介质的介电常数。

三、仪器与试剂

1. 仪器

直流稳压电源 1 台、电导率仪 1 台、电泳仪 1 个、铂电极 2 个

2. 试剂

三氯化铁（化学纯）、棉胶液（化学纯）

四、实验步骤

1. Fe(OH)₃ 溶胶的制备

将 0.5 g 无水 $FeCl_3$ 溶于 20 mL 蒸馏中，在搅拌的情况下将上述溶液滴入 200 mL 沸水中（控制在 4～5 min 内滴完），然后再煮沸 1～2 min，即制得 $Fe(OH)_3$ 溶胶。

2. 珂罗酊袋的制备

将约 20 mL 棉胶液倒入干净的 250 mL 锥形瓶内，小心转动锥形瓶使瓶内壁均匀铺展一层液膜，倾出多余的棉胶液，将锥形瓶倒置于铁圈上，待溶剂挥发完（此时胶膜已不沾手），将蒸馏水注入胶膜与瓶壁之间，使胶膜与瓶壁分离，将其从瓶中取出，然后注入蒸馏水检查胶袋是否有漏洞，如无，则浸入蒸馏水中待用。

3. 溶胶的纯化

将冷至约 50 ℃ 的 $Fe(OH)_3$ 溶胶转移到珂罗酊袋，用约 50 ℃ 的蒸馏水渗析，约 10 min 换水 1 次，渗析 7 次。

4. 将渗析好的 $Fe(OH)_3$ 溶胶冷至室温，测定其电导率，用 0.1 mol/L KCl 溶液和蒸馏

水配制与溶胶电导率相同的辅助液。

5.测定$Fe(OH)_3$的电泳速度

（1）用洗液和蒸馏水把电泳仪洗干净（3个活塞均需涂好凡士林）。

（2）用少量渗析好的$Fe(OH)_3$溶胶洗涤电泳仪2～3次，然后注入$Fe(OH)_3$溶胶直至胶液面高出活塞2、3少许，关闭该2活塞，倒掉多余的溶胶。

（3）用蒸馏水把电泳仪活塞2、3以上的部分荡洗干净后，在2管内注入辅助液至支管口，并把电泳仪固定在支架上。

（4）如图5.7将两铂电极插入支管内并连接电源，开启活塞4使管内两辅助液面等高，关闭活塞4，缓缓开启活塞2、3（勿使溶胶液面搅动）。然后打开稳压电源，将电压调至150 V，观察溶胶界面移动现象及电极表面出现的现象。记录30 min内界面移动的距离。用绳子和尺子量出两电极间的距离。

五、数据处理

1.原始数据记录（表1）

表1　原始数据记录

电泳仪两极间接上的电位差（E/V）	149.8
溶液界面移动距离（D/cm）	14.40−13.00=1.40
两相间的相距离（l/cm）	62.9
胶体电泳时间（t/s）	30 min=1800 s
温度（T/℃）	18.2
电导率（κ/μS·s^{-1}）	99.8
黏度η（查表）/(kg·m^{-1}·s^{-1})	1.0019×10^{-3}
介电常数ε	80.10

2.数据计算

电泳速度：$U = \dfrac{D}{t} = \dfrac{0.0140\,\text{m}}{1800\,\text{s}} = 7.78 \times 10^{-6}\,\text{m/s}$

平均电位梯度：$H = \dfrac{E}{l} = \dfrac{149.8\,\text{V}}{0.6290\,\text{m}} = 238.2\text{V/m}$

ζ 电位：$V = \dfrac{K\pi\eta}{\varepsilon H} \cdot U = \dfrac{3.6 \times 10^{10}\,\text{V}^2 \cdot \text{s}^2 \cdot \text{kg}^{-1} \cdot \text{m}^{-1} \times 3.14 \times 1.0019 \times 10^{-3}\,\text{kg} \cdot \text{m}^{-1}\,\text{s}^{-1}}{80.10 \times 238.2\,\text{V/m}} \times$

$7.78 \times 10^{-6}\,\text{m/s} = 4.6 \times 10^{-2}\,\text{V}$

胶体向负极迁移（胶体液面上升的一面），所以胶粒带正电荷。

电极反应：　　　　正极：$2\text{H}^+ + 2\text{e}^- == \text{H}_2$

　　　　　　　　　　负极：$2\text{Cl}^- - 2\text{e}^- == \text{Cl}_2$

[注意事项]

1.在制备珂罗酊袋时，待溶剂挥发干后加水的时间应适中，如加水过早，因胶膜中的溶剂还未完全挥发掉，胶膜呈乳白色，强度差不能用。如加水过迟，则胶膜变干、脆，不易取出且易破。

2.溶胶的制备条件和净化效果均影响电泳速度。制胶过程应很好地控制浓度、温度、搅拌和滴加速度。渗析时应控制水温，常搅动渗析液，勤换渗析液。这样制备得到的溶胶胶粒大小均匀，胶粒周围的反离子分布趋于合理，基本形成热力学稳定态，所得的 ζ 电位准确，重复性好。

3.渗析后的溶胶必须冷至与辅助液大致相同的温度（室温），以保证两者所测的电导率一致，同时也可避免打开活塞时产生热对流而破坏了溶胶界面。

渗析时蒸馏水每次约 350～400 mL，温度 65～75 ℃，换水 7 次，每次 10 min，电导率为 0.005。

[思考题]

1.电泳速度与哪些因素有关？

2.写出 $FeCl_3$ 水解反应式。解释 $Fe(OH)_3$ 胶粒带何种电荷取决于什么因素。

3.说明反离子所带电荷符号及两电极上的反应。

4.选择和配制辅助液有何要求？

实验31 混凝沉降实验

一、实验目的

1.通过实验观察混凝现象，加深对混凝沉淀理论的理解；

2.掌握确定最佳投药量的方法，选择和确定最佳混凝工艺条件；

3.了解影响混凝条件的相关因数。

二、实验原理

分散在水中的胶体颗粒带有电荷，同时在布朗运动及其表面水化作用下，长期处于稳定分散状态，不能用自然沉淀方法加以去除。通常废水是胶体悬浮体系（一般胶体颗粒定义为 1～0.1 nm；>0.1 μm 称为悬浮液），而胶体颗粒表面电荷之间的电斥力 Zeta 电位往往在 10～200 mV 之间。胶体溶液的稳定性主要是由于高 Zeta 电位引起的斥力，或者由于憎水的胶体悬浮物上吸附了一层较小亲液的保护胶体，或者是由于胶体悬浮物上吸附了一层非离子的聚合物所造成的。混凝过程包括胶体悬浮物的脱稳和颗粒增大的凝聚和絮凝作用，随后这些颗粒可用沉淀、气浮、过滤的方法加以去除。

脱稳是通过投加强的阳离子电解质如 Al^{3+}、Fe^{3+} 或阳离子高分子电解质来降低 Zeta 电位，或者是由于形成了带正电荷的含水氧化物如 $Al_x(OH)_y^+$ 而吸附于胶体上，或者是通过阴离子和阳离子高分子电解质的自然凝聚，或者是由于胶体悬浮物被围于含水氧化物的矾花内及双电层压缩、电中和、吸附、架桥、网捕等方式来完成的。

形成矾花的最佳条件是要求 pH 值在等电离点或接近等电离点（对于铝，要求的 pH 值范围为 5.0~7.0）。与混凝剂的反应必须有足够的碱度，对于碱度不足的废水应投加 Na_2CO_3、NaOH 或石灰。

最有效的脱稳是使胶体颗粒与小的带正电荷含水氧化物的微型矾花接触。这种含水氧化物的微型矾花是在小于 0.1 s 时间内产生的，因此要在短时期内进行剧烈搅拌。在脱稳之后，凝聚促使矾花增大，以便使矾花随后能从废水中去除。铝和铁的矾花在搅拌时较易破碎和离散。投入 2~5 mg/L 的活性硅有可能提高矾花的强度。混凝阶段结束时，投加 0.2~1.0 mg/L 的阴、阳离子或非离子聚合物有助于矾花的聚集、长大。所需混凝剂的投入量随盐类（NaCl）和阴离子表面活性剂的存在而增加。脱稳也能通过阳离子聚合物来完成。

投加混凝剂的多少，直接影响混凝效果，投入量不足不可能有很好的混凝效果。同样，如果投入的混凝剂过多，也不一定能得到好的混凝效果。对于不同的水样，最佳投入量各不相同，必须通过实验确定。

混凝效果不仅受投加药剂量和水中胶体浓度的影响，还受水 pH 值的影响。如对于 $Al_2(SO_4)_3$、$FeCl_3$，pH 值过低（小于 4）则混凝剂水解受到限制，其化合物很少有高分子存在，絮凝作用较差，如果 pH 值过高（pH 大于 10），水解产物又会出现溶解现象，生成带负电荷的络合离子，也不能很好发发挥絮凝作用，降低混凝效果。

有关混凝概念介绍：

1.混凝作用原理

（1）压缩双电层作用；（2）吸附架桥作用；（3）网捕作用。这三种混凝机理在水处理过程中不是各自孤立存在，而往往是同时存在的，只不过随不同的药剂种类、投加量和水质条件而发挥作用程度不同，以某一种作用机理为主。对高分子混凝剂来说，主要以吸附架桥机理为主。而无机的金属盐混凝剂则三种作用同时存在。

胶体表面的电荷值常用电动电位 ξ（又称为 Zeta 电位）表示。一般天然水中的胶体颗粒的 Zeta 电位约在 -30 mV 以上，投加混凝剂之后，只要该电位降到 -15 mV 左右即可得到较好的混凝效果。相反，电位降到零，往往不是最佳混凝状态。因为水中的胶体颗粒主要是带负电的黏土颗粒。胶体间存在着静电斥力，胶粒的布朗运动、胶粒表面的水化作用使胶粒具有分散稳定性，三者中以静电斥力影响最大，若向水中投加混凝剂能提供大量的正离子，能加速胶体的凝结和沉降。

2.混凝剂

向水中投加的能使水中胶体颗粒脱稳的高价电解质，称为"混凝剂"。混凝剂可分为无机盐混凝剂和高分子混凝剂。水处理中常用的混凝剂有：三氯化铁、硫酸铝、聚合氯化铝（简称PAC）、聚丙烯酰胺等。本实验使用PAC，它是介于$AlCl_3$和$Al(OH)_3$之间的一种水溶性无机高分子聚合物，化学通式为$[Al_2(OH)_nCl_{(6-n)}]_m$，其中m代表聚合程度，n表示PAC产品的中性程度。

3.投药量

单位体积水中投加的混凝剂量称为"投药量"，单位为mg/L。混凝剂的投加量除与混凝剂品种有关外，还与原水的水质有关。当投加的混凝剂量过小时，高价电解质对胶体颗粒的电荷斥力改变不大，胶体难以脱稳，混凝效果不明显；当投加的混凝剂量过大时，则高价反离子过多，胶体颗粒会吸附过多的反离子而使胶体改变电性，从而使胶体粒子重新稳定。因此混凝剂的投加量有一个最佳值，其大小需要通过实验确定。

4.影响混凝作用的因素

投药量、水中胶体颗粒的浓度、水温、水的pH值等。

5.浊度仪

浊度是表现水中悬浮物对光线透过时所发生的阻碍程度。水中含有泥土、粉尘、微细有机物、浮游动物和其他微生物等悬浮物和胶体物都可使水呈现混浊现象。浊度仪采用90°散射光原理。由光源发出的平行光束通过溶液时，一部分被吸收和散射，另一部分透过溶液。与入射光成90°方向的散射光强度符合雷莱公式，在入射光恒定条件下，在一定浊度范围内，散射光强度与溶液的浊度成正比。因此，我们可以通过测量水样中微粒的散射光强度来测量水样的浊度。

三、仪器与试剂

1.仪器

浊度仪一台（SGZ-2数显浊度仪，上海悦丰仪器仪表有限公司），磁力搅拌机3台；酸度计1台或者pH试纸；烧杯500 mL 6只；量筒200 mL 2只；移液管1 mL、2 mL、5 mL、10 mL各2支；秒表1只；温度计（100 ℃）1支

2.试剂

①1%$Al_2(SO_4)_3$：1 g $Al_2(SO_4)_3$溶于100 mL水中；1%$FeCl_3$：1 g $FeCl_3$溶于100 mL水中；1%硫酸铝铵：1 g硫酸铝铵溶于100 mL水中；0.1%硫酸铝铵：0.1 g硫酸铝铵溶于100 mL水中；10% HCl溶液：23.7 mL浓HCl溶液加水稀释至100 mL；10% NaOH：10 g NaOH溶于100 g水中；皂土（配原水中）：10 L+10 g皂土（1‰）（皂土也称膨润土，是一种含天然水硅酸铝的矿物石）

注：原水需要自己配置。

四、实验步骤

1.最小投加量的确定及最佳混凝剂的选择

（1）确定原水的特征，即测定水样的浊度、pH值和温度。

（2）确定能形成矾花的最小混凝剂量。其方法是，在4个500 mL烧杯中分别加入400 mL原水，在快速搅拌（300 r/min）下分别加入1% $Al_2(SO_4)_3$、1% $FeCl_3$、1% 硫酸铝铵、0.1% 硫酸铝铵，使用移液管逐滴加入，直至出现矾花，这时混凝剂的投加量即为最小混凝剂的投加量。

（3）确定最佳混凝剂：根据投加量确定出最佳混凝剂。

将实验步骤（1）～（3）的实验结果填入表1中。

2.最佳投药量的确定

根据上个实验确定的最佳混凝剂的最小投加量，进行以下实验：

（1）用6个500 mL烧杯，分别放入400 mL原水，依次按最小投加量的50%、100%、125%、150%、200%、300%的剂量，把混凝剂加入烧杯中。

（2）启动搅拌机，快速搅拌（300 r/min）0.5 min，中速搅拌（150 r/min）6 min，慢速搅拌（70 r/min）10 min。

（3）关闭搅拌机，静置沉淀10 min，测定6个水样的浊度。

将实验步骤（1）～（3）的实验记录填入表2中，由此可得出浊度最小的混凝剂剂量，即为投加量的最佳选择。

3.最佳pH的确定

（1）用6个500 mL的烧杯，分别放入400 mL原水，置于搅拌机上。

（2）调整原水的pH。用移液管一次在1#～3#烧杯中加入1.5 mL、1 mL和0.5 mL 10%的盐酸；在4#～6#烧杯中加入0.1 mL、0.4 mL、0.7 mL 10%的NaOH溶液。

（3）启动搅拌机，快速搅拌0.5 min，停机测试水样的pH值。

（4）用移液管依次向烧杯中加入最佳投加量（第（2）步实验确定）。

（5）启动搅拌机，快速搅拌（300 r/min）0.5 min、中速搅拌（150 r/min）6 min，慢速搅拌（70 r/min）10 min。

（6）关闭搅拌机，静置沉淀10 min，测定6个水样的浊度。

将实验步骤（1）～（6）的实验记录填入表3中，由此可确定最佳pH值。

[注意事项]

在最佳投药量的确定、最佳pH的确定实验中，向各烧杯加药剂时尽量同时投加，避免因时间间隔较长各水样加药后反应时间长短相差太大而导致混凝效果悬殊。

五、数据处理

1.最小投加量的确定实验结果整理

表1　最小投加量的确定实验记录

实验日期：

项目	原水浊度(色度代)____	原水温度____	原水 pH____	
混凝剂	1%Al$_2$(SO$_4$)$_3$	1%FeCl$_3$	1% 硫酸铝铵	0.1% 硫酸铝铵
矾花形成时混凝剂投加量/mL				
矾花形成过程描述				

2.最佳投药量的确定实验结果整理

表2　最佳投药量的确定实验记录

水样编号	1	2	3	4	5	6
混凝剂投加量/mL						

3.最佳pH值的确定实验结果

表3　最佳pH的确定实验记录

水样编号	1	2	3	4	5	6
水样 pH 值						
水样浊度(色度代)						
混凝剂投加量/mL						

以水样剩余浊度为纵坐标、水样 pH 为横坐标绘出浊度与 pH 值的关系曲线，从图上求出所投加混凝剂最佳 pH 值及其适用范围。

[注意事项]

1.实验时，在搅拌过程中发现不同沉淀桶中呈现的颜色深浅不一，形成的絮状颗粒大小也不同。这说明，不同加药量会对混凝效果产生不同影响。

2.实验中，600 mL 原水未用量筒进行量取，而是直接根据沉淀桶上的刻度进行添加。沉淀桶上的刻度相对不精确，对实验结果会产生一定的影响。

3.测定上清液的浊度时，发现若是测定速度较慢，不同溶液的沉淀时间就不平行。较晚测定的溶液沉淀时间较长，这对实验结果的准确度也会造成影响。

4.测定浊度时发现浊度仪的示数不稳定，波动较大。造成该结果的原因可能是静置沉淀的时间不够长，溶液中的颗粒还处于较为剧烈的运动状态，这样测得光源被散射的散射光强度就会有较大变化，导致浊度仪示数不稳定。

5.对实验数据进行处理时，发现可以使用不同次幂的多项式对实验结果进行拟合。本实验用四次幂或五次幂的多项式进行拟合时，R^2都等于1。而用三次幂的多项式进行拟合的R^2则等于0.9999。根据观察拟合曲线的情况，选择以四次幂多项式拟合。最佳投药量是根据曲线进行估计的，并未进行精确的计算。这样得出的结果可能会存在一定的偏差。

[思考题]

1.选择混凝剂种类及确定其投加量时应考虑哪些因素？

2.混凝操作过程中应注意哪些问题？

3.混凝剂的用量越多，效果是否越好？为什么？

4.结合实验中的观察，试述影响混凝作用的因素有哪些。

实验32　表面吸附量的测定

一、实验目的

1.采用最大泡压法测定不同浓度乙醇水溶液的表面张力；

2.根据吉布斯吸附公式计算溶液表面的吸附量和乙醇分子的横截面积。

二、实验原理

1.表面自由能

从热力学观点看，液体表面缩小是一个自发过程，这是使体系总的自由能减小的过程。如欲使液体产生新的表面ΔA，则需要对其做功。功的大小应与ΔA成正比：

$$-W = \sigma \Delta A$$

式中σ为液体的表面自由能，亦称表面张力。它表示了液体表面自动缩小趋势的大小，其量值与液体的成分、溶质的浓度、温度及表面气氛等因素有关。

2.溶液的表面吸附

纯物质表面层的组成与内部的组成相同，因此纯液体降低表面自由能的唯一途径是尽可能缩小其表面积。对于溶液，由于溶质能使溶剂表面张力发生变化，因此可以调节溶质在表面层的浓度来降低表面自由能。根据能量最低原则，溶质能降低溶剂的表面张力时，表面层溶质的浓度比溶液内部大；反之，溶质使溶剂的表面张力升高时，表面层中的浓度比内部的浓度低。这种表面浓度与溶液内部浓度不同的现象叫作溶液的表面吸附。显然，在指定的温度和压力下，溶质的吸附量与溶液的表面张力及溶液的浓度有关，从热力学方法可知它们之间的关系遵守吉布斯（Gibbs）吸附方程：

$$\Gamma = -\frac{c}{RT}\left(\frac{d\sigma}{dc}\right)_T$$

式中：Γ 为表面吸附量（单位：$mol \cdot m^{-2}$）；T 为热力学温度（单位：K）；c 为稀溶液浓度（单位：$mol \cdot L^{-1}$）；R 为气体常数。$\left(\frac{d\sigma}{dc}\right)_T < 0$，则 $\Gamma > 0$，称为正吸附；$\left(\frac{d\sigma}{dc}\right)_T > 0$，则 $\Gamma < 0$，称为负吸附。

以表面张力对浓度作图，即得到 $\sigma - c$ 曲线，在 $\sigma - c$ 曲线上任选一点作切线，如图 5.8 所示，即可得该点所对应浓度 c_i 的斜率：$\left(d\sigma/dc_i\right)_T$。

其中：$\overline{MN} = -c_i\left(d\sigma/dc_i\right)_T$

则：$\Gamma = \overline{MN}/RT$，

根据此式可求得不同浓度下各个溶液的 Γ 值。

根据朗格缪尔（Langmuir）吸附等温式，吸附量 Γ 与浓度 c 之间的关系可用下式表示：

$$\Gamma = \Gamma_\infty Kc/(1 + Kc)$$

式中：Γ_∞ 为饱和吸附量，K 为吸附常数；c 为稀溶液的浓度。将上式取倒数得：

$$\frac{c}{\Gamma} = \frac{c}{\Gamma_\infty} + \frac{1}{K\Gamma_\infty}$$

以 $\frac{c}{\Gamma}$ 对 c 作图可得一直线，直线斜率的倒数即为 Γ_∞。

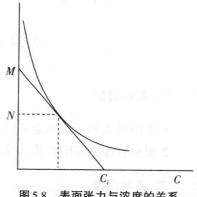

图 5.8　表面张力与浓度的关系

当达到饱和吸附时，溶液表面上的分子占据了所有表面。若以 N 代表 $1 \, m^2$ 表面上溶质的分子数，则有

$$N = \Gamma_\infty \cdot L$$

式中：L 为阿伏加德罗常数，因此每个溶质分子在表面上所占据的横截面积 q 可按下式计算：

$$q = \frac{1}{\Gamma_\infty \cdot L}$$

表面张力的测定可按装置图 5.9 进行，将被测液体装于测定管中，使毛细管的下端面与液体相切，液体沿着毛细管上升。打开抽气瓶的活塞缓缓地放水抽气，测定管中的

压力 p 逐渐减少，毛细管中压力 p_0 就会将管中液面压至管口，并形成气泡，当气泡的曲率半径等于毛细管半径 r（即气泡的曲率半径为最小值），此时所承受的压力差最大，根据拉普拉斯（Laplace）公式：

$$\Delta p_{max} = \Delta p_r = p_0 - p_r = 2\sigma/r$$

此时最大的压力差值可由 U 形压力计中最大液柱差 Δh 来表示：

$$\Delta p_{max} = \rho g \Delta h$$

式中 ρ 为 U 形压力计中液体介质的密度。由上述两式可得：

$$\sigma = \rho g \Delta h r/2 = K' \Delta h$$

K' 为仪器常数，可用已知表面张力的液体标定。因此，只要将不同液体装于测定管中，测定 U 形压力计中最大液柱差 Δh，就可计算该液体的表面张力 σ。

三、仪器与药品

1.仪器

表面张力测定装置 1 套、恒温水浴 1 套、洗耳球 1 个、阿贝折光仪 1 台、烧杯（50 mL、100 mL、200 mL）各 1 只、25 mL 具塞锥形瓶 5 只、10 mL 比重瓶 5 只、超级恒温槽（公用）

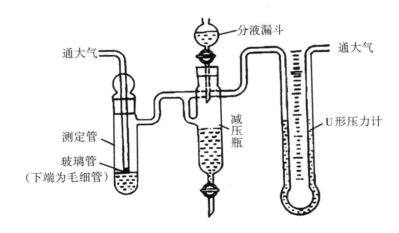

图 5.9　表面张力测定装置图

2.试剂

乙醇（A.R.）

四、实验步骤

1.配制溶液

用称重法粗略配制 5%、10%、15%、20%、25%、30%、35%、40% 的乙醇水溶液待用。

2. 测定仪器常数

将仪器认真洗涤干净，在测定管中注入蒸馏水，使管内液面刚好与毛细管口相接触，置于恒温水浴内恒温 10 min。注意使毛细管保持垂直并注意液面位置，然后按图 5.9 接好系统。慢慢打开抽气瓶活塞进行抽气。注意气泡形成的速度应保持稳定，通常以每分钟约 8～12 个。记录 U 形压力计两边最高和最低读数各 3 次，求出平均值。

3. 测定乙醇溶液的表面张力

以不同浓度的乙醇溶液进行测量，从稀到浓依次进行。每次测量前必须用少量被测液洗涤测定管，尤其是毛细管部分，确保毛细管内外溶液的浓度一致。

4. 乙醇溶液浓度的折光率测定

采用阿贝折光仪测定上述乙醇溶液的折光率，由测定的乙醇浓度–折光率标准曲线确定各乙醇溶液的浓度。

5. 乙醇浓度–折光率工作曲线的测定

（1）将预先干燥的 25 mL 具塞锥形瓶在电子天平上准确称重，质量为 W_1；

（2）在瓶中滴入一定量的无水乙醇，加塞后准确称重，质量为 W_2；

（3）用水稀释乙醇至约 25 mL，加塞摇匀，再次准确称重，质量为 W_3；

（4）将预先干燥的 10 mL 比重瓶在电子天平上准确称重，质量为 W_4；

（5）将乙醇溶液注满比重瓶，置于实验温度的恒温槽中恒温 10 min，用滤纸仔细吸去从毛细管顶端溢出的溶液，取出比重瓶，仔细拭干瓶外壁的水滴，冷却至室温，在电子天平上准确称重，质量为 W_5。

（6）乙醇摩尔浓度按下式计算：

$$c = \frac{\dfrac{W_2 - W_1}{M_{乙醇}}}{\dfrac{W_3 - W_1}{W_5 - W_4} \times 0.01}$$

$$= \left(\frac{W_2 - W_1}{M_{乙醇}} \cdot \frac{W_5 - W_4}{W_3 - W_1} \right) \times 100$$

（7）测定折光率

将该溶液在恒温的阿贝折光仪上测定折光率。

（8）作图

用上述方法，在所需浓度范围内配制 10 份准确浓度的乙醇溶液，并测定其折光率，以乙醇摩尔浓度–折光率作图，得到工作曲线。

五、数据处理

1. 以纯水测量结果计算 K' 值。

2. 根据所测折光率，由乙醇摩尔浓度 – 折光率工作曲线查出各溶液的浓度。

3.计算各溶液的σ值。

4.作$\sigma - c$图，并在曲线上取10个点，分别作出切线，并求得对应的斜率。

5.求算各浓度的吸附量，并作出$\frac{c}{\Gamma} - c$图，由直线斜率求其Γ_∞，并计算乙醇分子的横截面积q值。

不同温度下水的表面张力：

$t/℃$	$10^3\sigma/N·m^{-1}$	$t/℃$	$10^3\sigma/N·m^{-1}$	$t/℃$	$10^3\sigma/N·zm^{-1}$
-8	77.0	18	73.05		
-5	76.4	20	72.75	60	66.18
0	75.6	25	71.97	70	64.4
5	74.9	30	71.18	80	62.6
10	74.22	40	69.56	100	58.9
15	73.49	50	67.91		

[思考题]

1.表面张力仪的清洁与否和恒温水浴温度是否稳定对测量结果有何影响？

2.本实验中为什么要读取最大压力差？实验时将毛细管部分末端插入溶液内，对实验结果有何影响？

3.在测量过程中，抽气的速度能否过快？

实验33 固体比表面积的测定

一、实验目的

1.学会用次甲基蓝水溶液吸附法测定活性炭的比表面积；

2.了解朗格缪尔单分子层吸附理论及溶液法测定比表面积的基本原理。

二、实验原理

测定固体物质比表面的方法很多，常用的有BET低温吸附法、电子显微镜法和气相色谱法等，不过这些方法都需要复杂的装置或较长的时间。而溶液吸附法测定固体物质比表面，仪器简单，操作方便，还可以同时测定许多个样品，因此常被采用，但溶液吸附法测定结果有一定误差。其主要原因在于：吸附时非球形吸附层在各种吸附剂的表面取向并不一致，每个吸附分子的投影面积可以相差很远，所以，溶液吸附法测得的数值应以其他方法校正。因此，溶液吸附法常用来测定大量同类样品的相对值。溶液吸附法测定结果误差一般为10%左右。

溶液的吸附可用于测定固体比表面积。次甲基蓝是易于被固体吸附的水溶性染料，研究表明，在一定浓度范围内，大多数固体对次甲基蓝的吸附是单分子层吸附，符合朗格缪尔吸附理论。

朗格缪尔吸附理论的基本假设是：固体表面是均匀的，吸附是单分子层吸附，吸附剂一旦被吸附质覆盖就不能被再吸附；在吸附平衡时候，吸附和脱附建立动态平衡；吸附平衡前，吸附速率与空白表面成正比，解吸速率与覆盖度成正比。

设固体表面的吸附位总数为N，覆盖度为θ，溶液中吸附质的浓度为c，根据上述假定，有：

吸附速率：$r_{吸} = k_1 N(1 - \theta)c$ （k_1为吸附速率常数）

脱附速率：$r_{脱} = k_{-1}N\theta$ （k_{-1}为脱附速率常数）

当达到吸附平衡时：$r_{吸} = r_{脱}$ 即 $k_1 N(1 - \theta)c = k_{-1}N\theta$

由此可得：

$$\theta = \frac{K_{吸}c}{1 + K_{吸}c} \tag{1}$$

式中$K_{吸} = \dfrac{k_1}{k_{-1}}$称为吸附平衡常数，其值决定于吸附剂和吸附质的性质及温度，$K_{吸}$值越大，固体对吸附质吸附能力越强。若以Γ表示浓度c时的平衡吸附量，以Γ_∞表示全部吸附位被占据时单分子层吸附量，即饱和吸附量，则：$\theta = \dfrac{\Gamma}{\Gamma_\infty}$

代入式（1）得

$$\Gamma = \Gamma_\infty \frac{K_{吸}c}{1 + K_{吸}c} \tag{2}$$

整理式（2）得到如下形式

$$\frac{c}{\Gamma} = \frac{1}{\Gamma_\infty K_{吸}} + \frac{1}{\Gamma_\infty}c \tag{3}$$

作$c/\Gamma - c$图，从直线斜率可求得Γ_∞，再结合截距便可得到$K_{吸}$。Γ_∞指每克吸附剂对吸附质的饱和吸附量（用物质的量表示），若每个吸附质分子在吸附剂上所占据的面积为σ_A，则吸附剂的比表面积可以按照下式计算

$$S = \Gamma_\infty L\sigma_A \tag{4}$$

式中S为吸附剂比表面积，L为阿伏加德罗常数。

次甲基蓝的结构为：

阳离子大小为$17.0 \times 7.6 \times 3.25 \times 10^{-30} \ \text{m}^3$

次甲基蓝的吸附有三种取向：平面吸附投影面积为 $135×10^{-20}$ m^2，侧面吸附投影面积为 $75×10^{-20}$ m^2，端基吸附投影面积为 $39×10^{-20}$ m^2。对于非石墨型的活性炭，次甲基蓝是以端基吸附取向，吸附在活性炭表面，因此 $\sigma_A = 39 ×10^{-20}$ m^2。

根据光吸收定律，当入射光为一定波长的单色光时，某溶液的吸光度与溶液中有色物质的浓度及溶液层的厚度成正比

$$A= -\lg（I/I_0）=ebc \tag{5}$$

式中，A 为吸光度；I_0 为入射光强度；I 为透过光强度；e 为吸光系数；b 为光径长度或液层厚度；c 为溶液浓度。

次甲基蓝溶液在可见区有 2 个吸收峰：445 nm 和 665 nm。但在 445nm 处活性炭吸附对吸收峰有很大的干扰，故本实验选用的工作波长为 665 nm，并用分光光度计进行测量。

三、仪器与试剂

1.仪器
分光光度计及其附件 1 套、容量瓶（500 mL）6 只、HY 振荡器 1 台、2 号砂芯漏斗 5 只、容量瓶（50 mL）5 只、带塞锥形瓶 5 只、容量瓶（100 mL）5 只、滴管 2 支

2.试剂
次甲基蓝溶液（0.2%左右原始溶液）、次甲基蓝标准液（$0.3126×10^{-3}$ mol·L^{-1}）、颗粒状非石墨型活性炭

四、实验步骤

1.样品活化
颗粒活性炭置于瓷坩埚中放入 500 ℃马弗炉活化 1 h，然后置于干燥器中备用。
（此步骤实验前已经由实验室做好。）

2.溶液吸附
取 5 只干燥的带塞锥形瓶，编号，分别准确称取活化过的活性炭约 0.1 g 置于瓶中，按下列表格配制不同浓度的次甲基蓝溶液 50 mL，塞好，放在振荡器上振荡 3 h。样品振荡达到平衡后，将锥形瓶取下，用砂芯漏斗过滤，得到吸附平衡后滤液。分别量取滤液 5 mL 于 500 mL 容量瓶中，用蒸馏水定容摇匀待用。此为平衡稀释液。

表1　吸附试样配制比例

瓶编号	1	2	3	4	5
V(0.2%次甲基蓝溶液)/mL	30	20	15	10	5
V(蒸馏水)/mL	20	30	35	40	45

3.原始溶液处理

为了准确测量约0.2%次甲基蓝原始溶液的浓度，量取2.5 mL溶液放入500 mL容量瓶中，并用蒸馏水稀释至刻度，待用。此为原始溶液稀释液。

4.次甲基蓝标准溶液的配制

分别量取2 mL、4 mL、6 mL、9 mL、11 mL浓度为0.3126×10^{-3} mol·L^{-1}的标准溶液于100 mL容量瓶中，蒸馏水定容摇匀，依次编号B2$^{\#}$、B3$^{\#}$、B4$^{\#}$、B5$^{\#}$、B6$^{\#}$待用。取B2$^{\#}$标准溶液5 mL于50 mL容量瓶中定容，得B1$^{\#}$标准溶液。B1$^{\#}$、B2$^{\#}$、B3$^{\#}$、B4$^{\#}$、B5$^{\#}$、B6$^{\#}$等六个标准溶液的浓度依次为$0.002 \times 0.3126 \times 10^{-3}$ mol·L^{-1}、$0.02 \times 0.3126 \times 10^{-3}$ mol·L^{-1}、$0.04 \times 0.3126 \times 10^{-3}$ mol·L^{-1}、$0.06 \times 0.3126 \times 10^{-3}$ mol·L^{-1}、$0.09 \times 0.3126 \times 10^{-3}$ mol·L^{-1}、$0.11 \times 0.3126 \times 10^{-3}$ mol·L^{-1}。

5.选择工作波长

对于次甲基蓝溶液，工作波长为665 nm。由于各分光光度计波长刻度略有误差，取浓度为$0.04 \times 0.3126 \times 10^{-3}$ mol·L^{-1}的标准溶液（即B3$^{\#}$），在600~700 nm范围内测量吸光度，以吸光度最大的波长为工作波长。

6.测量吸光度

选择透光率高的比色皿用作参比。因为次甲基具有吸附性，应按照从稀到浓的顺序测定。

因本实验的标准溶液浓度范围太宽，所以工作曲线作两条：一是以B1$^{\#}$标准溶液为参比，依次测量B1$^{\#}$、B2$^{\#}$、B3$^{\#}$标准溶液的透光率；二是以B3$^{\#}$标准溶液为参比，测量B3$^{\#}$、B4$^{\#}$、B5$^{\#}$、B6$^{\#}$标准溶液的透光率。

用洗液洗涤比色皿，用自来水冲洗，再用蒸馏水清洗2~3次，以B1$^{\#}$标准溶液为参比，测量B5$^{\#}$、B4$^{\#}$、B3$^{\#}$吸附平衡溶液的稀释液的透光率；以B3$^{\#}$标准溶液为参比，测量2$^{\#}$、1$^{\#}$吸附平衡液稀释及原始溶液稀释液的透光率。

五、数据处理

1.作次甲基蓝溶液吸光度对浓度的工作曲线

工作曲线作两条：一是以B1$^{\#}$标准溶液为参比，测定的B1$^{\#}$、B2$^{\#}$、B3$^{\#}$标准溶液的吸光度A对浓度c作图；二是以B3$^{\#}$标准溶液为参比，测定的B3$^{\#}$、B4$^{\#}$、B5$^{\#}$、B6$^{\#}$标准溶液的吸光度A对浓度c作图。所得两条直线即为工作曲线。

2.求次甲基蓝原始溶液浓度和各个平衡溶液浓度

根据稀释后原始溶液的吸光度，从工作曲线上查得对应的浓度，乘上稀释倍数200，即为原始溶液的浓度c_0。

将实验测定的各个稀释后的平衡溶液吸光度，从工作曲线上查得对应的浓度，乘上稀释倍数200，即为平衡溶液的浓度c_i。

3.计算吸附溶液的初始浓度

按照实验步骤2的溶液配制方法，计算各吸附溶液的初始浓度$c_{0,i}$。

4.计算吸附量

由平衡浓度c_i及初始浓度$c_{0,i}$数据，按（6）式计算吸附量Γ_i。

$$\Gamma_i = \frac{(c_{0,i} - c_i)V}{m} \tag{6}$$

式中$V(\mathrm{L})$为吸附溶液的总体积，$m(\mathrm{g})$为加入溶液的吸附剂质量。

5.做郎格缪尔吸附等温线

以Γ为纵坐标，c为横坐标，作Γ-c吸附等温线。

6.求饱和吸附量

由Γ和c数据计算c/Γ值，然后作c/Γ-c图，由图求得饱和吸附量Γ_∞。将Γ_∞值用虚线作一水平线在Γ-c图上。这一虚线即是吸附量Γ的渐近线。

7.计算试样的比表面积

将Γ_∞值带入式（4），可算得试样的比表面积S。

[注意事项]

1.测量吸光度时要按从稀到浓的顺序，每个溶液要测3~4次，取平均值。

2.用洗液洗涤比色皿时，接触时间不能超过2 min，以免损坏比色皿。

[思考题]

1.根据朗格缪尔理论的基本假设，结合本实验数据，算出各平衡浓度的覆盖度，估算饱和吸附的平衡浓度范围。

2.溶液产生吸附时，如何判断其达到平衡？

实验34　临界胶束浓度的测定

一、实验目的

1.掌握电导法测定离子型表面活性剂临界胶束浓度的方法；

2.测定离子型表面活性剂十二烷基硫酸钠溶液的临界胶束浓度；

3.了解表面活性剂临界胶束浓度的含义及其测定的几种方法，加深对表面活性剂性质的理解。

二、实验原理

明显"两亲"性质的分子，即含有亲油的足够长的（大于12个碳原子）烃基，又含有亲水的极性基团。由这一类分子组成的物质称为表面活性剂，表面活性剂分子都是由极性部分和非极性部分组成的。表面活性剂进入水中，在低浓度时呈分子状态，并且三三两两地把亲油基团靠拢而分散在水中。当溶液浓度加大到一定程度时，许多表面活性物质的分子立刻结合成很大的集团，形成"胶束"。

以胶束形式存在于水中的表面活性物质是比较稳定的。表面活性物质在水中形成胶束所需的最低浓度称为临界胶束浓度，以CMC表示。

当表面活性剂溶于水中后，不但定向地吸附在溶液表面，而且达到一定浓度时还会在溶液中发生定向排列而形成胶束。表面活性剂为了使自己成为溶液中的稳定分子，有可能采取两种途径：一是把亲水基留在水中，亲油基伸向油相或空气；二是让表面活性剂的亲油基团相互靠在一起，以减少亲油基与水的接触面积。前者就是表面活性剂分子吸附在界面上，其结果是降低界面张力，形成定向排列的单分子膜，后者就形成了胶束。由于胶束的亲水基方向朝外，与水分子相互吸引，使表面活性剂能稳定溶于水中。

实验表明，当离子型表面活性剂浓度达到临界胶束浓度后，溶液表面张力基本不再随浓度而变化，而溶液的电导率和增溶能力则随浓度的增加而明显增加，如图5.10所示。因此可以利用离子型表面活性剂溶液的这些特征来测定表面活性剂的临界胶束浓度。本实验利用DDS-11A型电导仪测定不同浓度的十二烷基硫酸钠水溶液的电导值（也可换算成摩尔电导率），并作电导值（或摩尔电导率）与浓度的关系图，从图中的转折点求得临界胶束浓度。

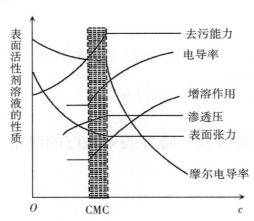

图5.10　表面活性剂溶液的性质与浓度关系示意图

1. 电导（G）和电导率（κ）

描述导体导电能力的大小，常以电阻的倒数表示：$G=1/R$，单位是西门子S。

$$G=\kappa\,(A/L) \quad \text{或} \quad \kappa=(1/A)(1/R)$$

κ称为电导率或比电导（$\kappa=1/\rho$），它相当于长度为1 m、截面积为1 m²导体的电导，其单位是$S \cdot m^{-1}$。对于确定的电导池来说，$1/A$是常数，称为电导池常数。电导池常数可通过测定已知电导率的电解质溶液的电导（或电阻）来确定。

2.摩尔电导率

1 mol电解质全部置于相距为1 m的两个电极之间，溶液的电导称为摩尔电导，以Λ_m表示。

如溶液的浓度以C表示，则电导可以表示为：$\Lambda_m = \dfrac{\kappa}{1000c}$

式中Λ_m的单位是$S \cdot m^2 \cdot mol^{-1}$；$c$的单位是$mol \cdot L^{-1}$。

三、仪器与试剂

1.仪器
电导率仪、烧杯（100 mL，7个）、温度计（2支）、容量瓶（250 mL，7只）

2.试剂
0.020 mol/L十二烷基硫酸钠（$C_{12}H_{25}SO_4Na$）、蒸馏水

四、实验步骤

1.移取0.020 mol/L十二烷基硫酸钠溶液于100 mL容量瓶中，用电导水分别精确配置0.002 mol/L、0.004 mol/L、0.006 mol/L、0.007 mol/L、0.008 mol/L、0.009 mol/L、0.010 mol/L、0.012 mol/L、0.014 mol/L、0.016 mol/L、0.018 mol/L、0.020 mol/L的$C_{12}H_{25}SO_4Na$。

2.标准电极常数校准。

3.用电导率仪从稀到浓分别测定上述各溶液的电导率。

4.列表记录各溶液对应的电导率。

5.实验结束后用蒸馏水清洗试管和电极并整理实验台。

五、数据处理

1.将实验数据记录于表1：

0.02 mol/L十二烷基硫酸钠用量：10 mL 实验温度：_____ 大气压：_____

表1　实验数据记录

项目	1	2	3	4	5	6	7	8	9	10	11
加电导水量/mL											
c /mol·L^{-1}											
$\sqrt{c}$											
电导率κ/S·m^{-1}											
Λ_m/S·m^2·mol											

2.以 $\kappa - c$ 作图，求 CMC。

3.以 $\Lambda_m - \sqrt{c}$ 作图，求 CMC。

4.查文献值，计算误差，比较两种做法的准确性。

[注意事项]

1.表面活性剂的渗透、润湿、乳化、去污、分散、增溶和起泡作用等基本原理广泛应用于石油、煤炭、机械、化工、冶金、材料及轻工业、农业生产中，研究表面活性剂溶液的化学性质（吸附）和内部性质（胶束形成）有着重要意义。而临界胶束浓度（CMC）可以作为表面活性剂的表面活性的一种量度。因为 CMC 越小，则表示这种表面活性剂形成胶束所需浓度越低，达到表面（界面）饱和吸附的浓度越低。因而改变表面性质起到润湿、乳化、增溶和起泡等作用所需的浓度越低，另外，临界胶束浓度又是表面活性剂溶液性质发生显著变化的一个"分水岭"。因此，表面活性剂的大量研究工作都与各种体系中的 CMC 测定有关。

2.测定 CMC 的方法很多，常用的有表面张力法、电导法、染料法、增溶作用法、光散射法等。这些方法，原理都是从溶液的物理化学性质随浓度变化关系出发求得。

3.其中表面张力法和电导法比较简便准确。表面张力法除了可求得 CMC 之外，还可以求出表面吸附等温线，还有一优点，就是无论对于高表面活性还是低表面活性的表面活性剂，其 CMC 的测定都具有相似的灵敏度，此法不受无机盐的干扰，也适合非离子表面活性剂；电导法是经典方法，简便可靠。它只限于离子性表面活性剂，此法对于有较高活性的表面活性剂准确性高，但过量无机盐存在会降低测定灵敏度，因此配制溶液应该用电导水。

4.实验过程中要注意：校准电极常数；电导电极的使用；溶液配制应用电导水；测量电导率所用溶液应按从稀到浓的顺序测量。

[思考题]

1.若要知道所测得的临界胶束浓度是否准确，可用什么实验方法验证之？

2.溶解的表面活性剂分子与胶束之间的平衡温度和浓度有关系，其关系式为：$\frac{\mathrm{d}\ln c_{CMC}}{\mathrm{d}T} = -\frac{\Delta H}{2RT^2}$。试问如何测出其热效应 ΔH？

3.测临界胶束浓度的方法还有哪些？对同一种表面活性剂，用不同的方法测出的 CMC 是否相同？为什么？

4.临界胶束浓度与哪些因素有关？

实验35　酪蛋白等电点及Zeta电势的测定

一、实验目的

1.掌握Zeta电位的测试原理方法以及Zeta电位仪的使用；
2.掌握通过Zeta电位测量蛋白质等电点的方法；
3.熟悉蛋白质等电点测定的操作方法。

二、实验原理

　　分散于液相介质中的固体颗粒，由于吸附、水解、离解等作用，其表面常常是带电荷的。Zeta电位是描述胶粒表面电荷性质的一个物理量，它是距离胶粒表面一定距离处的电位。若胶粒表面带有某种电荷，其表面就会吸附相反符号的电荷，构成双电层。在滑动面处产生的动电电位叫作Zeta电位，这就是我们通常所测的胶粒表面的（动电）电位。蛋白质是两性电解质，分子中含有的氨基和羧基均可电离。当溶液中的pH值大于等电点时，其氨基电离被抑制而羧基电离，蛋白质成带负电荷的阴离子。反之，当溶液pH小于蛋白质等电点时，其羧基电离受到抑制而氨基接受质子，蛋白质成为带正电荷的阳离子。当溶液pH值达到某一值时，蛋白质分子成为所带的正、负电荷数相等的兼性离子，此时溶液的pH值就是该蛋白质的等电点。在等电点时，蛋白质的黏度和溶解度均大幅降低。蛋白质分子中可以解离的基团除N端α-氨基与C端α-羧基外，还有肽链上某些氨基酸残基的侧链基团，如酚基、巯基、胍基、咪唑基等基团，它们都能解离为带电基团。因此，在蛋白质溶液中存在着下列平衡：

$$
\underset{\substack{\text{阳离子}\\ pH<pI}}{\overset{\substack{COOH}}{\underset{R}{NH_3^+ - C - H}}} \quad \underset{OH^-}{\overset{H^+}{\rightleftharpoons}} \quad \underset{\substack{\text{两性离子}\\ pH=pI}}{\overset{\substack{COO^-}}{\underset{R}{NH_3^+ - C - H}}} \quad \underset{H^+}{\overset{OH^-}{\rightleftharpoons}} \quad \underset{\substack{\text{阴离子}\\ pH>pI}}{\overset{\substack{COO^-}}{\underset{R}{NH_2 - C - H}}}
$$

　　调节溶液的pH使蛋白质分子的酸性解离与碱性解离相等，即所带正、负电荷相等，净电荷为零，此时溶液的pH值称为蛋白质的等电点。

　　本实验观察酪蛋白在不同pH溶液中的溶解状态以测定其等电点。以醋酸和酪蛋白溶液中的醋酸钠构成各种不同pH值的缓冲液，在某种溶液中，酪蛋白溶解度最小时，该溶液的pH值就是酪蛋白的等电点。

三、仪器与试剂

1. 仪器

200 μL 和 1000 μL 可调移液枪、试管、试管架、刻度吸管等

2. 试剂

1.00 mol/L、0.01 mol/L 和 0.100 mol/L 乙酸，5 g/L 的酪蛋白-醋酸钠溶液

四、实验步骤

1. 取干燥的 25 mL 的试管 5 支，分别标上号：1、2、3、4、5。

2. 在 1 号试管中加入 3.40 mL 蒸馏水、0.60 mL 0.01 mol/L 的乙酸；2 号试管中加入 3.70 mL 蒸馏水、0.30 mL 0.10 mol/L 的乙酸；3 号试管中加入 3.00 mL 蒸馏水、1.00 mL 0.10 mol/L 的乙酸；4 号试管中加入 4.00 mL 0.1 mol/L 的乙酸、1.60 mL 1.00 mol/L 的乙酸；5 号试管中加入 2.40 mL 蒸馏水。

向以上 5 支试管中各加酪蛋白的醋酸钠溶液 1.00 mL，加一管，摇匀一管。此时 1、2、3、4、5 管的 pH 值依次为 5.9、5.3、4.7、4.1、3.5。观察其混浊度。静置 10 min 后，再观察其混浊度。最混浊的一管的 pH 即为酪蛋白的等电点。

五、数据处理

试剂/试管号	1	2	3	4	5
蒸馏水/mL	3.40	3.70	3.00	—	2.40
0.01 mol/L乙酸/mL	0.6	—	—	—	—
0.10 mol/L乙酸/mL	—	0.30	1.00	4.00	—
1.00 mol/L乙酸/mL	—	—	—	1.60	—
5 g/L的酪蛋白-乙酸溶液/mL	1.00	1.00	1.00	1.00	1.00
各管相当的pH	5.90	5.30	4.70	4.10	3.50
混浊程度记录					
酪蛋白带何电荷					

[注意事项]

1. 取样须准确。

2. 加酪蛋白-乙酸溶液时，必须加一管，摇匀一管。

[思考题]

1. 为什么上清最清、沉淀最多管的 pH 值就是酪蛋白的等电点？

2. 是否还有其他测定蛋白质等电点的方法？简述其原理。

实验36 比重瓶法测量物质的密度

一、实验目的

1.掌握用比重瓶法测定物体密度的原理，学会使用物理天平和比重瓶；
2.学习仪器的读数方法，并能根据有效数字的概念正确记录实验数据；
3.学习不确定度估算和实验结果表示的方法。

二、实验原理

密度是物体的基本属性之一，各种物质具有确定的密度值，它与物质的纯度有关，工业上常通过物质的密度测定来做成分分析和纯度鉴定。

液体、粉末、分散剂等流动物质的密度测量，简单的测定方法是将样品放入已知体积的容器内称质量。密度能容易地根据$\rho = m/V$被求得。

比重瓶应用于不同的应用领域有不同的形状和标准。在测量期间，所有称重的操作在恒温下进行是最适合的。应用比重瓶测定物体的密度最重要条件是在液体或微粒样品之间，不允许存在任何空气。

测量密度的原理：在一定的温度和压力条件下，物质的成分和组织结构不同，单位体积内所具有的质量也不同。我们用单位体积内的质量——密度来表征物质这一特性，即密度定义为

$$\rho = \frac{m}{V} \tag{1}$$

1.物理天平测量规则形状物体的密度

对于形状规则、密度均匀的物体，可以用米尺、游标卡尺、螺旋测微计测出物体的体积，用物理天平测出其质量，代入公式（1），求得密度。

2.用比重瓶测不规则形状物体的密度

将干净的比重瓶（图5.11）注满蒸馏水，用带有毛细管的磨石玻璃塞子缓慢地将瓶口塞住，多余的液体从毛细管溢出，这样瓶内液体的体积是确定的，即比重瓶的容积。设比重瓶盛满水的质量为$m_水$。待测固体在空气中的质量为$m_物$，体积为$V_物$，假设某种液体的体积与待测固体体积相同，如果（从比重瓶中溢出的）液体质量为$m_溢$，在室温下密度为$\rho_溢$，则$V_物 = \frac{m_溢}{\rho_溢} = \frac{m_物}{\rho_物}$，亦即

$$\rho_物 = \frac{m_物}{m_溢}\rho_溢 \tag{2}$$

将质量为$m_物$的待测固体投入盛满水的比重瓶中，溢出水的体积就等于固体的体积，

均为 $V_物$，设此时比重瓶及瓶内剩余的水和待测固体总质量为 $m_总$，则 $m_总+m_溢＝m_水+m_物$，即

$$m_溢＝m_水+m_物-m_总 \tag{3}$$

将式（3）代入式（2）得

$$\rho_物 = \frac{m_物}{m_水 + m_物 - m_总}\rho_溢 \tag{4}$$

只要用天平称得 $m_物$、$m_水$ 和 $m_总$，查表获得 $\rho_溢$，就可以由式（4）求 $\rho_物$，本实验中的液体是蒸馏水。

3.用比重瓶法测液体的密度

测量干燥的空比重瓶质量 $m_瓶$，再在假设容积为 $V_瓶$ 的比重瓶中注满密度为 $\rho_水$ 的蒸馏水，测量出此时的总质量为 $m_水$，则 $m_水 = m_瓶 + \rho_水 V_瓶$，由此可得出比重瓶的容积 $V_瓶$：

$$V_瓶 = \frac{m_水 - m_瓶}{\rho_水} \tag{5}$$

将比重瓶中的蒸馏水倒空，并用电吹风将比重瓶吹干，再将待测密度为 $\rho_盐$ 的盐水注入比重瓶，注满后再称盐水和比重瓶的总质量为 $m_盐$，则 $m_盐 = m_瓶 + \rho_盐 V_瓶$，即 $\rho_盐 = (m_盐 - m_瓶)/V_瓶$，将式（4）代入，可得

$$\rho_盐 = \rho_水 \frac{m_盐 - m_瓶}{m_水 - m_瓶} \tag{6}$$

三、仪器与试剂

1.仪器

物理天平、比重瓶（100 mL）、量杯、小玻璃珠、细金属条、吸水纸、电吹风（公用）

2.试剂

蒸馏水（简称水）、盐水

［仪器介绍］

1.物理天平

（1）物理天平的构造

图5.11为物理天平的外形。在横梁 bb' 的中点 O 和两端 B、B' 共有3个刀口。中间刀口 O 安置在支柱 H 顶端的玛瑙刀架上，作为横梁的支点，在两端的刀口 B 和 B' 上悬挂两个称盘 P 和 P'。横梁下部装有读数指针 J。支柱 H 上止动旋钮 K 可以使横梁升降。平衡螺母 E 和 E' 用于天平空载时调平衡。横梁上有20个刻度和可移动的游码 D。游码向右移动一个刻度，相当于在右盘中加0.05 g的砝码。

（2）天平的主要技术参数

①最大称量（最大载荷）：最大称量是天平允许称衡的最大质量。

②分度值与灵敏度：分度值（旧称感量）是天平平衡时，为使天平指针从标度尺的平衡位置偏转一个分度，在一盘中所需添加的最小质量。分度值的倒数是灵敏度。

（3）天平的操作和操作规程

①了解所用天平的技术参数。

②调整天平：调节天平的底部调平螺丝，利用圆形水准器，使天平支柱垂直，刀口架水平。

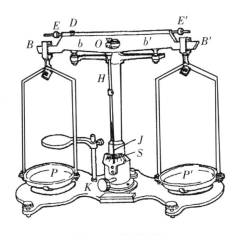

图 5.11　物理天平

③调整零点：天平空载时，将游码先置于梁左端零刻线，旋动止动钮 K，支起横梁，启动天平，观察指针 J 的摆动情况。当 J 在标尺 S 的中线两边摆幅相等时，则天平平衡。如不平衡，反旋 K，放下横梁，调节平衡螺母 E 和 E'，反复调节，使天平平衡，消除零点误差。

④称衡：将待测物置于左盘，砝码置一右盘，增减砝码（配合游码），使天平平衡。

⑤读数：复位，记下砝码和游码读数。把待测物体从盘中取出，砝码放回砝码盒，游码放回零位，称盘摘离刀口，天平复原。

（4）注意事项

①天平的负载不得超过其最大称量，以免损坏刀口和压弯横梁。

②在调节天平、取放物体、取放砝码以及不用天平时，都必须将天平止动，以免损坏刀口。只有在判断天平是否平衡时才将天平启动。天平启动、止动时动作要轻，止动时最好在天平指针接近标尺中线刻度时进行。

③待测物体和砝码要放在称盘正中。砝码不要直接用手拿取，而要用镊子夹取。称量完毕，砝码必须放回盒内固定位置，不要随意乱放。

④天平的各部件以及砝码都要注意防锈蚀。

（5）两臂长度不等的误差消除

天平两臂不等长，将带来系统误差，可用复称法来消除。

设 $L_左$、$L_右$ 分别代表横梁左、右两臂的长度，物体的质量为 M，先把待测物体放于左盘，M_1 g砝码放于右盘，使天平平衡。则有：

$$ML_左 = M_1 L_右 \tag{7}$$

然后将物体放于右盘，M_2 g砝码放于左盘，使天平再次平衡，则有：

$$ML_右 = M_2 L_左 \tag{8}$$

式（7）乘以式（8），得 $M^2 = \dfrac{M_1 M_2 L_左 L_右}{L_左 L_右}$，则

$$M = \sqrt{M_1 M_2} \tag{9}$$

可见 M 为 M_1、M_2 的几何中值。考虑 $M_1 - M_2 \ll M_2$，将式（9）展开，并略去高次项得

$$M = \sqrt{M_1 M_2} = M_2(1 + \frac{M_1 - M_2}{M_2})^{\frac{1}{2}} \approx M_2(1 + \frac{1}{2} \cdot \frac{M_1 - M_2}{M_2}) = \frac{1}{2}(M_1 + M_2) \tag{10}$$

M 即为 M_1 和 M_2 的算术平均值。

2.比重瓶

比重瓶是用玻璃制成的固定容积的容器，玻璃具有不易与待测物起化学反应、热膨系数小、易清洗等优点，瓶塞与瓶口密合，二者是经研磨而相配的，不可"张冠李戴"，瓶塞上有毛细管，盖紧瓶盖后，多余的液体会顺着毛细管流出。使用比重瓶应尽可能保持其容积的固定，同时保持比重瓶外的清洁干燥，毛细管中液面与瓶塞上表面平行。

四、实验步骤

1.记录初始量

（1）记录物理天平的最大称量与分度值，思考测量时是否需要估读以及应读到哪一位，填入表格。

（2）用物理天平测量干燥的空比重瓶的质量 $m_瓶$，将测量值填入表格。

2.用比重瓶法测量小玻璃珠的密度

（1）用物理天平测量几十粒小玻璃珠的质量 $m_物$，将测量值填入表格；

（2）将比重瓶装满水，将瓶塞盖好后用吸水纸擦去瓶外及瓶口溢出的水，测量加满水的比重瓶质量 $m_水$，将测量值填入表格；

（3）将小玻璃珠轻轻放入比重瓶中，用细金属条把比重瓶中小玻璃珠表面气泡赶掉，盖上瓶塞，用吸水纸擦去瓶外及瓶口溢出的水，测量小玻璃珠和加满水的比重瓶的总质量 $m_总$，将测量值填入表格。

3.用比重瓶法测盐水的密度

倒出上一个实验中比重瓶里的水和小玻璃珠，注满盐水，盖上瓶塞，用吸水纸擦去

瓶外及瓶口溢出的盐水，测量加满盐水的比重瓶质量 $m_{盐}$，将测量值填入表格。

[注意事项]

1.在调节天平、取放物体、取放砝码以及不用天平时，都必须将天平止动，以免损坏刀口。只有在判断天平是否平衡时才将天平启动。天平启动、止动时动作要轻，止动时最好在天平指针接近标尺中线刻度时进行。

2.待测物体和砝码要放在称盘正中。砝码不要直接用手拿取，而要用镊子夹取。称量完毕、砝码必须放回盒内固定位置，不要随意乱放，并盖好盒盖。

3.每测量一种待测物的质量前，都应对天平进行调零。

4.必须将测量质量时所用的小玻璃珠全部放入比重瓶，不得漏掉任何一粒。

5.用细金属条赶走比重瓶中小玻璃珠的表面气泡时，动作应轻缓，不能把比重瓶的薄壁碰破。

6.实验结束后，将比重瓶清洗干净，外表面擦干，用电吹风把比重瓶内部吹干。

7.比重瓶的瓶塞与瓶口密合，二者是经研磨而相配的，不可"张冠李戴"。

8.比重瓶中装有液体之后，应避免用手握着瓶身，以免使液体温度发生改变，可握住瓶口的位置。

9.实验结束后将小玻璃珠晾开。

五、数据处理

1.数据记录表格

表1　各待测物的质量

最大称量＿＿＿	分度值＿＿＿	是否估读＿＿＿	读到的数位＿＿＿	单位 g
测量项目　　$m_{瓶}$	$m_{物}$	$m_{水}$	$m_{总}$	$m_{盐}$
测量值				

2.数据处理（要求写出详细的计算步骤）

（1）用比重瓶法测量小玻璃珠的密度，求出各物理量的标准表达式

待测物的质量 $m_{物}$ 标准表达式的求法：

由于该物理量是单次测量，因此平均值即测量值，且不存在A类不确定度：

B类不确定度：$\delta_{仪} = $ ＿＿＿＿g，$\sigma_{仪} = \dfrac{\delta_{仪}}{\sqrt{3}}$；合成不确定度：$\sigma_{m_{物}} = \sigma_{仪}$；

标准表达式：$m_{物} = \overline{m_{物}} \pm \sigma_{m_{物}} = \qquad$ g $= \qquad$ kg。

加满水的比重瓶质量 $m_{水}$ 以及小玻璃珠和加满水的比重瓶的总质量 $m_{总}$，其标准表达式的求法同上，最后结果注意将 g 转换为 kg。

待测物密度 $\rho_{物}$ 标准表达式的求法：

平均值：$\overline{\rho_{物}} = \dfrac{\overline{m_{物}}}{\overline{m_{水}} + \overline{m_{物}} - \overline{m_{总}}} \rho_{溢}$，其中 $\rho_{溢}$ 为常数，取 $\rho_{溢} = 1.0 \times 10^{3}\ kg \cdot m^{-3}$；

不确定度：

$$\sigma_{\rho_{物}} = \overline{\rho_{物}} \sqrt{\left(\dfrac{1}{\overline{m_{物}}} - \dfrac{1}{\overline{m_{水}} + \overline{m_{物}} - \overline{m_{总}}} \right)^{2} \cdot \sigma_{m_{物}}{}^{2} + \left(\dfrac{1}{\overline{m_{水}} + \overline{m_{物}} - \overline{m_{总}}} \right)^{2} \left(\sigma_{m_{水}}{}^{2} + \sigma_{m_{总}}{}^{2} \right)};$$

标准表达式：$\rho_{物} = \overline{\rho_{物}} \pm \sigma_{\rho_{物}} = \qquad\qquad kg \cdot m^{-3}$。

（2）用比重瓶法测量盐水的密度，求出各物理量的标准表达式

空比重瓶的质量 $m_{瓶}$ 和加满盐水的比重瓶质量 $m_{盐}$，其标准表达式的求法与上一个实验中待测物的质量 $m_{物}$ 标准表达式的求法相同，加满水的比重瓶质量 $m_{水}$ 则在上个实验中已经求出。

盐水密度 $\rho_{盐}$ 标准表达式的求法：

平均值：$\overline{\rho_{盐}} = \rho_{水} \dfrac{\overline{m_{盐}} - \overline{m_{瓶}}}{\overline{m_{水}} - \overline{m_{瓶}}}$，其中 $\rho_{水}$ 为常数，取 $\rho_{水} = 1.0 \times 10^{3}\ kg \cdot m^{-3}$

不确定度：$\sigma_{\rho_{盐}} = \overline{\rho_{盐}} \sqrt{\left(\dfrac{\sigma_{m_{盐}}}{\overline{m_{盐}} - \overline{m_{瓶}}} \right)^{2} + \left(\dfrac{\sigma_{m_{水}}}{\overline{m_{水}} - \overline{m_{瓶}}} \right)^{2} + \left(\dfrac{1}{\overline{m_{盐}} - \overline{m_{瓶}}} - \dfrac{1}{\overline{m_{水}} - \overline{m_{瓶}}} \right)^{2} \cdot \sigma_{m_{瓶}}{}^{2}}$

实验 37 液体在固体表面接触角的测定

一、实验目的

1. 了解液体在固体表面的润湿过程以及接触角的含义与应用；
2. 了解固体表面接触角的测量及表面能的计算原理；
3. 掌握用 JC98A 接触角测量仪测定接触角的方法。

二、实验原理

润湿是自然界和生产过程中常见的现象，是固体表面上一种液体取代另一种与之不相混溶流体的过程，通常指固-气界面被固-液界面所取代的过程。

在恒温恒压下，将液体滴于固体表面，液体或铺展而覆盖固体表面，或形成一液滴滴停于其上。设固体的表面积为 A_{s}，液滴的面积很小，可以略去，此过程的吉布斯函数变化为：

$$\Delta G = A_{s}(\sigma_{液-固} + \sigma_{气-液} - \sigma_{气-固}) \tag{1}$$

定义液体在固体上的铺展系数 φ 为：

$$\varphi = -\frac{\Delta G}{A_s} \tag{2}$$

相应液体对固体的黏附力（或黏附功）

$$W_a = \sigma_{气-液} + \sigma_{气-固} - \sigma_{液-固} \tag{3}$$

此时所形成的液滴的形状可以用接触角来描述（见图5.12）。接触角是在固、气、液三相交界处，自固体界面经液体内部到气-液界面的夹角，以 θ 表示。接触角是表征固体物质润湿性最基本的参数之一，根据测量的原理不同，接触角又可分成平衡接触角和动态接触角（dynamic contact angle），动态接触角包括前进接触角（advancing contact angle）和后退接触角（receding contact angle）两种。

平衡接触角与3个界面自由能之间的关系可以由杨氏方程表示：

$$\cos\theta = \frac{\sigma_{气-固} - \sigma_{液-固}}{\sigma_{气-液}} \tag{4}$$

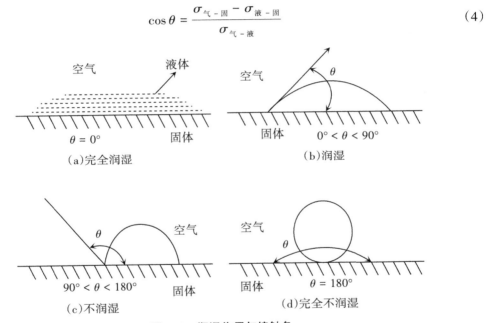

图5.12　润湿作用与接触角

对此式进行分析，可以区别以下两种情况。

$\sigma_{气-固} > \sigma_{液-固}$，$\cos\theta > 0°, \theta < 90°$。这时产生黏附润湿，当 $\theta = 0°$ 时，则为完全润湿。

$\sigma_{气-固} < \sigma_{液-固}$，$\cos\theta < 0°, \theta > 90°$。这时不润湿，当 $\theta = 180°$ 时，则为完全不润湿。

根据杨氏方程，相应液体对固体的黏附功和铺展系数分别为：

$$W_a = \sigma_{气-液}(1 + \cos\theta) \tag{5}$$

$$\varphi = \sigma_{气-液}(\cos\theta - 1) \tag{6}$$

由实验测得接触角和液体的表面张力，就可以利用式（5）、式（6）计算黏附功和铺展系数。

接触角是表征液体在固体表面润湿的重要参数之一，由它可了解液体在一定固体表面的润湿程度，从而用于矿物浮选、注水采油、洗涤、印染等过程。接触角的测量方法有许多种，根据直接测定的物理量分为四大类：角度测量法、长度测量法、力测量法、透射测量法。其中，角度测量法是应用最广泛，也是最直截了当的一类方法。JC98A接触角测量仪是利用观察区域放大投影到电脑屏幕，观测与固体平面相接触的液滴外形，直接量出三相交界液滴与固体界面的夹角。

三、仪器药品

1. 仪器

JC98A接触角测量仪、涤纶薄片、载玻片、微量注射器

2. 试剂

双重蒸馏水，0.05%、0.10%的十二烷基苯磺酸钠水溶液

四、实验步骤

1. 在Windows桌面找到并点击标有"JC"的快捷图标，进入接触角测量仪应用程序的主界面。点击界面右上方的"活动图像"，在图像显示区可看到接触角测量仪的平台影像。

2. 点击OPTION菜单中的CONNECT选项，出现对话框CONNECT OK，表明计算机与仪器连接成功，否则，检查计算机与仪器的连接。

3. 打开接触角测量仪上部的活动台，将洁净的涤纶薄片附于载玻片上，置于载物槽内的适当位置，关闭活动台。

4. 调节接触角测量仪中的按钮，将界面调至适当位置并清晰。"上下""左右""旋转"分别是调节平台的相应位置。"强度"是调节光的亮度，"调焦"则可调节清晰度。

5. 将装有待测液体的微量注射器固定于活动台上方的注射器孔内。针尖垂直于固体表面。

6. 从注射器中压出少量待测液（约0.1～0.2 μL），与固体表面瞬间接触后，迅速分开并点击"冻结图像"。保存图像后，处理图形求出接触角。

7. 用最大泡压法测定不同浓度的十二烷基苯磺酸钠水溶液的表面张力。

五、数据处理

将测得的 $\sigma_{气-液}$ 和 θ、$\cos\theta$ 值列表。根据实验测定的数值，利用式（5）、式（6）分别计算水和十二烷基苯磺酸钠水溶液在固体表面的黏附功和铺展系数，并判断它们在固体表面是否润湿。

[思考题]

1.液体在固体表面的接触角与哪些因素有关？

2.在本实验中，滴到固体表面上液滴的大小对所测接触角读数是否有影响？为什么？

实验38 洗涤剂最佳用量的测定

一、实验目的

1.熟悉表面活性剂的概念及分类；

2.掌握洗涤剂中表面活性剂总量的测定。

二、实验原理

洗涤剂的主要组分通常为表面活性剂、助洗剂和添加剂等。

洗涤剂要具备良好的润湿性（LBW-1）、渗透性、乳化性、分散性（LBD-1分散剂）、增溶性及发泡与消泡等性能。

洗涤剂的种类很多，按照去除污垢的类型，可分为重垢型洗涤剂和轻垢型洗涤剂；按照产品的外形可分为肥皂、合成洗衣粉、液体洗涤剂、固体状洗涤剂及膏状洗涤剂等多种形态。

表面活性剂是溶于水能够显著降低水表面能的物质。

表面活性剂的分子结构具有两性：一端为亲水基团，另一端为疏水基团；亲水基团常为极性基团，如羧酸、磺酸、硫酸、氨基或胺基及其盐，羟基、酰胺基、醚键等也可作为极性亲水基团；而疏水基团常为非极性烃链，如8个碳原子以上烃链。

表面活性剂分为离子型表面活性剂（包括阳离子表面活性剂与阴离子表面活性剂）、非离子型表面活性剂、两性表面活性剂、复配表面活性剂、其他表面活性剂等。

在织物的水洗中只有阴离子表面活性剂和非离子型表面活性剂对织物去污能够起到正面、有效的作用。因此，这两种表面活性剂成为衣物洗涤剂的主要材料。

表面活性剂分子结构

将在水中电离后起表面活性作用的部分带负电荷的表面活性剂称为阴离子表面活性剂。从结构上把阴离子表面活性剂分为羧酸盐、磺酸盐、硫酸酯盐和磷酸酯盐四大类。

1.阴离子表面活性剂：硬脂酸，十二烷基苯磺酸钠

2.阳离子表面活性剂：季铵化物

3.两性离子表面活性剂：卵磷脂，氨基酸型，甜菜碱型

4.非离子表面活性剂：烷基葡萄糖苷，脂肪酸甘油酯，脂肪酸山梨坦，聚山梨酯

洗涤剂中的总活性物是指在配方中显示活性的全部表面活性剂。目前，洗涤剂配方中所用的表面活性剂已由单一的品种发展成多种表面活性剂复配，使其在性能上互相补偿，发挥良好的协同作用。当然表面活性剂的量也直接影响洗涤效果。本测定方法参照国家标准GB/T13173—2008。

用乙醇萃取样品，过滤分离，定量乙醇溶解物及乙醇溶解物中的氯化钠，产品中总活性物含量用乙醇溶解物含量减去乙醇溶解物中的氯化钠含量算得。需在活性物含量中扣除水助溶剂时，可用三氯化甲烷进一步萃取取定量后的乙醇溶解物，然后扣除三氯甲烷不溶解物而算得。

三、仪器与试剂

1.仪器

吸滤瓶（250 mL、500 mL或1000 mL）；沸水浴；烘箱（能控温于105 ℃±2 ℃）；烧杯（150 mL、300 mL）；干燥器（内盛变色硅胶或其他干燥剂）；量筒（25 mL、100 mL）；三角烧瓶（250 mL）；玻璃坩埚（孔径16～30 μm，约30 mL）

古氏坩埚：25～30 mL，铺石棉滤层；铺石棉滤层，先在坩锅底与多孔瓷板之间铺一层快速定性滤纸圆片，然后倒满经在水中浸泡24 h、浮选分出的较粗的酸洗石棉稀淤浆，沉降后抽滤干，如此再铺两层较细酸洗石棉，于105 ℃±2 ℃烘箱内干燥后备用。

2.试剂

95%乙醇（新煮沸后冷却，用碱中和至对酚酞呈中性）；无水乙醇（新煮沸后冷却）硝酸银［$c(AgNO_3)$ =0.1 mol/L标准滴定溶液］；铬酸钾（50 g/L溶液）；酚酞（10 g/L溶液）；硝酸（0.5 mol/L溶液）；氢氧化钠（0.5 mol/L溶液）；三氯甲烷

四、实验步骤

1.定量乙醇溶解物和氯化钠含量测定总活性物含量（结果包含水助溶剂）（A法）

（1）乙醇溶解物的萃取

①称取试验样品（粉、粒状样品约2 g，液、膏体样品约5 g），准确至0.001 g置于150 mL烧杯中，加入5 mL蒸馏水，用玻璃棒不断搅拌，以分散固体颗粒和破碎团块，直到没有明显的颗粒状物。加入5 mL无水乙醇，继续用玻璃棒搅拌，使样品溶解呈糊状，然后边搅拌边缓缓加入90 mL无水乙醇，继续搅拌一会儿以促进溶解。静置片刻至

溶液澄清，用倾泻法通过古氏坩埚进行过滤（用吸滤瓶吸滤）。将清液尽量排干，不溶物尽可能留在烧杯中，再以同样方法，每次用95％热乙醇25 mL重复萃取、过滤，操作4次。将吸滤瓶中的乙醇萃取液小心地转移至已称量的300 mL烧杯中，用95％热乙醇冲洗吸滤瓶3次，滤液和洗液合并于300 mL烧杯中（此为乙醇萃取液）。

②将盛有乙醇萃取液的烧杯置于沸腾水浴中，使乙醇蒸发至尽，再将烧杯外壁擦干，置于烘箱内干燥1 h，移入干燥器中，冷却30 min并称重（m_1）。

注：测定液体或膏体样品时，称样后直接加入100 mL无水乙醇，加热、溶解、静置，用倾泻法通过古氏坩埚进行过滤，以后步骤同上。

（2）乙醇溶解物中氯化钠含量的测定

将已称量烧杯中的乙醇萃取物分别用100 mL水、95％乙醇20 mL溶解洗涤至250 mL三角烧瓶中，加入酚酞溶液3滴，如呈红色，则以0.5 mol/L硝酸溶液中和至红色刚好褪去；如不呈红色，则以0.5 mol/L氢氧化钠溶液中和至微红色，再以0.5 mol/L硝酸溶液回滴至微红色刚好退去。然后加入1 mL铬酸钾指示剂，用0.1 mol/L硝酸银标准滴定溶液滴定至溶液由黄色变为橙色为止。

滴定反应：$Ag^+ + Cl^- ===== AgCl$

指示剂终点反应：$2Ag^+ + K_2CrO_4 ===== Ag_2CrO_4 + 2K^+$　　　砖红色

（3）结果计算

①乙醇溶解物中氯化钠的质量（m_2）以克计，按式（1）计算：

$$m_2 = 0.0585 \times V \times c \tag{1}$$

式中：

0.0585为氯化钠的毫摩尔相对分子质量，单位为g/mmol；

V为滴定耗用硝酸银标准滴定溶液的体积，单位为mL；

c为硝酸银标准滴定溶液的浓度，单位为mol/L。

②样品中总活性物含量以质量分数X_1表示，按式（2）计算：

$$X_1 = \frac{m_1 - m_2}{m} \times 100\% \tag{2}$$

式中：

m_1为乙醇溶解物的质量，单位为g；

m_2为乙醇溶解物中氯化钠的质量，单位为g；

m为试验份的质量，单位为g。

（4）精密度

在重复性条件下获得的两次独立测定结果的绝对差值不大于0.3％，以大于0.3％的情况不超过5％为前提。

2.定量乙醇溶解物测定总活性物含量（结果不包括水助溶剂）（B法）

（1）将80 mL三氯甲烷以冲洗烧杯壁的方式加入得到的乙醇溶解物（m_1）的烧杯

中。盖上表面皿，置烧杯于50 ℃左右的水浴中加热至溶解。稍澄清后，将上部清液通过已恒重并称准至0.001 g的玻璃坩埚过滤（用250 mL吸滤瓶吸滤）。

每次再用20 mL三氯甲烷如此洗涤烧杯内壁及残余物和过滤坩埚2次。将滤埚和烧杯置于烘箱内干燥1 h，移入干燥器内冷却30 min后称量，得三氯甲烷不溶物（m_3）。

样品中总活性物含量（结果不包括水助溶剂）以质量分数X_2表示，按式（3）计算：

$$X_2 = \frac{m_1 - m_2}{m} \times 100\% \tag{3}$$

式中：

m_1为乙醇溶解物的质量，单位为g；

m_3为乙醇溶解物中三氯甲烷不溶物的质量，单位为g；

m为试验份的质量，单位为g。

五、数据处理

1.乙醇溶解物中氯化钠质量（m_2）的计算；

2.样品中总活性物含量以质量分数X_1的计算；

3.精密度的计算（即绝对差值）。

[思考题]

1.表面活性剂的结构特点是什么？表面活性剂可分为几类？

2.把洗涤剂中总活性物质的两种测定作对比。

3.在洗涤剂中总活性物质测定过程中应该注意哪些事项？

第六章　结构化学实验

实验39　络合物磁化率的测定

一、实验目的

1. 掌握古埃（Gouy）磁天平测定物质磁化率的实验原理和技术；

2. 通过对一些络合物磁化率的测定，计算中心离子的不成对电子数，并判断d电子的排布情况和配位体场强的强弱；

3. 通过对一些络合物的磁化率测定，判断这些分子的配键类型。

二、实验原理

磁场强度和磁感应强度均为表征磁场性质（即磁场强弱和方向）的两个物理量。由于磁场是电流或者运动电荷引起的，而磁介质（除超导体以外不存在磁绝缘的概念，故一切物质均为磁介质）在磁场中发生的磁化对原磁场也有影响（场的叠加原理）。因此，磁场的强弱可以有两种表示方法：

在充满均匀磁介质的情况下，若包括介质因磁化而产生的磁场在内时，用磁感应强度B表示，其单位为T（是一个基本物理量）；单独由电流或者运动电荷所引起的磁场（不包括介质磁化而产生的磁场时）则用磁场强度H表示，其单位为A/m^2（是一个辅助物理量）。

物质在磁场中被磁化，在外磁场强度H的作用下，产生附加磁场H'。该物质内部的磁感应强度B为外磁场强度H与附加磁场强度H'之和：

$$B = H + H' = H + 47t\%H = {}^*H \tag{1}$$
$$H' = 4\pi\chi H_0$$

式中，χ称为物质的体积磁化率，是物质的一种宏观性质，表示单位体积内磁场强度的变化，反映了物质被磁化的难易程度。化学上常用摩尔磁化率χ_m表示磁化程度，它与χ的关系为

$$\chi_m = \frac{\chi M}{\rho}$$

式中 M、ρ 分别为物质的摩尔质量与密度。χ_m 的单位为 $m^3 \cdot mol^{-1}$。

物质在外磁场作用下的磁化现象有三种：

第一种，物质的原子、离子或分子中没有自旋未成对的电子，即它的分子磁矩 μ_m = 0。当它受到外磁场作用时，内部会产生感应的"分子电流"，相应产生一种与外磁场方向相反的感应磁矩。如同线圈在磁场中产生感生电流，这一电流的附加磁场方向与外磁场相反。这种物质称为逆磁性物质，如 Hg、Cu、Bi 等。它的 $\chi_m < 0$。

第二种，物质的原子、离子或分子中存在自旋未成对的电子，它的电子角动量总和不等于零，分子磁矩 $\mu_m \neq 0$。这些杂乱取向的分子磁矩在受到外磁场作用时，其方向总是趋向于与外磁场同方向，这种物质称为顺磁性物质，如 Mn、Cr、Pt 等，表现出的顺磁磁化率用 χ_μ 表示。

但它在外磁场作用下也会产生反向的感应磁矩，因此它的 χ_m 是摩尔顺磁磁化率 χ_μ 与摩尔逆磁磁化率 χ_0 之和。因 $\chi_\mu \gg \chi_0$，所以对于顺磁性物质，可以认为 $\chi_m = \chi_\mu$，其值大于零。

第三种，物质被磁化的强度随着外磁场强度的增加而剧烈增强，而且在外磁场消失后其磁性并不消失。这种物质称为铁磁性物质。

对于顺磁性物质，摩尔顺磁磁化率与分子磁矩 μ_m 的关系可由居里－郎之万公式表示：

$$\chi_m = \chi_\mu = \frac{L\mu_0\mu_m^2}{3\kappa T}$$

式中 L 为阿伏加德罗常数（$6.022 \times 10^{23} mol^{-1}$），$\kappa$ 为玻尔兹曼常数（$1.3806 \times 10^{-23} J \cdot K^{-1}$），$\mu_0$ 为真空磁导率（$4\pi \times 10^{-7} N \cdot A^{-2}$），$T$ 为热力学温度（K）。上式可作为由实验测定磁化率来研究物质内部结构的依据。

分子磁矩 μ_m 由分子内未配对电子数 n 决定，其关系如下：

$$\mu_m = \mu_B\sqrt{n(n+2)}$$

式中 μ_B 为玻尔磁子，是磁矩的自然单位。$\mu_B = 9.274 \times 10^{-24} J \cdot T^{-1}$。

求得 n 值后可以进一步判断有关络合物分子的配键类型。例如，Fe^{2+} 离子在自由离子状态下的外层电子结构为 $3d^6 4s^0 4p^0$。如以它作为中心离子与 6 个 H_2O 配位体形成 $[Fe(H_2O)_6]^{2+}$ 络离子，是电价络合物。其中 Fe^{2+} 离子仍然保持原自由离子状态下的电子层结构，此时 $n=4$。如图 6.1 所示：

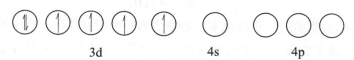

3d   4s   4p

图 6.1　Fe^{2+} 在自由离子状态下的外层电子结构

如果 Fe^{2+} 离子与 6 个 CN^- 离子配位体形成 $[Fe(CN)_6]^{4-}$ 络离子，则是共价络合物。这时其中Fe^{2+}离子的外电子层结构发生变化，$n=0$。如图6.2所示：

3d　　　　　　　　4s　　　　　　4p

图6.2　Fe^{2+}外层电子结构的重排

显然，其中6个空轨道形成d^2sp^3的6个杂化轨道，它们能接受6个CN^-离子中的6对孤对电子，形成共价配键。

本实验用古埃磁天平测定物质的摩尔磁化率χ_m，测定原理如图6.3所示。

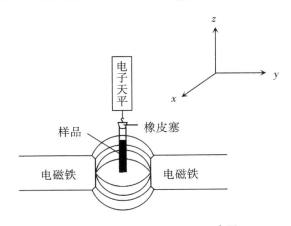

图6.3　古埃磁天平工作原理示意图

一个截面积为A的样品管，装入高度为h、质量为m的样品后，放入非均匀磁场中。样品管底部位于磁场强度最大之处，即磁极中心线上，此处磁场强度为H。样品最高处磁场强度为零。前已述及，对于顺磁性物质，此时产生的附加磁场与原磁场同向，即物质内磁场强度增大，在磁场中受到吸引力。设χ_0为空气的体积磁化率，可以证明，样品管内样品受到的力为：

$$F = \frac{1}{2}A\left(\chi - \chi_0\right)\mu_0 H^2$$

以式$\chi_m = \dfrac{\chi M}{\rho}$代入上式，并结合$\rho = \dfrac{m}{hA}$，而$\chi_0$值很小，相应的项可以忽略，可得

$$F = \frac{1}{2} \times \frac{m\chi_m \mu_0 H^2}{Mh}$$

在磁天平法中利用精度为0.1 mg的电子天平间接测量F值。设Δm_0为空样品管在有磁场和无磁场时的称量值的变化，Δm为装样品后在有磁场和无磁场时称量值的变化，则

$$F = \left(\Delta m - \Delta m_0\right)g$$

式中g为重力加速度（$9.81\,\mathrm{m \cdot s^{-2}}$）。将式$F = \dfrac{1}{2} \times \dfrac{m\chi_m \mu_0 H^2}{Mh}$代入上式，可得

$$\chi_{\mathrm{m}} = \frac{2(\Delta m - \Delta m_0)ghM}{\mu_0 mH^2}$$

磁场强度 H 可由特斯拉计或 CT5 高斯计测量。应该注意，高斯计测量实际上是磁感应强度 B，单位为 T，$1\ T=10^4GS$。磁场强度 H 可由 $B = \mu_0H$ 关系式计算得到，H 的单位为 $A \cdot m^{-1}$。也可用已知磁化率的莫尔氏盐标定。莫尔氏盐的摩尔磁化率 χ_{m}^B 与热力学温度 T 的关系为：

$$\chi_{\mathrm{m}}^B = \frac{9500}{T + 1} \times 4\pi \times M \times 10^{-9}(\mathrm{m^3 \cdot mol^{-1}})$$

式中 M 为莫尔氏盐的摩尔质量（$\mathrm{kg \cdot mol^{-1}}$）。

三、仪器与试剂

1.仪器

古埃磁天平（包括磁极、励磁电源、电子天平等）、CT5 型高斯计、玻璃样品管、装样品工具（包括研钵、角匙、小漏斗等）

2.试剂

莫尔氏盐 $(NH_4)_2SO_4 \cdot FeSO_4 \cdot 6H_2O$（分析纯）、亚铁氰化钾 $K_4[Fe(CN)_6] \cdot 3H_2O$（分析纯）、硫酸亚铁 $FeSO_4 \cdot 7H_2O$（分析纯）

四、实验步骤

1.磁场强度分布的测定

（1）分别在特定励磁电流（$I_1 = 2.0A$，$I_2 = 4.0A$，$I_3 = 6.0A$）的条件下，用高斯计测定从磁场中心起，每提高 1 cm 处的磁场强度，直至离磁场中心线 20 cm 处为止。

（2）重复上述实验，并求各高度处的磁场强度平均值。

2.用莫尔氏盐标定在特定励磁电流下的磁场强度 H

（1）取 1 支清洁、干燥的空样品管，悬挂在天平一端的挂钩上，使样品管的底部在磁极中心连线上。准确称量空样品管。然后将励磁电流电源接通，依次称量电流在 2.0 A、4.0 A、6.0 A 时的空样品管。接着将电流调至 7 A，然后减小电流，再依次称量电流在 6.0 A、4.0 A、2.0 A 时的空样品管。将励磁电流降为零时，断开电源开关，再称量一次空样品管。由此可求出样品质量 m_0 及电流在 2.0 A、4.0 A、6.0 A 时的 m_0（应重复一次取平均值）。

上述调节电流由小到大再由大到小的测定方法，是为了抵消实验时磁场剩磁现象的影响。

（2）取下样品管，装入莫尔氏盐（在装填时要不断地将样品管底部敲击木垫，使样品粉末填实），直到样品高度约 15 cm 为止。准确测量样品高度 h，测量电流为零时莫尔氏盐的质量 m_B 及 2.0A、4.0 A、6.0 A 时的 m_B 的平均值。

3.样品的摩尔磁化率测定

用标定磁场强度的样品管分别装入亚铁氰化钾与硫酸亚铁，同上要求测定其 h、m 及 2.0 A、4.0 A、6.0 A 时的 m。

[注意事项]

1.在通电前应先将电流调节器的旋钮旋到零位。通电后，电流上升或下降都应缓慢进行。电流不可超过 8 A。测量时间不宜过长（实验中要注意线圈发热以及电流、磁场稳定的情况）。

2.样品与莫尔氏盐的粒度，在样品管中的堆积密度以及高度应尽力一致。

五、数据处理

1.由莫尔氏盐的磁化率和实验数据，计算各特定励磁电流相应的磁场强度值，并与高斯计测量值进行比较。

2.由亚铁氰化钾与硫酸亚铁的实验数据，分别计算和讨论在 $I_1 = 2.0$ A，$I_2 = 4.0$ A，$I_3 = 6.0$ A 时的 χ_m、μ_m 以及未成对电子数 n。

3.试讨论亚铁氰化钾和硫酸亚铁中 Fe^{2+} 离子的外电子层结构和配键类型。

4.数据记录表

	h/m	I/A	m/kg		$\bar{m}/kg$
			$I \uparrow$	$I \downarrow$	
样品管1		0(表示没打开电源开关)			
		1.0			
		2.0			
样品管1+莫尔氏盐		0(表示没打开电源开关)			
		1.0			
		2.0			
样品管2		0(表示没打开电源开关)			
		1.0			
		2.0			
样品管2+硫酸亚铁		0(表示没打开电源开关)			
		1.0			
		2.0			
样品管3		0(表示没打开电源开关)			
		1.0			
		2.0			
样品管3+亚铁氰化钾		0(表示没打开电源开关)			
		1.0			
		2.0			

[思考题]

1.简述用古埃磁天平法测定磁化率的基本原理。

2.在不同的励磁电流下测定的样品摩尔磁化率是否相同？为什么？实验结果若有不同应如何解释？

3.从摩尔磁化率如何计算分子内未成对电子数及判断其配键类型？

实验40　溶液法测定极性分子的偶极矩

一、实验目的

1.用溶液法测定乙酸乙酯的偶极矩；

2.了解偶极矩与分子电性质的关系；

3.掌握溶液法测定偶极矩的实验技术。

二、实验原理

1.偶极矩与极化度

分子结构可以近似地被看成是由电子和分子骨架（原子核及内层电子）所构成的。由于分子空间构型不同，其正、负电荷中心可能是重合的，也可能不重合，前者称为非极性分子，后者称为极性分子。

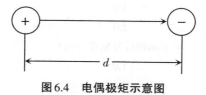

图6.4　电偶极矩示意图

1912年，德拜（Debye）提出"偶极矩"μ的概念来度量分子极性的大小，如图6.4所示，其定义是

$$\mu = q \cdot d \tag{1}$$

式中q是正、负电荷中心所带的电荷量，d为正、负电荷中心之间的距离，μ是一个向量，其方向规定从正到负。因分子中原子间距离的数量级为10^{-10} m，电荷的数量级为10^{-20} C，所以偶极矩的数量级是10^{-30} C·m。

通过偶极矩的测定可以了解分子结构中有关电子云的分布和分子的对称性等情况，还可以用来判别几何异构体和分子的立体结构等。

极性分子具有永久偶极矩，但由于分子的热运动，偶极矩指向各个方向的机会相同，所以偶极矩的统计值等于零。若将极性分子置于均匀的电场中，则偶极矩在电场的作用下会趋向电场方向排列。这时我们称这些分子被极化了，极化的程度可用摩尔转向极化度 $P_{转向}$ 来衡量。

$P_{转向}$ 与永久偶极矩平方成正比，与热力学温度 T 成反比

$$P_{转向} = \frac{4}{3}\pi L \cdot \frac{\mu^2}{3kT} = \frac{4}{9}\pi L \frac{\mu^2}{kT} \tag{2}$$

式中 k 为玻耳兹曼常数；L 为阿伏加德罗常数。

在外电场作用下，不论极性分子或非极性分子都会发生电子云对分子骨架的相对移动，分子骨架也会发生变形，这种现象称为诱导极化或变形极化，用摩尔诱导极化度 $P_{诱导}$ 来衡量。显然，$P_{诱导}$ 可分为两项，即电子极化度 $P_{电子}$ 和原子极化度 $P_{原子}$，因此 $P_{诱导} = P_{电子} + P_{原子}$。$P_{诱导}$ 与外电场强度成正比，与温度无关。

如果外电场是交变电场，极性分子的极化情况则与交变电场的频率有关。当处于频率小于 10^{-10} s^{-1} 的低频电场或静电场中，极性分子所产生的摩尔极化度 P 是转向极化、电子极化和原子极化的总和

$$P = P_{转向} + P_{电子} + P_{原子} \tag{3}$$

当频率增加到 $10^{-12}\sim10^{-14}$ s^{-1} 的中频（红外频率）时，电场的交变周期小于分子偶极矩的弛豫时间，极性分子的转向运动跟不上电场的变化，即极性分子来不及沿电场定向，故 $P_{转向}=0$。此时极性分子的摩尔极化度等于摩尔诱导极化度 $P_{诱导}$。当交变电场的频率进一步增加到大于 10^{-15} s^{-1} 的高频（可见光和紫外频率）时，极性分子的转向运动和分子骨架变形都跟不上电场的变化，此时极性分子的摩尔极化度等于电子极化度 $P_{电子}$。

因此，原则上只要在低频电场下测得极性分子的摩尔极化度 P，在红外频率下测得极性分子的摩尔诱导极化度 $P_{诱导}$，两者相减得到极性分子的摩尔转向极化度 $P_{转向}$，然后代入（2）式就可算出极性分子的永久偶极矩 μ 来。

2.极化度的测定

克劳修斯（Clausius）、莫索蒂（Mosotti）和德拜（Debye）从电磁理论得到了摩尔极化度 P 与介电常数 ε 之间的关系式

$$P = \frac{\varepsilon - 1}{\varepsilon + 2} \cdot \frac{M}{\rho} \tag{4}$$

式中，M 为被测物质的摩尔质量；ρ 是该物质的密度；ε 可以通过实验测定。

但（4）式是假定分子与分子间无相互作用而推导得到的，所以它只适用于温度不太低的气相体系。然而测定气相的介电常数和密度，在实验上困难较大，某些物质甚至根本无法使其处于稳定的气相状态。因此，后来提出了一种溶液法来解决这一困难。溶液法的基本想法是，在无限稀释的非极性溶剂的溶液中，溶质分子所处的状态和气相时相近，于是无限稀释溶液中溶质的摩尔极化度 P_2^∞ 就可以看作为（4）式中的 P。

海德斯特兰（Hedestran）首先利用稀溶液的近似公式

$$\varepsilon_溶 = \varepsilon_1\left(1 + \alpha x_2\right) \tag{5}$$

$$\rho_溶 = \rho_1\left(1 + \beta x_2\right) \tag{6}$$

再根据溶液的加和性，推导出无限稀释时溶质摩尔极化度的公式

$$P = P_2^\infty = \lim_{x_2 \to 0} P_2 = \frac{3\alpha\varepsilon_1}{\left(\varepsilon_1 + 2\right)^2} \cdot \frac{M_1}{\rho_1} + \frac{\varepsilon_1 - 1}{\varepsilon_1 + 2} \cdot \frac{M_2 - \beta M_1}{\rho_1} \tag{7}$$

上述（5）、（6）、（7）式中，$\varepsilon_溶$、$\rho_溶$ 是溶液的介电常数和密度；M_2、x_2 是溶质的摩尔质量和摩尔分数；ε_1、ρ_1 和 M_1 分别是溶剂的介电常数、密度和摩尔质量；α、β 是分别与 $\varepsilon_溶 - x_2$ 和 $\rho_溶 - x_2$ 直线斜率有关的常数。

上面已经提到，在红外频率的电场下可以测得极性分子的摩尔诱导极化度 $P_诱导 = P_电子 + P_原子$。但在实验上由于条件的限制，很难做到这一点，所以一般总是在高频电场下测定极性分子的电子极化度 $P_电子$。

根据光的电磁理论，在同一频率的高频电场作用下，透明物质的介电常数 ε 与折光率 n 的关系为

$$\varepsilon = n^2 \tag{8}$$

习惯上用摩尔折射度 R_2 来表示高频区测得的极化度，因为此时 $P_转向 = 0$，$P_原子 = 0$，则

$$R_2 = P_电子 = \frac{n^2 - 1}{n^2 + 2} \cdot \frac{M}{\rho} \tag{9}$$

在稀溶液情况下也存在近似公式

$$n_溶 = n_1\left(1 + \gamma x_2\right) \tag{10}$$

同样，从（9）式可以推导得无限稀释时溶质的摩尔折射度的公式

$$P_电子 = R_2^\infty = \lim_{x_2 \to 0} R_2 = \frac{n_1^2 - 1}{n_1^2 + 2} \cdot \frac{M_2 - \beta M_1}{\rho_1} + \frac{6n_1^2 M_1 \gamma}{\left(n_1^2 + 2\right)^2 \rho_1} \tag{11}$$

上述（10）、（11）式中，$n_溶$ 是溶液的折光率；n_1 是溶剂的折光率；γ 是与 $n_溶 - x_2$ 直线斜率有关的常数。

3.偶极矩的测定

考虑到原子极化度通常只有电子极化度的 5%～10%，而且 $P_转向$ 又比 $P_电子$ 大得多，故常常忽视原子极化度。

从（2）、（3）、（7）和（11）式可得

$$P_转向 = P_2^\infty - R_2^\infty = \frac{4}{9}\pi L \frac{\mu^2}{kT} \tag{12}$$

上式把物质分子的微观性质偶极矩和它的宏观性质介电常数、密度和折射率联系起来，分子的永久偶极矩就可用下面简化式计算

$$\mu = 0.04274 \times 10^{-30} \sqrt{\left(P_2^\infty - R_2^\infty\right)T} \quad \text{C·m} \tag{13}$$

在某种情况下，若需要考虑 $P_电子$ 影响时，只需对 R_2^∞ 做部分修正就行了。

上述测求极性分子偶极矩的方法称为溶液法。溶液法测得的溶质偶极矩与气相测得

的真实值间存在偏差，造成这种现象的原因是非极性溶剂与极性溶质分子相互间的作用——"溶剂化"作用，这种偏差现象称为溶液法测量偶极矩的"溶剂效应"。罗斯（Ross）和萨克（Sack）等人曾对溶剂效应开展了研究，并推导出校正公式，有兴趣的读者可阅读有关参考资料。

此外，测定偶极矩的实验方法还有多种，如温度法、分子束法、分子光谱法以及利用微波谱的斯塔克法等，这里就不一一介绍了。

4. 介电常数的测定

介电常数是通过测量电容计算而得到的。

测量电容的方法一般有电桥法、拍频法和谐振法。后两者抗干扰性能好、精度高，但仪器价格较贵。本实验采用电桥法，选用CC-6型小电容测量仪，将其与复旦大学科教仪器厂生产的电溶池配套使用。

电容池两极间真空时和充满某物质时电容分别为C_0和C_x，则某物质的介电常数ε与电容的关系为

$$\varepsilon = \frac{\varepsilon_x}{\varepsilon_0} = \frac{C_x}{C_0} \tag{14}$$

式中ε_0和ε_x分别为真空和该物质的电容率。

当将电容池插在小电容测量仪上测量电容时，实际测量所得的电容应是电容池两极间的电容和整个测试系统中的分布电容C_d并联构成。C_d是一个恒定值，称为仪器的本底值，在测量时应予以扣除，否则会引进误差，因此必须先求出本底值C_d，并在以后的各次测量中予以扣除。

三、仪器与试剂

1. 仪器

阿贝折光仪1台、电吹风1只、CC-6型小电容测量仪1台、容量瓶（50 mL）4只、电容池1只、超级恒温槽1台

2. 试剂

乙酸乙酯（分析纯）、四氯化碳（分析纯）

四、实验步骤

1. 溶液配制

用称重法配制4个不同浓度的乙酸乙酯-四氯化碳溶液，将4个50 mL的容量瓶干燥、称重；用移液管分别移取5.00 mL、6.00 mL、7.00 mL、8.00 mL乙酸乙酯于上述各干燥容量瓶中，称重后加入四氯化碳至刻度，称重。计算出每个溶液的摩尔浓度。

2.折光率测定

在室温下用阿贝折光仪测定四氯化碳及各样品的折光率。测定时注意各样品需加样3次，每次读取3个数据，然后取平均值。

3.介电常数测定

（1）电容 C_d 和 C_0 的测定

本实验采用四氯化碳作为标准物质，其介电常数的温度公式为

$$\varepsilon_{标}= 2.238-0.0020（t-20）\qquad\qquad(15)$$

式中 t 为恒温温度（℃）。25 ℃时 $\varepsilon_{标}$ 应为2.228。

用洗耳球将电容池两极间的间隙吹干，旋上金属盖。开通电源，校零后将电容池与小电容测量仪相连接，接通恒温浴导油管，使电容池恒温在2.0 ℃±0.1 ℃。待到显示电容不再上升（如果数值不稳定，读取显示的最大值），读取数值。重复测量3次，取3次测量的平均值为 C_0'。

用液管将纯四氯化碳从金属盖的中间口加到电容池中去，使液面超过二电极，并盖上塑料塞，以防液体挥发。恒温数分钟后，同上法测量电容值。然后打开金属盖，倾去二极间的四氯化碳（倒在回收瓶中），重新装样再次测量电容值。取两次测量的平均值为 $C_{标}'$。

（2）溶液电容的测定

测定方法与纯四氯化碳的测量相同。但在进行测定前，为了证实电容池电极间的残余液确已除净，可先测量以空气为介质时的电容值。如电容值偏高，则应用丙酮溶液润洗，再以洗耳球将电容池吹干，方可加入新的溶液。每个溶液均应重复测定2次，其数据的差值应小于0.05 pF，否则要继续复测。所测电容读数取平均值，减去 C_d，即为溶液的电容值 $C_{溶}$。由于溶液易挥发而造成浓度改变，故加样时动作要迅速，加样后塑料塞要塞紧。

[注意事项]

1.在配溶液时，容量瓶必须干燥，且称重配置。

2.实验过程中都要迅速盖好塞子或盖子，防止溶质和溶剂的挥发，以免造成实验结果的偏差。

3.应用吹风机的冷风对电容池吹干，防止热风对温度变化的干扰。

4.测电容时，直接用指定的移液管将样品注入电容池内，动作要谨慎、缓慢。万一把样品溅倒在测量池外，可用软纸吸干，以免影响数据的稳定。

五、数据处理

1.按溶液配制的实测质量，计算四个溶液的实际浓度 x_2。

2.计算 C_0、C_d 和各溶液的 $C_{溶}$ 值，求出各溶液的介电常数 $\varepsilon_{溶}$；作 $\varepsilon_{溶}$-x_2 图，由直线

斜率求算 α 值。

3.计算纯四氯化碳及各溶液的密度，作 ρ-x_2 图，由直线斜率求算 β 值。

4.作 $n_{溶}$-x_2 图，由直线斜率计算 γ 值。

5.将 ρ_2、ε_1、α 和 β 值代入（7）式计算 P_2^∞。

6.将 ρ_1、n_1、β 和 γ 值代入（11）式计算 R_2^∞。

7.将 P_2^∞、R_2^∞ 值代入式（13）即可计算乙酸乙酯分子的偶极矩 μ 值。

[思考题]

1.分析本实验误差的主要来源，如何改进？

2.试说明溶液法测量极性分子永久偶极矩的要点，有何基本假定，推导公式时做了哪些近似。

3.如何利用溶液法测量偶极矩的"溶剂效应"来研究极性溶质分子与非极性溶剂的相互作用？

实验41 氨基酸红外吸收光谱的测定

一、实验目的

1.熟悉固体样品压片技术；

2.掌握红外光谱测试方法与仪器使用规程；

3.练习红外光谱解析方法。

二、实验原理

1.红外光谱法对试样的要求

红外光谱法的试样可以是液体、固体或气体，一般应要求：

（1）试样应该是单一组分的纯物质，纯度应>98%或符合商业规格，才便于与纯物质的标准光谱进行对照。多组分试样应在测定前尽量预先用分馏、萃取、重结晶或色谱法进行分离提纯，否则各组分光谱相互重叠，难以判断。

（2）试样中不应含有游离水。水本身有红外吸收，会严重干扰样品谱，而且会侵蚀吸收池的盐窗。

（3）试样的浓度和测试厚度应选择适当，以使光谱图中的大多数吸收峰的透射比处于10%～80%范围内。

2.制样的方法：固体试样压片法

将1～2 mg试样与200 mg纯KBr研细均匀，置于模具中，在油压机上压成透明薄片，即可用于测定。试样和KBr都应经干燥处理，研磨到粒度小于2 μm，以免散射光影响。

三、仪器与试剂

1.仪器

AVATAR360 FT-IR型红外光谱仪（美国Nicolet公司）、压片机、玛瑙研钵

2.试剂

光谱纯KBr、丙氨酸、苯丙氨酸、苏氨酸、缬氨酸、丝氨酸、半胱氨酸

四、实验步骤

1.开机

开启电脑，运行OMNIC操作软件。检查电脑与主机的通信。

2.固体样品测试

取干燥样品1～2 mg与200 mg光谱纯KBr放入玛瑙研钵中，混匀研细，取适量放入压片模具中，将模具置于压片机中，30 MPa压30 s。减压、退模。即得一透明片子，将其放在样品框中测试。IR扫描后得到图谱。

[注意事项]

1.注意控制好实验室内的温、湿度条件；

2.注意控制实验室内的人数；

3.注意做干燥除湿的措施。

五、图谱分析

氨基酸对比解谱练习，根据理论课教材找出各峰归属。

对照分组：

①丙氨酸，苯丙氨酸；②苏氨酸，缬氨酸；③丝氨酸，半胱氨酸。

1.苏氨酸图谱（图6.5）

由该图可知，在1700 cm^{-1}处有窄、强吸收峰，说明有C=O存在，在2500～3300 cm^{-1}处有比较宽的吸收峰，在3000 cm^{-1}处有宽、中强度吸收，在900 cm^{-1}处也有弱吸收，说明有—OH存在，则该化合物含有羧基—COOH，而且在1000～1300 cm^{-1}区域内有C—O的强吸收峰，3350 cm^{-1}和3180 cm^{-1}处分别有吸收，说明存在—NH$_2$，在1460 cm^{-1}和1380 cm^{-1}处有吸收，说明存在—CH$_3$，由此可以断定该吸收谱图为苏氨酸的红外吸收谱图。

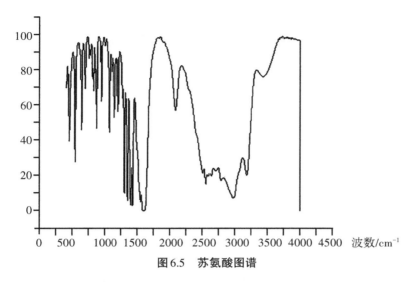

图6.5 苏氨酸图谱

2.缬氨酸图谱（图6.6）

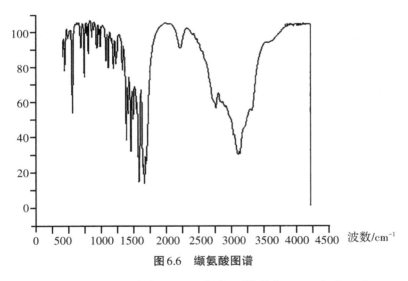

图6.6 缬氨酸图谱

由该图可知，在1700 cm⁻¹处有窄、强吸收峰，说明有C=O存在，在2500～3300 cm⁻¹
处有比较宽的吸收峰，在3000 cm⁻¹处有宽、中强度吸收，在900 cm⁻¹处也有弱吸收，说明
有—OH存在，则该化合物含有羧基—COOH，而且在1000～1300 cm⁻¹区域内有C—O的强吸
收峰，在3350 cm⁻¹和3180 cm⁻¹处分别有吸收，说明存在—NH₂，在1460 cm⁻¹和1380 cm⁻¹处
有吸收，说明存在—CH₃，在1340 cm⁻¹处有吸收，说明存在—CH，由此可以确定该谱图为缬
氨酸的红外吸收谱图。

[思考题]

实验中为什么要用KBr作为载体？

实验42 X射线物相分析

一、实验目的

1. 了解X射线衍射仪的结构和工作原理；

2. 掌握利用X射线粉末衍射进行物相定性分析的原理；

3. 练习用计算机自动检索程序检索PDF（ASTM）卡片库，对多相物质进行相定性分析。

二、实验原理

根据晶体对X射线的衍射特征——衍射线的位置、强度及数量来鉴定结晶物之物相的方法，就是X射线物相分析法。X射线衍射是研究药物多晶型的主要手段之一，它有单晶法和粉末X射线衍射法两种，可用于区别晶态与非晶态、混合物与化合物，可通过给出晶胞参数，如原子间距离、环平面距离、双面夹角等确定药物晶型与结构。粉末衍射也称为多晶体衍射，主要是对以晶体为主的具有固态结构的物质进行定性、定量分析。此法准确度高，分辨能力强。每一种晶体的粉末图谱，几乎与人的指纹一样，其衍射线的分布位置和强度有着特征性规律，因而成为物相鉴定的基础。

当X射线（电磁波）射入晶体后，在晶体内产生周期性变化的电磁场，迫使晶体内原子中的电子和原子核跟着发生周期性振动。原子核的这种振动比电子要弱得多，所以可忽略不计。振动的电子就成为一个新的发射电磁波波源，以球面波方式向各个方向散发出频率相同的电磁波，入射X射线虽按一定方向射入晶体，各个方向发射射线，但和晶体内电子发生作用后，就由电子向各个方向发射射线。

当波长为λ的X射线射到这簇平面点阵时，每一个平面点阵都对X射线产生散射，如图6.7所示。

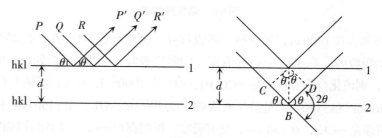

图6.7 晶体的 Bragg 衍射

先考虑任一平面点阵1对X射线的散射作用：X射线射到同一点阵平面的点阵点上，如果入射的X射线与点阵平面的交角为 θ，而散射线在相当于平面镜反射方向上的交角也是 θ，则射到相邻两个点阵点上的入射线和散射线所经过的光程相等，即 $PP'=QQ'=$

RR'。根据光的干涉原理，它互相加强，并且入射线、散射线和点阵平面的法线在同一平面上。再考虑整个平面点阵簇对X射线的作用：相邻两个平面点阵间的间距为d，射到面1和面2上的X射线的光程差为$CB+BD$，而$CB=BD=d\sin\theta$，即相邻两个点阵平面上光程差为$2d\sin\theta$。根据衍射条件，光程差必须是波长λ的整数倍才能产生衍射，这样就得到X射线衍射（或Bragg衍射）基本公式：

$$2d\sin\theta = n\lambda \tag{1}$$

θ为衍射角或Bragg角，随n不同而异，n是1，2，3，…（整数）。以粉末为样品，以测得的X射线的衍射强度（I）与最强衍射峰的强度（I_0）的比值（I/I_0）为纵坐标，以2θ为横坐标所表示的图谱为粉末X射线衍射图。通常从衍射峰位置（2θ）、晶面间距（d）及衍射峰强度比（I/I_0）可得到样品的晶型变化、结晶度、晶体状态及有无混晶等信息。

每一种结晶物质都有各自独特的化学组成和晶体结构。没有任何两种物质的晶胞大小、质点种类及其在晶胞中的排列方式是完全一致的。因此，当X射线被晶体衍射时，每一种结晶物质都有自己独特的衍射花样，它们的特征可以用各个衍射晶面间距W和衍射线的相对强度I/I_0来表征。其中晶面间距与晶胞的形状和大小有关，相对强度则与质点的种类及其在晶胞中的位置有关。所以任何一种结晶物质的衍射数据d和I/I_0是其晶体结构的必然反映，因而可以根据它们来鉴别结晶物质的物相。

三、仪器与试剂

1.仪器

X射线衍射仪（HZG41B-PC）、计算机、玛瑙研钵

2.试剂

锐钛矿型二氧化钛

四、实验步骤

1.样品制备

对于粉末样品，通常要求其颗粒的平均粒径控制在5 mm左右，即过320目（约40 mm）的筛子，还要求试样无择优取向。因此，通常应用玛瑙研钵对待测样品进行充分研磨后使用。

对于块状样品应切割出合适的大小，即不超过铝制样品架的矩形孔洞的尺寸，另外还要用砂轮和砂纸将其测试面磨得平整光滑。

2.充填试样

将适量研磨好的试样粉末填入样品架的凹槽中，使粉末试样在凹槽里均匀分布，并用平整光滑的玻片将其压紧；将槽外或高出样品架的多余粉末刮去，然后重新将样品压平实，使样品表面与样品架边缘在同一水平面上。

块状样品直接用橡皮泥或石蜡粘在铝制样品架的矩形孔洞中，要求样品表面与铝制样品架表面平齐。

3.样品测试

（1）开机前的准备和检查

将制备好的试样插入衍射仪样品台，关闭防护罩；检查X射线管窗口应关闭，管电流、管电压表指示应在最小位置；接通总电源，打开稳压电源。

（2）开机操作

开启衍射仪总电源，启动循环水泵；等待几分钟后（水温在10～18 ℃），打开计算机X射线衍射仪应用软件，设置管电压、管电流至需要值，设置合适的衍射条件及参数，开始样品测试。

（3）停机操作

测量完毕，系统自动保存测试数据，关闭X射线衍射仪应用软件；取出试样；15 min后关闭循环水泵，关闭水源；关闭衍射仪总电源及线路总电源。

4.物相检索

根据测试获得的待分析试样的衍射数据，包括衍射曲线和d值（或$2q$值）、相对强度、衍射峰宽等数据，利用MDI Jade软件在计算机上进行PDF卡片的自动检索，并判定唯一准确的PDF卡片。

五、数据处理

1.测试完毕，可将样品测试数据存入磁盘供随时调出处理。原始数据需经过曲线平滑、Ka2扣除、谱峰寻找等数据处理步骤，最后打印出待分析试样的衍射曲线和d值、2θ、强度、衍射峰宽等数据供分析鉴定。

2.物相定性分析：利用计算机进行自动检索。计算机自动检索的原理是利用庞大的数据库，尽可能地储存全部相分析卡片资料，然后将实验测得的衍射数据输入计算机，根据三强线原则，与计算机中所存数据一一对照，粗选出三强线匹配的卡片50～100张，然后根据其他曲线的吻合情况进行筛选，最后根据试样中已知的元素进行筛选，一般就可给出确定的结果。以上步骤都是在计算机中自动完成的。一般情况下，对于计算机给出的结果再进行人工检索、校对，最后得到正确的结果。

[思考题]

1.简述X射线衍射分析的特点和应用。

2.简述X射线衍射仪的结构和工作原理。

3.如何选择X射线管及管电压和管电流？

4.X射线谱图分析鉴定应注意什么问题？粉末样品制备有几种方法，应注意什么问题？

第七章 综合设计性实验

实验43 固、液体可燃物燃烧热的测定

一、实验目的

1.对于液体或不易点燃的固体可燃物设计一至两种实验方法，利用氧弹式量热计测定其燃烧热；

2.测定一种固体与一种液体可燃物的燃烧热。

二、实验原理

燃烧热是指1 mol可燃物完全燃烧时所放出的热量。由热力学第一定律可知：在不做非膨胀功情况下，摩尔恒容反应热 $Q_{V,m} = \Delta_c U_m$，摩尔恒压反应热 $Q_{p,m} = \Delta_c H_m$。在氧弹式量热计中所测燃烧热为 $Q_{V,m}$，而一般热化学计算用的值为 $Q_{p,m}$，这两者可通过下式进行换算：

$$Q_{p,m} = Q_{V,m} + \Sigma \nu_{B(g)} RT \tag{1}$$

式中，$\Sigma \nu_{B(g)}$ 为反应前、后生成物与反应物中气体的物质的量之差；R 为摩尔气体常数；T 为反应温度，单位为K。

式（1）中，$Q_{V,m}$ 可直接测定，其计算公式为：

$$\frac{m}{M_r} Q_{V,m} = W_{水} \Delta T - Q_{点火丝} m_{点火丝} \tag{2}$$

式中，m 为待测物的质量，单位为g；M_r 为待测物的相对分子质量；$Q_{V,m}$ 为待测物的摩尔恒容燃烧热，单位为 $kJ \cdot mol^{-1}$；$W_{水}$ 为量热计的水当量，单位为 $kJ \cdot \text{℃}^{-1}$；ΔT 为样品燃烧前后量热计的温度变化值；$Q_{点火丝}$ 为点火丝的燃烧热（若点火丝为镍丝，$Q_{点火丝} = 3.245 \, kJ \cdot g^{-1}$）；$m_{点火丝}$ 为点火丝的质量，单位为g。

对于较易挥发的液体可燃物，若进行密封测定燃烧热，密封物质（如密封胶囊）的燃烧热还应扣除。

$$\frac{m}{M_r} Q_{V,m} = W_{水} \Delta T - Q_{点火丝} m_{点火丝} - m_{胶囊} Q_{胶囊} \tag{3}$$

式中，m 为待测物的质量，单位为 g；M_r 为待测物的相对分子质量。

计算出 $Q_{V,m}$ 再代入式（1）就可计算出待测物的 $Q_{p,m}$。

三、仪器与试剂

1.仪器

氧弹式量热计 1 套、氧气钢瓶及减压阀 1 只、台秤 1 台、电子天平 1 台（0.0001 g）、SWC-HD 精密数字温差仪 1 台

2.试剂

苯甲酸、乙醇、辛烷、煤油、汽油、柴油、煤、石蜡、葡萄糖、蔗糖、点火丝、0 号医用胶囊

四、实验步骤

1.按下列步骤测定上述一种固体物质与一种液体（其中至少有一种为混合物）的燃烧热。

（1）氧弹卡计和水的总热容 C 测定

①样品压片

称取苯甲酸约 0.8 g，准确称取约 10 cm 长的点火丝，压片，将点火丝绑在样品上，准确称取其质量。

②装置氧弹，充氧气

把盛有苯甲酸片的坩埚放于氧弹内的坩埚架上，连接好点火丝。盖好氧弹，与减压阀相连，充气到弹内压力为 10 MPa 为止。

③燃烧热温度的测定

把氧弹放入量热容器中，加入 3000 mL 水。插入数显贝克曼温度计的温度探头。接好电路，计时开关指向"半分"，点火开关到向"振动"，开启电源。约 10 min 后，若温度变化均匀，开始读取温度。读数前 5 s 振动器自动振动，两次振动间隔 1 min，每次振动结束读数。在第 10 min 读数后按下"点火"开关，同时将计时开关倒向"半分"，点火指示灯亮。加大点火电流使点火指示灯熄灭，样品燃烧。灯灭时读取温度。温度变化率降为 0.05 ℃·min⁻¹ 后，再记录 10 个数据，关闭电源。先取出贝克曼温度计，再取氧弹，旋松放气口排出废气。称量剩余点火丝质量。清洗氧弹内部及坩埚。

（2）查阅相关资料确定各被测物质的燃烧热（汽油、煤油、柴油、石蜡的燃烧热以 $45 \times 10^3 \text{kJ·kg}^{-1}$ 为参考值，煤的燃烧热以 $30 \times 10^3 \text{kJ·kg}^{-1}$ 为参考值），并确定各被测物的实验用量，列出实验的操作步骤。

（3）将实验结果与文献值进行比较，如果是混合物，其燃烧热至少测 3 遍，并计算平均值。

五、数据处理

本实验数据处理仿照"实验二：燃烧热的测定"进行处理。

[思考题]

1. 被测物质的实验用量应如何确定？被测物太多或太少对实验有何影响？

2. 对于汽油、煤油、柴油、煤、石蜡这样的混合物能否测得 $Q_{V,m}$ 与 $Q_{p,m}$？为什么？如何利用计算机来帮你计算混合物的燃烧热？

3. 有些固体物质仅用点火丝不太容易引燃，还有什么引燃方法吗？

4. 在使用计算机处理实验数据时，"棉线的燃烧热"及"棉线的质量"提示对话框可以用来填写哪些数据？

实验44 镍在硫酸溶液中的电化学行为

一、实验目的

1. 测定镍在硫酸溶液中的恒电势阳极极化曲线及其钝化电势；

2. 了解金属钝化行为的原理和测量方法。

二、实验原理

金属的阳极过程：

金属的阳极过程是指金属作为阳极发生电化学溶解的过程。

$$M \longrightarrow M^{n+} + ne^-$$

在金属的阳极溶解过程中，其电极电势必须高于其热力学电势，电极过程才能发生。这种电极电势偏离其热力学的现象称为极化。

当阳极极化不大时，极化的速率随着电势变正而逐渐增大，这就是金属的正常溶解。当电极电势正到某一数值时，其溶解速率随着电势变正反而大幅度地降低，这种现象称为金属钝化。

研究金属的阳极溶解及钝化通常采用两种方法：控制电势法和控制电流法。

控制电流法：极化电极所得到的极化曲线如图7.1所示。当电流密度不大时，金属的阳极极化溶解过程是"正常的"，即阳极溶解速度随着电极电势变正而增大（AB段）。但当阳极电流密度超过某一临界值时，就会出现电极电势突然变正（BC段），金属的正常溶解速率则大幅度减小了。

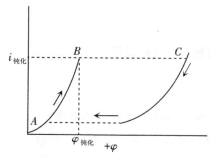

图7.1　控制电流法测得的金属阳极极化曲线

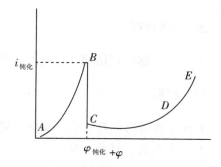

图7.2　控制电势法测得的金属阳极极化曲线

　　控制电势法可以测得完整的阳极极化曲线，如图7.2所示它有一个"负坡度"区域的特点，具有这种特点的极化曲线是无法用控制电流的方法来测定的。因为同一个电流 I 可能相应于几个不同的电极电势，因此对于大多数金属，用控制电势法比较好。

　　用控制电势法测到的阳极极化曲线可分为四个区域：

　　（1）AB 段为活性溶解区，此时金属进行正常的阳极溶解，阳极电流随电势的变化符合塔菲尔公式。

　　（2）BC 段为过渡钝化区，电势达到 B 点时，电流为最大值，此时的电流称为钝化电流，所对应的电势称为临界电势或钝化电势。电势过 B 点后，金属开始钝化，其溶解速率不断降低并过渡到钝化状态。

　　（3）CD 段为稳定钝化区，在该区域中金属的溶解速率基本上不随电势而改变。此时的电流称为钝态金属的稳定溶解电流。

　　（4）DE 段为过钝化区，D 点之后阳极电流又重新随电势的正移而增大，此时可能是高价金属离子的产生；也可能是水的电解而析出 O_2；还可能是两者同时出现。

　　影响金属钝化过程的因素有以下几个：溶液的组成、金属的化学组成和结构、外界因素（如温度、搅拌等）。

　　控制电势法测量极化曲线时，一般采用恒电位仪，它能将研究电极的电势恒定地维持在所需值，然后测量对应于该电势下的电流。由于电极表面状态在建立稳定状态之前，电流会随时间而改变，故一般测出的曲线为"暂态"极化曲线。实际测量中方法有：①静态法；②动态法。

三、仪器与试剂

　　1.仪器

　　DHZ型电化学站测量系统、电脑、电解池（三颈瓶）、研究电极（镍电极）、参比电极（双液接饱和甘汞电极）、辅助电极（铂电极）

　　2.试剂

　　$0.5\ mol \cdot L^{-1}\ H_2SO_4$ 溶液、饱和氯化钾溶液

四、实验步骤

1. 开启电脑电源

开启 DHZ 型电化学站测量系统的电源（开关在仪器背面）。

2. 实验装置操作

（1）洗净电解池，注入约 0.5 mol·L⁻¹ H₂SO₄ 溶液（实际操作中 0.5 mol·L⁻¹ H₂SO₄ 溶液已经注入，除非溶液已发蓝否则无须倒掉重新注入）。

（2）检查饱和甘汞电极中 KCl 溶液的液面高度，若 KCl 溶液过少，加入饱和 KCl 溶液。用蒸馏水洗净甘汞电极和铂电极后将安装于电解池上。

（3）用细砂纸将镍片电极的一面打磨至光亮，再将镍片电极置于 H₂SO₄ 溶液中浸泡 2 min，安装于电解池上。

（4）电化学系统与 3 个电极连接。W 端连接镍片，R 端连接参比电极，C 端连接辅助电极。

3. 电脑程序操作

（1）双击电脑桌面上的"ECS.exe"电化学测量系统软件。

（2）File→Open project→我的文档→镍钝化曲线测量 .prj→F5（或点击界面上的 🔍 ▶ ◈ 左 1 的设置工具按钮）。设置 Scanrate（Mv/s）：2。Current Range：100 mA 选项。Final E（Ml）为 1600.→Close。点击 🔍 ▶ ◈ 左 3，再点击左 2 开始实验。

4. 电压上升至 1500 mV 后，阳极极化完毕。点击 🔍 ▶ ◈ 左 3，再点击左 2 停止实验。数据存到"1 镍的钝化数据存盘"文件夹。并以实验者"学号+姓名"命名，如为 2009140002 李玉。把数据图截屏，保存图片，存入 U 盘。

5. 把 3 个电极从电解池中取出，洗净。甘汞电极放入饱和 KCl 溶液中。关闭电源。

五、数据处理

实验温度：始_____ 末：_____

大气压：始：_____ kPa 末_____ kPa

根据实验数据绘制出金属镍的标准曲线，得到镍开始钝化时的电流密度的峰值，镍开始钝化，溶解速率不断降低；到钝化状态时，稳定钝化电位区间为 0.7536 V—0.7746 V；在过钝化区，电流值不断增大，因此曲线后面一段又开始上升。本次实验因为测得稳定钝化区电流波动较大，金属溶解速率改变较大，所以该段曲线不是平稳的，而是稍向上延伸。

[注意事项]

1.镍片一定要打磨。

2.要仔细检查甘汞电极。甘汞电极外套管中装 0.5 mol·dm⁻³ 的写法 $0.5\ mol\cdot dm^{-3}$ H_2SO_4 约 1/2 高，内管中装饱和KCl溶液。

[思考题]

1.本实验由哪几个电极组成？各有什么作用？

2.在测量前，为什么电极在进行打磨后，还需进行阴极极化处理？

3.如果扫描速率改变，测得的 $E_钝$ 和 $i_钝$ 有无变化？为什么？

实验45 大孔树脂对桑葚红色素的吸附

一、实验目的

1.学会桑葚色素的提取方法；

2.考察大孔吸附树脂对桑葚色素的吸附率、解吸率和吸附量等因素的影响；

3.考察pH值、光照、温度、酸味剂和甜味剂对桑葚色素稳定性的影响。

二、实验原理

桑葚，又名桑椹子、桑蔗、桑枣、桑果、桑泡儿、乌椹等，桑树的成熟果实，为桑科植物桑树的果穗，含有丰富的多酚类、黄酮类、维生素、有机酸、生物碱和矿物质等活性成分。桑葚及桑葚提取物具有保护肝肾、降血压、控制肥胖、抗血栓、抗肿瘤、抗衰老、抗病毒和提高免疫力等功效，且桑葚被我国列为"药食同源"食品。桑葚通体呈黑紫色或紫红色，红色素含量较丰富，色价高。近年来，天然色素的开发和研究已成为部分研究学者的关注重点。桑葚红色素是一种天然色素，因着色效果好，在果酒、果汁、饮料、糖果生产中被广泛应用。本实验采用有机溶剂浸提法提取桑葚色素，研究了大孔吸附树脂法纯化桑葚色素工艺，并对制备和纯化的桑葚色素稳定性进行了测定，以期为桑葚色素提取、纯化和应用研究奠定基础。

大孔树脂又称全多孔树脂，是聚合物吸附剂。它是一类以吸附为特点，对有机物具有浓缩、分离作用的高分子聚合物。大孔树脂是由聚合单体和交联剂、致孔剂、分散剂等添加剂经聚合反应制备而成。聚合物形成后，致孔剂被除去，在树脂中留下了大大小小、形状各异、互相贯通的孔穴。因此，大孔树脂在干燥状态下其内部具有较高的孔隙率，且孔径较大，在 $100 \sim 1000\ nm$ 之间，故称为大孔吸附树脂。

大孔吸附树脂是通过物理吸附从溶液中有选择地吸附有机物质，从而达到分离提纯的目的。

其理化性质稳定，不溶于酸、碱及有机溶剂，对有机物选择性较好，不受无机盐类及强离子、低分子化合物存在的影响。大孔吸附树脂为吸附性和筛选性原理相结合的分离材料。由于其本身具有吸附性，能吸附液体中的物质，故称之为吸附剂。树脂吸附的实质是一种物体高度分散或表面分子受作用力不均等而产生的表面吸附现象。

大孔树脂的吸附力是由于范德华力或产生氢键的结果。其中，范德华力是一种分子间作用力，包括定向力、色散力、诱导力等。同时由于树脂的多孔性结构使其对分子大小不同的物质具有筛选作用。因此，有机化合物根据吸附力的不同及相对分子质量的大小，在树脂的吸附机理和筛分原理作用下实现分离。

三、仪器与试剂

1.仪器

真空冷冻干燥机、722型可见分光光度计、旋转蒸发器、循环水多用真空泵、恒温水浴锅、精密pH计、离心机

2.试剂

桑葚、大孔吸附树脂、无水乙醇、柠檬酸、氢氧化钠、蔗糖、浓盐酸、酒石酸、醋酸、氯化钾、阿斯巴甜、木糖醇

四、实验步骤

1.桑葚色素提取和大孔吸附树脂纯化

桑葚色素提取：取适量桑葚→制浆→准确称取→加入80%酸性乙醇溶液（pH2.0），搅拌均匀→50℃避光水浴提取2 h→取上清液，浓缩→醇沉→过滤→真空浓缩→制得桑葚色素溶液（冷藏备用）。

pH示差测定法：分别取1 mL桑葚色素溶液样品置于两支试管之中，分别加入pH1.0±0.01的缓冲溶液与pH 4.5的缓冲溶液，静置后得到待测液。平行测定3组，按式（1）和（2）计算桑葚色素浓度。

$$桑葚色素浓度 = \frac{A \times D_F \times M_W}{\varepsilon L} \times 1000 (\text{mg/L}) \tag{1}$$

$$A = (A_{535\,nm}\text{pH}1.0 - A_{700\,nm}\text{pH}1.0) - (A_{535\,nm}\text{pH}4.5 - A_{700\,nm}\text{pH}4.5) \tag{2}$$

式中：ε为矢车菊花素-3-葡萄糖苷的消光系数，26 900；D_F表示稀释因子；M_W表示矢车菊花素-3-葡萄糖苷的相对分子质量，449.2；L表示光程，1 cm。以蒸馏水作为参比，用$A_{700\,nm}$来消除样液混浊的影响。

桑葚色素大孔吸附树脂纯化：大孔吸附树脂预处理→桑葚色素吸附→桑葚色素解吸→真空浓缩→冷冻真空干燥→桑葚色素冻干粉（室温25℃，密封、避光保存备用）。

2.温度对桑葚色素稳定性研究

称取一定量的桑葚色素冻干粉，用蒸馏水溶解制备 0.1 mg/mL 桑葚色素溶液，将桑葚色素溶液分别置于 20 ℃、40 ℃、60 ℃、80 ℃、100 ℃水浴中加热 5 h，每隔 1 h 测定色素含量。

3.甜味剂对桑葚色素稳定性研究

称取一定量的桑葚色素冻干粉，分别溶解在 10 % 蔗糖、3.5 % 木糖醇、0.3 % 阿斯巴甜溶液中，制备 0.1 mg/mL 桑葚色素溶液，蒸馏水做对照，室温（25 ℃）避光静置 5 d，每天测定色素含量。

4.酸味剂对桑葚色素稳定性研究

称取一定量的桑葚色素冻干粉，分别溶解在 2 % 醋酸、2 % 柠檬酸、1 % 酒石酸溶液中，制备 0.1 mg/mL 桑葚色素溶液，蒸馏水做对照，室温（25 ℃）避光静置 5 d，每天测定色素含量。

五、数据处理

桑葚色素吸附率、解吸率及吸附量用以下公式计算：

$$吸附率/\% = \frac{C_0 \times V_0 - C_1 \times V_1}{C_0 \times V_0} \times 100 \tag{3}$$

$$解吸率/\% = \frac{C_2 \times V_2}{(C_0 \times V_0) - (C_1 \times V_1)} \times 100 \tag{4}$$

$$吸附量/\% = \frac{C_2 \times V_2}{大孔吸附树脂质量 (30g)} \tag{5}$$

式中：C_0 为吸附液中色素浓度，单位为mg/L；V_0 表示吸附液体积，单位为L；C_1 表示吸附后上清液中色素浓度，单位为mg/L；V_1 表示上清液体积，单位为L；C_2 表示洗脱液中色素浓度，单位为mg/L；V_2 表示洗脱液体积，单位为L。

[思考题]

1.桑葚色素的稳定性受哪些因素的影响？

2.桑葚色素的吸附量受哪些因素的影响？

实验46 液体摩尔蒸发焓的测定

一、实验目的

1.根据所学的物理化学知识及实验方法，设计出测定液体摩尔蒸发焓的实验方案；

2.用静态法测定两种液体的饱和蒸气压，并计算其在常温常压下的摩尔蒸发焓。

二、实验原理

在一定温度下，某纯液体的蒸发速度与其蒸气的凝结速度相等时，达到了动态平衡，平衡时的蒸气压就是该物质的饱和蒸气压。液体的饱和蒸气压与物质的性质及温度有关。纯液体的饱和蒸气压与温度之间的关系可用克劳修斯-克拉贝龙方程（简称克-克方程）表示：

$$\frac{d(\ln p)}{dT} = \frac{\Delta_{vap} H_m}{RT^2} \tag{1}$$

式中，p 为液体的饱和蒸气压；T 为温度；$\Delta_{vap} H_m$ 为液体的摩尔蒸发焓。若温度变化范围不大，$\Delta_{vap} H_m$ 可视为常数，式（1）积分后可得到：

$$\ln p = -\frac{\Delta_{vap} H_m}{RT} + C \tag{2}$$

式中，C 为积分常数。由该式可知：$\ln p - \frac{1}{T}$ 作图为一直线，斜率 $m = -\frac{\Delta_{vap} H_m}{R}$，由此直线的斜率可求得 $\Delta_{vap} H_m$。测定液体饱和蒸气压的常用方法有动态法和静态法。若测定不同恒定外压下样品的沸点，则称为动态法，该法一般适用于蒸气压较小的液体。静态法是将被测液体放在一密闭容器中，在一定的温度下，调节被测系统的压力，使之与液体的饱和蒸气压相等，直接测量其平衡的气相压力，此法适用于蒸气压比较大的液体。本实验中需要针对样品的试剂情况选择合适的方法。

三、仪器与试剂

1. 仪器
液体饱和蒸气压测定装置1套
2. 试剂
乙酸、乙二醇、正丙醇、苯胺、四氯化碳、水

四、实验步骤

参照热力学实验"静态法测液体饱和蒸气压"的实验步骤，测出饱和蒸气压，查阅相关文献，根据本实验所提供的仪器与试剂，确定饱和蒸气压测定的温度范围，设计出测定液体蒸发焓的实验方案，列出实验的具体步骤。

五、数据处理

选用25 ℃、30 ℃、35 ℃、40 ℃等不同温度对有机液体进行饱和蒸气压测定，根据蒸气压值计算出不同温度下的液体摩尔蒸发焓。

[思考题]

1.在测定液体的饱和蒸气压实验中，实验的温度范围选在多少为宜？依据是什么？

2.某些液体对金属物质有腐蚀性，而饱和蒸气压测定装置中的缓冲储气罐是金属制品，在实验中，为防止腐蚀性液体倒吸入缓冲储气罐中，应采取什么措施？

3.能从实验测得的 $\lg p - \dfrac{1}{T}$ 图中直接得到该液体的正常沸点吗？

实验47　涤纶聚酯表面改性及其亲疏水性能测试

一、实验目的

1.熟悉织物表面亲疏水性的相关概念；

2.了解织物表面超疏水改性的方法。

二、实验原理

随着社会经济的发展和生活水平的提高，人们对纺织品功能性的要求不断提高，不仅仅局限于舒适、时尚，还需要具备自清洁、疏水、透气和耐水洗等服用性能。因此，将具有自清洁能力的超疏水结构应用于纺织品成为近年来的研究热点。

大自然中的各种生物的生命活动为仿生技术的发展提供了基础，早在1996年，在荷叶超疏水的启发下，Onda等人第一次通过对具有粗糙结构的表面进行涂覆低表面能材料从而获得了人工制备的超疏水表面。近年来，随着超疏水表面研究的深入，研究者们发现在纺织品等柔性基材表面构造微纳结构并进行疏水化改性能够得到具有超疏水性能的纺织品，由于纺织品具有原材料丰富、价格便宜、易于大规模生产等特点，因此有很大的发展潜力和应用价值。

润湿性是固体表面的重要特性之一，是指一种液体在固体表面铺展的能力或倾向性，对于解决环境、健康、能源、医疗、交通等方面的问题至关重要，它主要是由固体表面微观结构和化学组成决定的，日常生活中大多数的浸润现象分为亲水和疏水。水对固体表面的润湿性通常用接触角来描述，如图7.3所示，从气、液、固三相交点作气-液界面的切线，气-液界面的切线与固-液分界线之间的夹角 θ 即为液体在该固体表面的接触角。固体表面的润湿程度通常用水在该固体表面的接触角 θ 的大小来反映：

（1）当 $0° \leqslant \theta < 90°$ 时（如图7.3a），该固体表面被称为亲水性表面，θ 越小，亲水性能越好，其中 $\theta < 5°$ 的固体表面被称为超亲水表面，当 $\theta = 0°$ 时水在该固体表面完全润湿；

（2）当 $90° < \theta \leqslant 180°$ 时（如图7.3b），该固体表面被称为疏水性表面，θ 越大，疏水性能越好，其中 $\theta > 150°$ 的固体表面被称为超疏水表面（如图7.3c），当 $\theta = 180°$ 时认为水无法润湿该固体表面。

在测量固体表面的疏水性时，将固体表面缓慢倾斜，水滴开始发生形变，当倾斜角度达到 α 时，水滴开始滚动，此时 α 被称为水滴在固体表面的滚动角，它指的是水滴在固体表面滚动时所需要的最小倾斜角，滚动角 α 越小，说明水滴在固体表面越不易黏附，疏水性能越好，它是衡量固体表面疏水性能的重要依据。

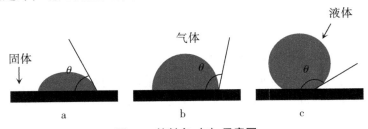

图7.3　接触角（θ）示意图

在水滴开始滚动时，固-液-气前三相接触点所对应的接触角 θ_α 称为前进接触角，后三相接触点所对应的接触角 θ_γ 称为后退接触角，一般来说 $\theta_\alpha > \theta_\gamma$，接触角滞后指的是水滴开始滚动时前进接触角与后退接触角之间的差值，即 $\theta_\alpha - \theta_\gamma$。$\theta_\alpha - \theta_\gamma$ 的值越小，说明水滴在固体表面的黏附力越小，越容易在固体表面上滚动，疏水性能越好，它是表征液体在固体表面流动性能的重要动态参数。Furmidge 发现接触角滞后越小，相应的滚动角也越小。多数学者认为，对于同一个固体表面，尤其是疏水性能较好的固体表面，接触角滞后和滚动角在数值上差别不大。

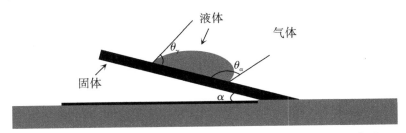

图7.4　滚动角（α）、前进接触角（θ_α）与后退接触角（θ_γ）示意图

结合静态性能和动态性能的描述，超疏水表面定义为水在固体表面的静态接触角大于 150°，并且滚动角小于 5°（或者说接触角滞后小于 10°）。

通常将与水的接触角大于 90° 的表面称为疏水表面；而与水的接触角大于 150° 的表面则称为超疏水表面。具有超疏水的特殊浸润性表面具有自清洁、抗黏附、防污抑菌、防水等优良特性，因而引起了人们的极大关注和研究兴趣。大自然的长期演变和进化，为人类提供了各种各样的、化学组成和物理结构完美结合的超疏水表面。其中，有人们所熟悉的荷叶，它具有异乎寻常的疏水性和较小的滚动接触角，并能保持不被沾污的自洁功能，即所谓的"荷叶效应"（lotus effect）。超疏水表面所具有的非润湿和自清洁特性使其可以广泛地应用于人类的日常生活和生产中。因此，研究和开发实现超疏水的新方法，并将超疏水特性应用到各种材料表面，对于开拓超疏水新材料的应用和发展具有重要的意义。

目前，有很多研究都集中于在刚性基质的材料上构筑超疏水的结构；与此同时，以纤维材料为基质制备柔性的超疏水表面也吸引了学术界和企业界越来越多的关注。具有超疏水功能的纤维基材料，特别是超疏水的纺织品，在工业生产、医疗、军用产品方面和日常生活中都具有重要的应用。以医疗领域的应用为例，细菌传播和感染是一个严重的问题，而具有超疏水功能的纺织物也许可以作为新材料应用在医用防护制品（如手术服、手术口罩等）上，来防止病菌附着在织物表面，避免提供给细菌成长繁殖的条件和机会。超疏水织物所具有的各种优良特性，是目前功能纺织品研究的重要领域之一。其中，超疏水织物表面的制备方法是研究的关键。也就是说，如何经济、有效地得到微米-纳米二元阶层结构表面是研究者主要关心的问题。目前，在纺织品的改性方面应用较多的是溶胶-凝胶法，且主要是针对棉织物表面进行改性。通常利用棉纤维表面的极性基团，将溶胶-凝胶法所制备的疏水改性纳米粒子牢固结合到纤维表面，从而获得超疏水的棉织物。聚对苯二甲酸乙二醇酯（PET，俗称涤纶），纤维在纺织业、包装业和医疗等领域的应用已经得到了快速发展。PET 纤维纺织品的功能化改性、特别是超疏水的功能化改性，将会极大地拓展 PET 纺织品的应用范围和发展前景，但相关研究还鲜见报道。这是因为 PET 纤维表面没有像棉纤维表面那样具有足够的极性基团（如羟基等）可以用来牢固结合疏水性的修饰材料。

另一方面，传统的疏水处理主要采用有机硅或含氟化合物，虽然改性效果较好，但价格昂贵，且在材料表面构筑微纳米结构的方法普遍较为繁琐和困难。因此，在纺织物的超疏水功能化改性技术的探索方面以及这一技术的工业化应用方面仍有许多工作要做。除了要解决产品耐久性问题以外，还有许多诸如大面积制备、实用性、原材料成本等一系列问题都需要考虑。

三、仪器与试剂

1. 仪器

接触角测量仪、场发射扫描电镜（FE-SEM）、涤纶聚酯（PET）无纺布（40 cm×40 cm）、恒温磁力搅拌器

2. 试剂

十六烷基三甲基溴化铵（CTAB）、正硅酸甲酯、正硅酸乙酯、无水乙醇、氨水、氢氧化钠、氢氧化钾、甲基三甲氧基硅烷

四、实验步骤

称取 10 g NaOH 和 2 g 十六烷基三甲基溴化铵（CTAB）溶解于 2000 mL 去离子水中，水浴加热至 80 ℃后，将 40 cm×40 cm 的方片大小 PET 无纺布（由浙江杭州翔盛公司

提供）浸入其中，5 min后取出并用大量清水冲洗，得到经碱减量处理的PET无纺布。采用场发射扫描电镜（LEO 1530 VP）放大5000倍观测样品表面微观形貌特征，未经任何处理的PET织物的纤维表面的SEM图，表面平整光滑；经过碱减量处理得到的PET纤维表面，出现了明显的刻蚀痕迹，表面的粗糙度增加，实现在纤维表面羟基化的目的，为后续疏水改性纳米粒子能够牢固结合到纤维表面提供极性基团接枝位点和比表面积。

然后将碱减量处理的PET无纺布浸泡在含140 g正硅酸甲酯、5 g正硅酸乙酯和200 g无水乙醇的溶液中，于70 ℃的恒温磁力搅拌条件下缓慢滴加30 g浓度为1.0%的KOH溶液，反应48 h之后，滴加140 g甲基三甲氧基硅烷，继续反应3 h；结束反应，取出无纺布，在115 ℃下烘干1 h；再经乙醇洗涤，即可制得疏水性PET无纺布材料。采用场发射扫描电镜（LEO1530VP）放大1000倍观测样品表面微观形貌特征，经过溶胶凝胶法制得的超疏水PET纤维表面，从图中可看到纤维表面分布着SiO_2粒子，并可观察到大小不同的SiO_2粒子互相团聚在一起，使表面变得更加粗糙，形成微纳米结构，从而使PET无纺布具有超疏水特性。

采用接触角测量仪测定所制备的疏水改性的PET表面接触角。

五、结果讨论

影响固体表面超疏水性能的因素有以下三点：固体表面物理结构、化学组成以及外界环境的影响。其中起决定作用的是固体表面的物理结构和化学组成。

1.通过对自然界中超疏水现象的观察与探究，人们发现自然界中绝大多数超疏水现象一般都具有微纳两级粗糙结构，并且不同微观形貌的超疏水性能存在差异，因此如何构造合适的微纳粗糙结构来获得最优的疏水性能是制备超疏水表面的关键。

2.固体表面化学组成决定了固体表面张力（也称固体表面自由能）的大小，固体表面张力反映了固体分子对液体分子间的作用力，在固体表面微纳结构相同的情况下，固体表面张力的值越小，固体分子对液体分子的作用力就越小，固体表面就越难被液体润湿，固体表面疏水性能就越好。固体表面使用低表面能物质进行表面修饰也可以得到超疏水性更好的表面，常用的低表面能物质主要有以下几种：含氟类、硅氧烷类、脂肪酸类、芳香族化合物等，其中含氟类和硅氧烷类使用最多。

3.除了固体表面的微纳粗糙结构和化学组成外，外界环境的变化对固体表面疏水性能也有一定的影响，例如温度、湿度、压强、光、重力、振动、电场等外界环境的变化。

另外，采用接触角测量仪测定所制备的疏水改性的PET表面接触角，所得数据很高。该表面对水的滚动角很小，在5°左右，使得水滴很容易从表面上快速滚落。没有经过任何处理的PET表面，水滴能够润湿其表面。

[思考题]

1.PET织物经过多次洗涤后，接触角变化大吗？

2.通过改性的PET织物，在实际应用中能否放大生产？

3.该种改性方法有何特点？

实验48 普通洗衣粉临界胶束浓度的测定

一、实验目的

1.通过实验了解表面活性剂临界胶束浓度（CMC）的意义及常用的测定方法；

2.用两种实验方法测定普通洗衣粉溶液的CMC。

二、实验原理

凡能显著改变体系表面（或界面）状态的物质都称为表面活性剂。洗衣粉是我们身边常见的清洁产品，与我们的生活密切相关，其活性成分为阴离子型表面活性剂和非离子型表面活性剂。由于表面活性剂分子的双亲结构特点，有自来水中逃离水相而吸附于界面上的趋势，但当表面吸附达到饱和后，浓度再增加，表面活性剂分子无法再在表面上进一步吸附，这时为了降低体系的能量，活性剂分子会相互聚集，形成胶束。开始明显形成胶束的浓度称为临界胶束浓度（CMC）。

临界胶束浓度（CMC）可以看作是表面活性剂溶液的表面活性的一种量度。因为CMC越小，则表示此种表面活性剂形成胶束所需浓度越低，达到表面饱和和吸附的浓度越低。也就是说只要很少的表面活性剂就可以起到湿润、乳化、加溶、起泡等作用。对于洗衣粉，其CMC越小，其去污效率越高。临界胶束浓度还是含有表面活性剂水溶液的性质发生显著变化的一个"分水岭"。体系的多种性质在CMC附近都会发生一个明显的变化，因此可以此来确定CMC。测定CMC的方法有很多，如：电导率法、电阻法（与电导率法相似，只是所用仪器不同）、表面张力法、黏度法等等。

有资料表明普通洗衣粉的临界胶团浓度一般为0.2%，即2 g/L，因此在实验中可以此作为溶液浓度的配制范围。在测定过程中，电导率法、电阻法、黏度法还可以采用逐步稀释的方式进行测试。

电导法测表面活性剂临界胶束浓度是指利用离子型表面活性剂水溶液的电导率随浓度的变化关系，作$\kappa - c$曲线或$\varLambda_m - c^{1/2}$曲线，由曲线转折点求出CMC值。对电解质溶液，其电导能力用电导G衡量：

$$G = \kappa\left(\frac{A}{L}\right)$$

其中，κ（$S\cdot m^{-1}$）是电导率，A/L（m^{-1}）是电导池常数。在恒定温度下，稀的强电解质溶液的电导率κ与摩尔电导率Λ_m的关系是：

$$\Lambda_m = \frac{\kappa}{c}$$

其中Λ_m的单位为$S\cdot m^2\cdot mol^{-1}$；c为溶液浓度，单位为$mol\cdot L^{-1}$。

若温度恒定，在极稀的浓度范围内，强电解质溶液的摩尔电导率Λ_m与其浓度的平方根呈线性关系。对于胶体电解质，在稀溶液时的电导率、摩尔电导率的变化规律与强电解质一致，但是随着溶液中胶团的生成，电导率和摩尔电导率发生明显变化，这就是确定CMC的依据。

由图7.5中摩尔电导率-表面活性剂浓度曲线可知，溶液的电导率在某点发生显著下降，此点所对应的浓度即为临界胶束浓度（CMC）

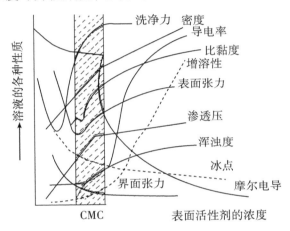

图7.5 摩尔电导率-表面活性剂浓度曲线

紫外吸收分光光谱也是确定表面活性剂CMC值的一种简单、准确的有效方法，可测定多种表面活性剂的CMC值。该方法的关键是寻找一种理想的光度探针，本实验采用CTAB溶液作为探针。其λ_{max}对表面活性剂聚集体微环境下的性质很敏感，其敏感性越强，对CMC的测定越可靠。研究利用紫外吸收分光光谱仪在CTAB溶液存在的情况下可以测定阴离子表面活性剂十二烷基硫酸钠（SDS）的CMC。

温度对表面活性剂水溶液CMC的影响是复杂的，开始时CMC随温度的升高而下降，中间经过一最小值，然后随温度升高而增大。因为温度升高既可使亲水基水化程度减小，促使胶团形成，同时又使疏水基周围的结构水破坏，妨碍胶团的形成。这两个相反效应的相对大小决定温度升高是使CMC升高还是降低。对于离子型表面活性剂最低的CMC值对应温度在20～30℃范围内。

三、仪器与试剂

1.仪器

电导率测试装置一套、惠斯登电桥一套、最大气泡表面张力测试装置一套、溶液黏度测试装置一套

2.试剂

普通洗衣粉、十二烷基硫酸钠（SDS）

四、实验步骤

1.电导法测十二烷基硫酸钠的CMC值

（1）配制溶液

母液（0.1 mol/L的SDS溶液）的配制：准确称取5.7678 g SDS于锥形瓶中，加水溶解，转移至容量瓶中，加水至1000 mL。

用0.25 mol/L的SDS母液分别配制0.002 mol/L、0.004 mol/L、0.005 mol/L、0.006 mol/L、0.007 mol/L、0.008 mol/L、0.009 mol/L、0.010 mol/L、0.011 mol/L、0.012 mol/L、0.014 mol/L、0.016 mol/L十二烷基硫酸钠100 mL。分别量取2 mL、4 mL、5 mL、6 mL、7 mL、8 mL、9 mL、10 mL、11 mL、12 mL、14 mL、16 mL母液于100 mL容量瓶中加水稀释至100 mL。

（2）将超级恒温槽与恒温电导池接通，调节恒温槽水温到测定需要的温度25 ℃（根据实验需要设定）。

（3）用蒸馏水淌洗电导池和电导3次（注意不要直接冲洗电极，以保护铂黑）。再用0.002 mol/L的SDS溶液淌洗3次。往电导池中倒入适量0.002 mol/L的SDS溶液（使极板全部浸在溶液中），插好电导电极，恒温至少10 min。

（4）打开电导率仪的开关，选择最大量程，将"校正-测量"开关扳至"校正"位置，将"温度补偿"旋钮调到25 ℃。根据所用电极上标明的电极常数，调节"常数校正"旋钮至相应数值。

（5）将"校正-测量"开关扳至"测量"位置，调节"量程选择"旋钮，根据仪器显示的有效位数，确定适当量程，此时仪器显示的数值即为该溶液的电导率。

（6）将"校正-测量"开关扳至"校正"位置，倒掉电导池中的溶液，插好电极，恒温10 min后，按步骤（4）和（5）测定其电导率。按由稀到浓的顺序，测定其他浓度的电导率。

（7）将恒温水浴温度调到45 ℃，按（3）—（6）步骤分别测定45 ℃下的电导率。

（8）测量结束后，把电极浸泡在蒸馏水中。关闭电导率仪和超级恒温槽。

2.分光光度法测十二烷基硫酸钠的CMC值

（1）开启分光光度计电源开关，预热15 min。

（2）根据界面提示，按"2（光谱测量）"，按"F1（设定参数）"："1.光度方式：Abs；2.扫描速度：快；3：采用时间：1或0.5；4：波长范围：200～400 nm"。通过按数字键的箭头确定设定内容。按"Return"返回。

（3）将比色皿洗净，用蒸馏水润洗，用擦镜纸擦干比色皿外面的水，然后在比色皿中放入蒸馏水，作为空白，放在第一个测量孔中，按"AUTOZERO（基线扫描）"。此时界面无扫描图出现，相当于扣除背景。注意：一定要等界面出现"按键盘操作"提示后再进行操作，否则容易死机。

（4）用待测溶液润洗比色皿，放入样品，用擦镜纸擦干比色皿外面的水，放在第一个测量孔中，按"START"，出现扫描图。注意：一定要等界面出现"按键盘操作"提示后再进行操作，否则容易死机。

（5）按照界面操作提示，读出峰值及相应的吸光度。按"F2（峰值）""请输入阈值：1"，按箭头，找出每个峰的峰值及吸光度。按"Return"返回到测量界面。根据界面提示，按"Enter"关闭电源。注意：一定要读出所需数据后，再按"Enter"，仪器不能保存数据。

五、数据处理

1.将测得各浓度的十二烷基硫酸钠水溶液的电导率按 $\Lambda_m = \dfrac{\kappa}{c}$ 关系式换算成相应浓度 c 时的摩尔电导率，并将各数据列表。

2.根据表中的数据作 $\kappa\text{-}c$ 图和 $\Lambda_m\text{-}c$ 图，由曲线转折点确定临界胶束浓度的（CMC）的值。

3.记录不同浓度的表面张力。

4.记录测定时的温度。

温度：

实验编号	表面活性剂浓度	电导率	表面活性张力
1			
2			
3			
4			
5			
6			
7			
8			

[思考题]

1.普通洗衣粉中含有少量不溶性物质，在溶液的配制过程中你是如何处理的？

2.表面活性剂的临界胶团浓度的测定，除了上面介绍的几种方法以外，还有哪些方法？

实验49　洗手液的配制及性能测定

一、实验目的

1.通过查阅相关文献来探究洗手液的基本组成及其洗涤原理；

2.确定洗手液的配方，并对制得的洗衣液性能进行测试。

二、实验原理

随着社会的进步和科技的发展，人们对洗涤剂的要求越来越高，不但要求去污能力好，还要求具有不伤手、保湿、护肤、杀菌、除味等多种功能，而且还要绿色环保、无磷。因此，洗涤剂的种类越来越多，洗手液进入了人们的日常生活，通过对各组分的控制，调节其功能，改善了传统洗涤剂对人身体有危害的弊端，拓宽了洗涤用品市场，带动了人们新的洁净观念，满足了不同人群的不同需求。

液体洗手液由水、表面活性剂、助洗剂、增稠剂、香精、色素等构成。通过对各组分的控制，可调节其功能。

其主要成分是表面活性剂，近年来国内外加快了对表面活性剂的研制及生产，其产量和品种增长迅速。它是一种负载"功能"型化工材料，可有效地改进相关行业的生产工艺，提高效率，改善环境并节约能源。表面活性剂是双亲结构，其分子结构包括长链疏水基团和亲水性离子基团或极性基团两个部分。但具有双亲结构的分子不一定都是表面活性剂。表面活性剂的疏水基主要为烃类，来自油脂化学制品或石油化学制品，烃类有饱和烃和不饱和烃。饱和烃包括直链烷烃、支链烷烃和环烷烃，其碳原子数大都在8～20之间。不饱和烃包括脂肪族和芳香族，双键和三键有弱亲水作用，有助于降低分子的结晶性。亲水基种类很多，有离子型（阴性、阳性和两性）及非离子型两大类。按表面活性剂在水溶液中能否解离及解离后所带电荷类型可分为阴离子型表面活性剂、阳离子型表面活性剂、两性离子型表面活性剂、非离子型表面活性剂；按表面活性剂在水和油中的溶解性可分为水溶性表面活性剂和油溶性表面活性剂。

洗涤剂要具备良好的润湿性、渗透性、乳化性、分散性、增溶性及发泡与消泡等性能，这些性能的综合就是洗涤剂的洗涤性能。

表面活性剂在洗手液中的作用机理：洗手液中的分子由亲水的基团和疏水的集团组

成，当洗手液涂在手上时，疏水的集团（亲油性）把手上的油脂包裹起来，同时亲水的基团留在外面，当用水洗的时候，亲水基团和水解和就把油脂带到水中了。

此外，洗手液中还要含有基体（液体类，如醇类、酮类、去离子水、矿物油）和油脂类（如椰子油等各种植物油、动物油两种）、粉体（淀粉、高岭土、二氧化硅等）、防腐剂（抗细菌防腐剂和抗氧化防腐剂）、香料（植物香料、食用香精、日用香精、合成香料、精油等，主要是遮盖不好闻的味道，增强产品的可用性）、溶剂（包含水、醇、酮、油类四种，洗手液中的高级烃通常是用18烷到60烷之间的这些烷类）、增稠剂（最常用的增稠剂是无机盐，如 $NaCl$、NH_4Cl、KCl 等，其价格便宜、增稠效果好且使用方便，CMC和可溶性淀粉等）。

三、仪器与试剂

1.仪器

加热搅拌器、表面张力仪、温度计、烧杯、天平、pH试纸、玻璃棒、旋转黏度计

2.试剂

十二烷基苯磺酸钠（LAS）、烷基聚氧乙烯醚硫酸钠（AES）、椰子油脂肪酸二乙醇酰胺（6501）、甘油、苯甲酸钠、氯化钠、乙二醇单（双）硬脂酸酯（珠光剂）、香精、盐基玫瑰红、苹果绿

四、实验步骤

1.洗手液配方设计

（1）基本配方

根据表面活性剂的原理，可知 LAS：AES=6：4～9：1时复配体系对油和水的界面张力有明显的增效作用。教材提示知 LAS：AES=6：5而 AES：6501=5：1时可使产品具有较好的黏度和低温稳定性。以此可确定 AES（70%）与 LAS（35%）与 6501的量。而通过 NaCl来调节黏度使之达到较合适的值。AES在碱性溶液中是稳定的，但在酸性溶液中容易水解。苯甲酸钠水解后呈碱性。

原料	含量/%	主要作用
AES(70%)	10	去污
LAS(35%)	12	去污
6501	2	助洗
甘油	2	护肤
苯甲酸钠	0.5	防腐
NaCl	适量	增稠
珠光剂	适量	增色
香精	适量	增香
盐基玫瑰红或苹果绿	适量	调色
去离子水	至100	溶剂

（2）配制方法

①以配制100 g产品为基准。用200 mL的烧杯，按配方要求用加量法分别称取 10.0 g AES、12.5 g LAS 和 0.5 g 苯甲酸钠。

②在称好原料的烧杯中加入 60 g 去离子水，在电炉上加热至 60～70 ℃，搅拌使原料全部溶解。

③适当降温后，用加量法加入 2 g 6501，2 g 甘油和 1 g 珠光剂，搅拌均匀。

④加入余量（约 10 g）去离子水、适量香精和盐基玫瑰红，搅拌均匀。

⑤搅拌下缓慢加入 NaCl（先加 1 g 再边测黏度边加 NaCl 直到达到最大黏度）。

2.洗手液的性能测定方法

为高效地完成实验项目，测定次序选为：固含量；黏度；表面张力；泡沫高度；pH。

（1）固含量的测定

用分析天平称取小烧杯的质量，再加入 m_1 的洗手液于烧杯中，再放入烘箱中，105 ℃灼烧 3 h，取出，冷却到室温，称重。最后质量为 m_2。

$$固含量=\frac{m_2}{m_1}\times100\%$$

（2）黏度的测定

采用 NDJ-1 型旋转黏度计进行测定。

操作步骤如下：

①旋转升降钮，使仪器缓慢上升。

②放入装待测液的烧杯。

③旋转升降钮，使仪器缓慢下降。转子逐渐浸入被测液体中，直至转子液面标志和液面相平为止（转子浸入液面 2 mm）。

④调整仪器水平。

⑤开启电机开关。

⑥经过多次旋转，待指针趋于稳定读数 α。

黏度的计算　　　　$\eta = K \cdot \alpha$

绝对黏度 η(mPa·s)，K 为系数，本实验所用的仪器 $K = 5$，α 为读数。

3.表面张力的测定

用最大气泡法测定溶液的表面张力。

（1）原理

将毛细管的端面与液面相切，液面即沿毛细管上升，打开抽气滴液漏斗的活塞，让水缓慢滴下使毛细管内的溶液受到的压力比样品中的试样液面上的大。当此压力差于毛细管端面上产生的作用力稍大于毛细管口液体的表面张力时，毛细管口的气泡即被压出。调节毛细管口逸出的气泡速度，以 3～5 s 一个为宜，压差的最大值 p_{max} 可从压力计上读出。

$$p_{max} = p_{大气} - p_{系统} = \Delta\rho g h$$

式中，Δh 是 U 形压力计差值，ρ 为压力计内介质的密度，g 为重力加速度。

若毛细管的内径为 r，则这个最大压力差产生的驱使气泡逸出液面的作用力应为：

$$F = \pi r^2 p_{max} = \pi r^2 \Delta\rho g h$$

气泡在毛细管口受到表面张力引起的作用力应为：

$$F = 2\pi r\sigma$$

在气泡刚离开管口的时候，上述两作用力相等，即：

$$\pi r^2 \Delta\rho g h = 2\pi r\sigma$$

$$\sigma = \frac{1}{2} r\rho g \Delta h$$

在实验中，若使用同一支毛细管和压力计，则 $\frac{1}{2} r\rho g$ 是一个常数，称为仪器常数，用 K 来表示：

$$\sigma = K\Delta h$$

如果将已知表面张力的溶液作为标准，在实验测定得其 Δh 后，就可求出 K 值，然后只要用同一仪器测定其他溶液的 Δh 值，即可求得各种溶液的表面张力 σ。

（2）试剂和仪器

待测洗手液；表面张力测定装置 1 套；500 mL 容量瓶 5 个。

（3）实验步骤

洗净表面张力仪的各部分，样品管内加入蒸馏水，使之刚与毛细管相切。打开抽气滴液漏斗的活塞，让水缓慢滴下，使毛细管口逸出的气泡速度以 3~5 s 一个为宜，记录压力计两侧最高和最低读数，求取 Δh，并同时记录温度。

同法测定各浓度洗手液的表面张力。

4.泡沫高度的测定

用已经配制 1/1000 的洗手液溶液，取其溶液 80 mL，加入 20 mL 自来水，在 250 mL 量筒中加入上述溶液 50 mL，塞住量筒口上下摇动 3 次，记下泡沫高度。

5.pH 的测定

按照 GB6383 以样品的 1% 水溶液，用玻璃棒蘸取溶液，滴在精密 pH 试纸上，再将其与标准比色卡比较，即可得到其的 pH 值。

五、数据处理

1.在室温、室压下，测得洗手液表面张力实验数据。

2.固含量的测定。

3.黏度测定。

4.洗手液各项性能指标。

洗手液的总活性物含量即为表面活性剂与助表面活性剂含量的总和，也就是AES、LAS、6501的总和；而黏度、泡沫高度、pH皆由仪器直接读出；固含量表中已给出；而外观、色泽、香型则可直接由观察得到。

[注意事项]

1. 洗净装置，仪器不漏气；
2. 所用毛细管必须干净、干燥，应保持垂直，要使毛细管端口刚好与液面相切；
3. 读取压力计的压差时，应取气泡单个逸出时的最大压力差。

第八章 研究性实验

实验50 稀土金属直接加氢制备纳米稀土金属氢化物

一、实验目的

1. 学会在无水、无氧条件下催化合成稀土金属氢化物的方法；
2. 学会用透射电镜研究稀土金属氢化物的微观结构。

二、实验原理

金属氢化物是指具有M—H键的一类化合物，分为简单氢化物和复杂氢化物。在简单氢化物中，又分为离子键氢化物（如LiH、NaH）、共价键氢化物（BeH$_2$）和贮氢合金（TiFe的氢化物）。复杂氢化物是指形如BH$_4^-$、AlH$_4^-$含有氢负离子的大的基团的化合物。

我国的稀土资源丰富，稀土纳米材料在我国也有许多研究，取得了不少成果，但目前还没有大规模工业化生产。由于稀土元素特殊的电子层结构及较大的原子半径，其化学性质与其他元素有很多不同之处。稀土元素本身具有丰富的电子结构，表现出许多光、电、磁的特性。稀土纳米材料更是表现出许多特异功能，如小尺寸效应、高比表面效应、量子效应、极强的光电磁性质、超导性、高化学活性等，比普通材料性能更加优异，能大大提高材料的性能和功能。稀土纳米材料广泛应用和改进在光学材料、发光材料、晶体材料、磁性材料、电池材料、电子陶瓷、工程陶瓷、催化剂等高新材料领域，在未来的诸高新技术领域中，将发挥独特的作用。根据研究报道，镧系金属氢化物的合成通常是在高温下（300 ℃）由镧系金属和氢气直接反应，在氢气气氛中冷却而制备，但未见文献报道这些氢化物的颗粒大小和比表面积。曾按照文献报道的方法合成出氢化镧，经测试得其颗粒大小约为50 μm，因其比表面积太小而无法用BET法测定。近年来，纳米尺寸物质因其特殊的性质和潜在的应用前景已引起人们的广泛关注，并显示出其比传统方法制得的对应物更高的化学活性。显然纳米尺寸镧系金属氢化物的合成将在许多领域获得新的应用。本实验在无氧、无水条件下催化合成纳米尺寸的镧系金属氢化物，并考察了温度等对其催化合成反应的影响。

工业上，绝大多数金属氢化物是由金属和氢气直接反应而制备。金属和氢直接反应：高温条件下，金属与氢气直接化合而成，得到金属氢化物：

$$M(s) + n/2\ H_2 \longrightarrow MH_n(s)$$

镧系金属的应用范围已经扩展到科学技术的各个方面，尤其近代一些新型材料的研制和应用，镧系金属已成为不可缺少的原料。镧系金属作为材料，其性质和功能的应用将在21世纪具有重大的科学意义和应用前景。就目前来看，这类化合物的用途主要为：①作为均相络合催化剂；②作为有机合成的中间产物或试剂；③作为核磁共振研究方法的位移试剂。

三、仪器与试剂

1.仪器

Ar气保护装置（氩气经5Å分子筛和线状金属铜柱脱除微量氧和水后使用）、电子透射显微镜（TEM）、X射线衍射（XRD）机

2.试剂

镧、钕、钐、镝、镱（化学纯，北京有色金属研究总院产品）、四氢呋喃、1，4-二氧六环、吡啶、甲苯、四氯化钛

四、实验步骤

以合成氢化镧为例。块状金属镧（纯度>99.5%），锯成屑状，立即称取3.5 g（0.25 mol）加到已抽空并充满Ar气的反应瓶中，抽真空1.5 h，将反应瓶与恒压氢气量管接通，用干燥注射器通过带有硅橡胶进样口加入15 mL四氢呋喃和0.015 mL（0.125 mol）四氯化钛（TiCl₄），用油浴控制45 ℃恒温，打开磁力搅拌器并立刻计时，反应的吸氢量由恒压氢气量管直接读出。待金属镧不再吸氢后，在Ar气保护下将整个反应液转移到单口离心瓶中，离心分离（15 min，5000 r/min），用四氢呋喃洗涤固相2次，每次取四氢呋喃8 mL，离心15 min，80 ℃油浴真空干燥1 h得氢化镧黑色固体粉末。用同样的方法合成氢化钕、氢化钐、氢化镝、氢化镱。

五、结果讨论

1.选择镧、钕、钐、镝、镱五种镧系金属进行实验，它们分别代表了轻镧系元素、中镧系元素和重镧系元素，基本上可以反映镧系金属催化加氢反应的大致规律。

2.通过实验发现，在常温常压条件下，在四氢呋喃溶剂中，TiCl₄催化剂作用下5种镧系金属都可以与氢气直接反应合成出相应的纳米尺寸的镧系金属氢化物。

3.透射电镜测试结果表明，所得镧系金属氢化物的基本颗粒直径在20～40 nm范围之间，与气–固相法合成的镧系金属氢化物相比，在THF中镧系金属的氢化反应得到的氢化物颗粒尺寸更小，可能是THF的溶剂效应使得颗粒难以团聚。

4.采用BET法测定了氢化镧的比表面积为9.2 m²/g，与相当颗粒尺寸的碱金属氢化

物的比表面积数值相比似乎不是很大，因为镧系金属的密度和相对原子质量较大，而比表面积是基于待测物质的单位质量测定的值。

表1　5种镧系金属完全加氢反应的结果

镧系金属	时间/h[a]	镧系金属氢化物
La	58	$LaH_{2.84}$
Nd	68	$NdH_{2.80}$
Sm	120	$SmH_{2.72}$
Dy	173	$DyH_{2.82}$
Yb	262	$YbH_{2.55}$

催化加氢的条件：45 ℃，常压15 mL THF，$TiCl_4$ 0.015 mL$[n(La):n(TiCl_4)=1\ 000:5)$。

h[a]时间为吸氢停止的时间。

5.为了研究不同温度下镧系金属加氢催化反应的情况，选择20 ℃、45 ℃、50 ℃ 3种反应温度进行实验（温度太高，四氢呋喃容易挥发）。实验结果表明，将反应温度由45 ℃提高到50 ℃时，金属镧催化加氢反应速率变化不十分明显；当控制反应温度到20 ℃时反应速率稍有降低。由此可见，温度对金属镧催化加氢反应的影响不大，说明该反应的活化能较小。

[思考题]

1.镧系金属加氢催化反应一般选择哪种催化体系？

2.催化剂的用量对镧系金属催化加氢反应的影响如何？

实验51　固体酒精的制备及燃烧热的测定

一、实验目的

1.了解彩色固体酒精的制备原理、用途，掌握其制备方法；

2.了解燃烧热的定义、氧弹量热计的结构、工作原理，学会用氧弹量热计测定固体酒精的燃烧热。

二、实验原理

1.固体酒精的制备

酒精的学名是乙醇，燃烧时无烟无味，安全卫生，但由于是液体，较易挥发，携带不便，如制成固体酒精，降低了挥发性且易于包装和携带，使用更加安全。

固体酒精，即让酒精从液体变成固体，是一个物理变化过程，其主要成分仍是酒精，化学性质不变。其原理为：用一种可凝固的物质来承载酒精，包容其中，使其具有一定的形状和硬度。硬脂酸与氢氧化钠混合后将发生下列反应：

$$C_{17}H_{35}COOH + NaOH \longrightarrow C_{17}H_{35}COONa + H_2O$$

反应生成的硬脂酸钠是一个长碳链的极性分子，室温下在酒精中不易溶。在较高的温度下，硬脂酸钠可以均匀地分散在液体酒精中，而冷却后则形成凝胶体系，使酒精分子被束缚于相互连接的大分子之间，呈不流动状态而使酒精凝固，形成了固体状态的酒精。

2.燃烧热测定

1 mol 物质完全氧化时的反应热称为燃烧热。

恒压条件下测定的燃烧热称为恒压燃烧热：$Q_p = \Delta H$

恒容条件下测定的燃烧热称为恒容燃烧热：$Q_V = \Delta U$

$$\Delta H = \Delta U + \Delta(pV)$$

若把参加反应的气体和反应生成的气体作为理想气体处理，则有下列关系式：

$$Q_p = Q_V + \Delta nRT$$

Δn 为反应前、后生成物和反应物中气体的物质的量之差。

氧弹热量计的基本原理是能量守恒定律，样品完全燃烧后所释放的能量使得氧弹本身及其周围的介质和热量计有关附件的温度升高，则测量介质在燃烧前、后体系温度的变化值，就可求算该样品的恒容燃烧热，其关系式为：

$$Q_V = [c_w(H_2O) \times m(H_2O) + Cs] \times DT$$

式中　　$c_w(H_2O)$：水的质量热容；

　　　　$m(H_2O)$：水的质量；

　　　　Cs：氧弹及内部物质和金属容器组成的物质系统的总热熔。

三、仪器与试剂

1.仪器

三颈烧瓶（150 mL）、回流冷凝管、DF-1012集热式恒温加热磁力搅拌器、搅拌磁子、天平、烧杯（100 mL）、氧弹量热计、贝克曼温度计或数字精密度/温差测量仪、容量瓶

2.试剂

硬脂酸（化学纯）、酒精（工业品、90%）、氢氧化钠（分析纯）、酚酞（指示剂）、硝酸铜（分析纯）、苯甲酸（分析纯）、棉纱、引火丝、氧气（钢瓶）

四、实验步骤

1.彩色固体酒精的制备

（1）用蒸馏水将硝酸铜配成10%的水溶液。将氢氧化钠配成8%的水溶液，然后用工业酒精稀释成1∶1的混合溶液。将1g酚酞溶于100 mL 60%的工业酒精中。

（2）分别取5g工业硬脂酸、100 mL工业酒精和2滴酚酞置于150 mL的三颈烧瓶中，水浴加热，搅拌，回流。维持水浴温度在70℃左右。

（3）待到硬脂酸全部溶解后，立即滴加事先配好的氢氧化钠混合溶液，滴加速度先快后慢，滴至溶液颜色由无色变为浅红又立即褪掉为止，继续维持水浴温度在70℃左右，搅拌。

（4）回流反应10 min后，一次性加入2.5 mL 10%硝酸铜溶液再反应5 min后，停止加热。停止加热后，逐渐有蓝色固体析出。

（5）冷却至60℃，再将溶液倒入模具中，自然冷却后得嫩蓝绿色的固体酒精。

2.燃烧热的测定

（1）样品压片和装置氧弹

①称取0.8～1.2 g的固体酒精（不得超过1.2 g）；

②量取引火丝的长度，中间用细铁丝绕几圈做成弹簧形状；

③对称好的固体酒精样品进行压片（压得不能太紧也不能压得太要松）；

④再次称量压好片的固体酒精样品；

⑤将样品上的引火丝两端固定在氧弹的两个电极上，引火丝不能与坩埚相碰；

⑥将氧弹内加3000 mL蒸馏水，将氧弹盖盖好。

（2）氧弹充氧气

①旋紧氧弹；

②将氧气表出气孔与氧弹进气孔用进气导管连通，此时氧气表减压阀处关闭状态（逆时针旋松）；

③打开氧气瓶总阀（钢瓶内压不小于3 MPa），沿顺时针方向旋紧减压阀至减压表压为2 MPa，充气1 min，然后逆时针旋松螺杆停止充气；

④旋开氧弹上进气导管，关掉氧气瓶总阀，旋紧减压阀放气，再旋松减压阀复原。

（3）装置热量计

①看指示灯是否亮，确定仪器是否接通；

②用容量瓶准确量取低于室温0.5～1.0℃的水3000 mL，装入量热计内桶；

③装好搅拌器，盖好盖子；

④将数字型温差仪探头插入桶内，总电源开关打开，开始搅拌；

⑤确定数字型温差仪的采零温度，打开记录温度的软件，计时开始。

（4）点火燃烧和升温的测量

①计时2 min后，按振动点火开关（4～5 s）；

②按振动点火开关，点火指示灯亮1 s左右又熄灭，而且量热计温度迅速上升，表示氧弹内样品已燃烧；

③观察温度变化至温度读数差值小于0.001 ℃时可停止读数，结束实验。

（5）整理设备，准备下一步实验

①停止搅拌，关掉总电源开关；

②取出氧弹，并打开放气阀放气；

③观察燃烧情况，取出剩余的引火丝，并准确量取剩余长度；

④倒掉氧弹和量热计桶中的水，并擦干、吹干。

五、实验结果

由于固体酒精制备过程中滴加了过量的氢氧化钠，溶液略微呈现红色，于是加了少量硬脂酸，溶液的颜色变回了无色。最后做出来的固体酒精如图8.1所示，为浅蓝绿色。

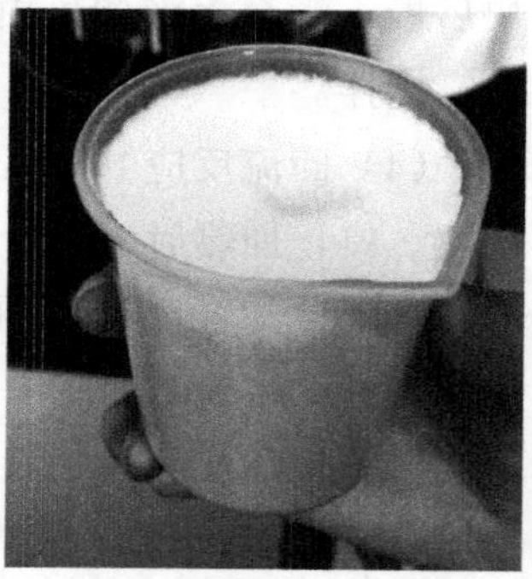

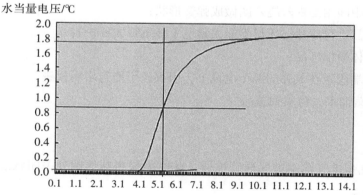

图8.1　固体酒精

六、数据处理

水当量电压/℃

0.1 1.1 2.1 3.1 4.1 5.1 6.1 7.1 8.1 9.1 10.1 11.1 12.1 13.1 14.1

——水当量·电压（Y/℃）

水当量时间/min

图8.2　苯甲酸的雷诺温度校正图

苯甲酸	
质量	1.0036 g
铁丝初始长度	12.51 cm
铁丝剩余长度	2.65 cm
室温	25.75 ℃
采零温度	24.94 ℃

计算出 Q_p、Q_V、铁丝的燃烧热 Q_1，水当量 $C_{计}$。

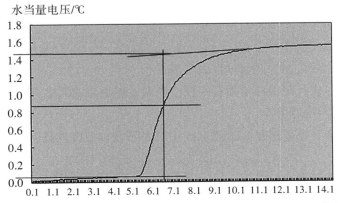

图8.3 固体酒精的雷诺校正图

固体酒精	
质量	0.8956 g
铁丝初始长度	12.70 cm
铁丝剩余长度	1.40 cm
室温	25.78 ℃
采零温度	24.89 ℃

计算出固体酒精的恒容燃烧热 Q_V。

[注意事项]

本次实验比较简单，流程较少。在制备固体酒精的过程中，固体酒精的颜色取决于向其中加入的染色剂的颜色。因此，在制备过程中，加入带有不同颜色的染色剂，则可以制得各种颜色的固体酒精。本次实验，用硝酸铜做染色剂，故得到了浅蓝绿色的固体酒精。之后利用氧弹法测定固体酒精的燃烧热。实验测得所得固体酒精恒容燃烧热为 -1138.81 kJ·mol^{-1}，而根据有关资料知道酒精的燃烧热为 -1366.8 kJ·mol^{-1}，实验数值比资料的小。存在的可能有：（1）与制作固体酒精时滴加过量的氢氧化钠有关，且不同的染色剂对固体酒精的燃烧热的测定也存在一定影响。（2）在称量固体酒精时，酒精是时刻在挥发的，所以参与燃烧时的酒精其实是比称量的数值要小。（3）实验过程中存在各种误差，包括铁丝长度测量的误差，物品质量称量的误差，尤其是实验数据处理中做雷诺校正图时存在较大的偏差，导致最终结果存在一定偏差。

（一）固体酒精制备注意事项

1.NaOH溶液和酚酞等溶液可以2组分工合作；

2.实验室不准用明火，不准将酒精带走；

3.模具大家自己随便制作一个；

4.由于合成反应比较快速，同学分批去吃饭；

5.测量燃烧热的时候，每组同学须有一位已经做过燃烧热的同学，且4人一组。

（二）氧弹量热计注意事项

1.样品按要求称取，不能过量，过量会产生过多热量，温度升高会超过贝克曼温度计的刻度；

2.样品压片时不能过重或过轻；

3.引火丝与样品接触要良好，且不能与坩埚等相碰；

4.如实验失败需要重新做的话，应把氧弹从水桶中提出，缓缓旋开氧弹上盖的放气阀，使其内部的氧气彻底排清，才能重新再做，否则开不了盖；

5.往水桶内添水时，应注意避免把水溅湿氧弹的电极，使其短路；

6."点火"要果断。

实验52　食品热值的测定

一、实验目的

1.用氧弹热量计测定固体食物的热值；

2.明确燃烧热的定义，了解恒压燃烧热与恒容燃烧热的差别；

3.了解氧弹热量计的原理、构造及使用方法。

二、实验原理

食物热值是表示食物所含能量的指标，指1g食物在体内氧化时所释放的热量。通常用热量计测定，用J/g表示。例如糖类的热值约为17.16 J/g，脂肪的热值约为38.90 J/g，蛋白质的热值约为17.16 J/g。

本实验中用于测定食物热值的是氧弹热量计，它属于恒容、恒温夹套式量热计，在热化学、生物化学以及石油化工等行业中应用广泛。氧弹热量计通过测定食物的燃烧热来测量食物的热值。

燃烧热是指1 mol物质完全氧化时的热效应。所谓完全氧化是指C变为CO_2（g），H变为H_2O（l），S变为SO_2（g），N变为N_2（g），金属如银等都成为游离状态。燃烧热的测定是热化学的基本手段，对于一些不能直接测定的化学反应的热效应，通过盖斯定律可以利用燃烧热数据间接算出。

由热力学第一定律可知，若燃烧在恒容条件下进行，体系不对外做功，恒容燃烧热等体系的改变，则

$$\Delta U = Q_V \qquad (1)$$

在绝热条件下，将一定量的样品放在充有一定氧气的氧弹中，使其完全燃烧，放出的热量使得体系（反应产物、氧弹及其周围的介质和热量计有关附件等）的温度升高（ΔT），再根据体系的热容（C_V，总），即可计算燃烧反应的热效应，则

$$Q_V = -C_V \Delta T \qquad (2)$$

上式中负号是指体系放出热量，放热时体系的内能降低，而 C_V 和 ΔT 均为正值，故加负号表示。

一般燃烧热是指恒压燃烧热 Q_p，Q_p 值可由 Q_V 算得：

$$Q_p = \Delta H = \Delta U + P\Delta V = Q_V + P\Delta V \qquad (3)$$

若以 mol 为单位，对理想气体：

$$Q_p = Q_V V + \Delta nRT$$

这样，由反应前、后气态物质物质的量变化 Δn，就可算出恒压燃烧热 Q_p。

反应热效应的数值与温度有关，燃烧热也不例外，其关系为：

$$\frac{\partial(\Delta H)}{\partial T} = \Delta C_p$$

式中，ΔC_p 是反应前、后的恒压热容差，它是温度的函数。一般来说，热效应随温度的变化不是很大，在较小的温度范围内，可认为是常数。

由于实验燃烧热测量的条件与标准条件的不同，为求出标准燃烧热，需将求得的实验燃烧热数据进行包括压力、温度等许多影响因素的校正。在精度要求不高的前提下，可以忽略这些因素的影响。

氧弹量热计如图8.4所示。根据热力学研究中一般分为体系和环境两个部分：内桶以内的部分，包括氧弹、搅拌棒、测温探头和内桶水等为体系；体系与外界以空气层隔绝，外桶、外桶水和控制面板等为环境。在热力学理想状态下，本实验应该在完全绝热状态下测定燃烧热，即体系与环境之间没有热交换。而实际测量装置中虽以空气层隔绝体系与环境，但仍存在热漏现象。因此，不能仅以体系温度变化值来计算燃烧热，常采用雷诺图解法来校正体系温度变化值，补偿热漏和搅拌等带来的温度偏差。氧弹内部构造见图8.5，氧弹是由耐高压耐腐蚀的不锈钢厚壁圆桶构成，氧弹盖与弹体圆桶以螺丝紧密结合在一起，具有良好密封性。氧气的进、出气孔在氧弹的上部，其构造原理类似车胎的气门芯。加压后氧气可以充入氧弹内，用专用放气螺帽按压进出气孔，即可放出所充氧气。氧弹上部还有两个点火插头插入孔，并连接至氧弹内的电极和引燃镍丝，通过放电引燃样品。

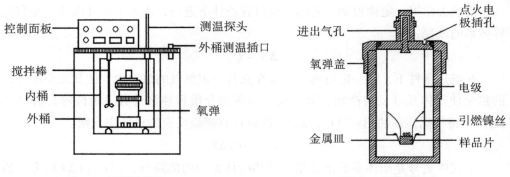

图8.4　氧弹量热计　　　　　　　　　图8.5　氧弹的构造

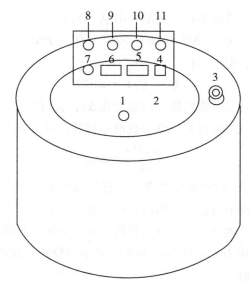

1.内桶测温插口；2.内桶盖；3.外桶测温插口；4.点火按键；5.电源开关；6.搅拌开关；7.点火电极正极；8.点火电极负极；9.搅拌指示灯；10.电源指示灯；11.电源指示灯

图8.6　氧弹量热计外观

三、仪器与试剂

1.仪器

氧弹热量计1台、氧气钢瓶1个、分析天平1台、压片机1台、容量瓶（1 L）1个、锥形瓶1个、碱式滴定管（50 mL）1支

2.试剂

苯甲酸（二级量热标准试剂，恒容燃烧热为−26495.6 J·g⁻¹）、引燃镍丝（恒容燃烧热为−3243 J·g⁻¹）、萘（分析纯）、NaOH溶液（0.1 mol·L⁻¹）、酚酞指示剂

四、实验步骤

1.热量计水当量的测定

（1）压片：用台秤称取大约1 g苯甲酸，在压片机上压成圆片。将苯甲酸圆片在干净的玻璃板上轻击二三次，再用电子天平精确称量。（样品压片应不松不紧，太松容易破碎；太紧则点火后不能燃烧完全。）

（2）装样：拧开氧弹盖，将弹盖放在专用的弹头架上，装好专用的金属皿，将样品圆片平放入金属皿中。

取一段约15 cm引燃镍丝在天平上称重。用一根直径约3 mm的玻璃棒或木棒，将镍丝中段在棒上绕约5~6圈使其成螺旋形，将螺旋部分紧贴在样片的表面上，两端如图8.5所示，固定在电极上，注意镍丝不要接触金属皿。用移液管吸取10 mL蒸馏水加入氧弹内，旋紧氧弹盖。（氧弹内加入蒸馏水的目的是吸收燃烧产生的NO_2成为硝酸。）

（3）充氧：将氧弹放在专用的充氧器下，使其上端进气口对准充氧器的充气口。打开氧气钢瓶上的阀门（逆时针方向旋转），氧气总压表指示此时钢瓶内氧气的总压。慢慢打开氧气分压表上的阀门（顺时针方向旋转），使氧气分压表指示为0.5 MPa，握住充氧器充气手柄向下压，使其充气口与氧弹进气口紧密接触，保持这一状态约半分钟，充氧完成。放开充气手柄，取下氧弹，用放气螺帽按压氧弹上方出气口，放出氧弹中的气体。将氧弹重新放在充氧器下，调节氧气分压表上的阀门，使氧气分压表指示为2.0 MPa，再次进行充氧操作。（先进行预充氧是为了排出氧弹中的空气，其中存在的氮气燃烧后生成NO_2影响燃烧热的测定。）

（4）测量：在热量计水夹套中装满自来水，将数字温度计探头插入外桶水中，读出外桶水温。打开内桶盖，将氧弹放入内桶中央。取一大桶自来水，在其中加入一些冰块，使其水温比外桶水温低大约1 ℃。然后用容量瓶准确量取3000 mL该自来水，倒入内桶中，水面应刚好淹没氧弹，且无漏气现象。（如氧弹中有气泡逸出，说明氧弹漏气。必须排除漏气方可继续实验。）在电极插头插入氧弹两电极插口上，盖好内桶盖，将数字温度计探头由外桶取出插入内桶中。打开量热计电源开关，开动搅拌器。（注意搅拌器不要与氧弹相碰。）

打开计算机，打开其中"燃烧热测定"实验软件窗口，观察数字温度计读数，待温度变化基本稳定后，将数字温度计"采零"并"锁定"。点击"开始记录"，电脑开始每隔几秒钟读取一次数字温度计读数，并画出相应的温度随时间变化曲线，此时温度随时间变化略有上升。连续读取10~15个点后，按量热计控制面板上的"点火按键"或点击燃烧热电脑软件界面中"点火按键"，继续记录温度读数，此时如点火成功，温度会迅速上升至某一最高点，然后温度开始平缓下降，再读取最后阶段的10~15个点，便可停止实验。

实验停止后，关闭量热计电源，将温度计探头由内桶取出插入外桶中，打开内桶盖，取出氧弹，放出氧弹内的余气，避免水滴及溶解于其中的酸被带出，缓慢地放气，约需4~6 min。旋开氧弹盖，检查样品燃烧是否完全。（若金属皿中没有明显的燃烧残渣说明燃烧完全。若发现黑色残渣，则应重做实验。）若已燃烧完全，可用少量蒸馏水（每次10 mL）洗涤氧弹内壁两次，洗涤液倒入150 mL锥形瓶中，煮沸片刻，以0.1 mol·L⁻¹NaOH溶液滴定。称量燃烧后剩下的镍丝质量，计算镍丝实际燃烧质量，最后擦干氧弹和盛水桶。

2.测量固体食物的燃烧热

取一片固体食物，在天平上称取准确质量，同上法进行测量。

[注意事项]

1.待测样品一定要干燥。

2.注意压片的紧实程度，太紧不易燃烧。

3.一定要将点燃镍丝紧贴在样品圆片上。

五、数据处理

1.用雷诺图解法求出苯甲酸和固体食物燃烧前后的温度差$\Delta T_{苯甲酸}$和$\Delta T_{萘}$。

雷诺图解法作法如下：

作温度-时间曲线，如图8.7所示。图中A点相当开始燃烧之点，B为观察到最高的温度读数点。取A、B两点之间垂直于横坐标的距离的中点O作平行于横坐标的直线交曲线于M点，通过M点作垂线ab，然后将CA线和DB线外延长交ab于F和E两点，则F点与E点的温差，即为欲求的温度升高值ΔT。

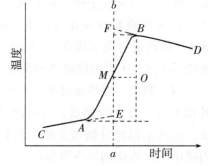

图8.7 雷诺图

2.计算热量计的热容C_V，已知苯甲酸的燃烧热为-26460 J·g⁻¹。

体系除苯甲酸燃烧放出热量引起体系温度升高以外，其他因素——引燃镍丝的燃烧、在氧弹内N₂和O₂化合生成硝酸并溶入水中等都会引起体系温度的变化。因此，在计算水当量及放热量时，这些因素都必须进行校正。其校正值如下：

点火丝的校正：$\sum qm_b$

硝酸形成的校正：1.0 mL 0.1 mol·mL⁻¹NaOH滴定液相当于-5.983 J

因此仪器热容为：

$$C_V = -\left[\frac{m_e Q_e + \sum qm_b + 5.983V}{\Delta T}\right]$$

式中，Q_e为苯甲酸的恒容燃烧热，单位为$J \cdot g^{-1}$；

m_e为苯甲酸的质量，单位为g；

$\sum qm_b$为燃烧丝的校正值，其中m_b为丝的质量，q为每克丝恒容燃烧热；

V为滴定洗涤液所用$0.1\ mol \cdot L^{-1}$NaOH的体积，单位为L；

ΔT为经作图对温度差校正后的真正温度差。

3.求出固体食物的燃烧热Q_V。

[思考题]

1.影响本实验结果的主要因素有哪些？

2.为什么开始实验时内桶中的水温要比外桶水温低1℃？

3.在使用氧气钢瓶及氧气减压阀时，应注意哪些规则？

4.文献手册的数据是标准燃烧热，本实验条件偏离标准态。请估算由此引入的系统误差有多少。

实验53　冰点下降法测氯化钠注射液渗透压

一、实验目的

1.理解渗透压的概念及测定0.9%氯化钠注射液的渗透压；

2.理解溶液的依数性及采用冰点下降法测0.9%氯化钠注射液的渗透压；

3.掌握影响溶液渗透压的因素。

二、实验原理

氯化钠注射液是医院生产与用量最多的大输液之一。近年来，国家非常重视注射液的质量控制，2010年版《中国药典》提高了重点药品的质量标准，对高风险药品尤为重视。在制剂通则中，将渗透压摩尔浓度检查作为注射剂的必检项目。本实验在坚持日常检查的情况下，对0.9%氯化钠注射液渗透压摩尔浓度测定进行了试验性分析。

静脉注射剂在临床上被广泛使用，但近年发生过有关注射剂的安全性事件，因此，国家食品药品监管局加大了对注射剂的安全性检查。除《药典》规定的可见异物、pH值、不溶性微粒、无菌、热原等检查项目外，渗透压值也是临床安全使用的一个重要指标。静脉注射剂的渗透压必须与人体血浆渗透压基本保持一致，过高或过低都会对人体产生损害，大量输入低渗溶液可能会造成溶血，大量输入高渗溶液可能会造成血管栓塞，故对其进行控制非常有必要。

溶剂通过半透膜由低浓度向高浓度扩散的现象称为渗透，阻止渗透所需施加的压力，即为渗透压。生物膜，如人体的细胞膜或毛细血管壁，一般具有半透膜的性质。在涉及溶质扩散或通过生物膜的液体转运各种生物过程中，渗透压都起着极其重要的作用。渗透压与人体生物膜的溶质扩散或液体转移的生物过程有很大关系。生产注射剂、滴眼剂等药物制剂时必须考虑其渗透压。临床医生对静脉给药等液体制剂渗透压的了解是必不可少的，如了解一些糖类、盐类及酸碱平衡药物的溶液是低渗、等渗或高渗，便于治疗上的不同需要。这些药物如能在标签上标明渗透压摩尔浓度，在临床上是很有意义的。理想的渗透压可以通过计算得出，在生理范围内及很稀的溶液中，其渗透压摩尔浓度与理想计算的偏差较小。随着溶液浓度的增加，与理想值比较实际渗透压摩尔浓度下降。复杂混合物的渗透压摩尔浓度不容易计算，通常采用实际测定值。

通常渗透压测定仪是采用冰点下降法的原理设计的，由一个供试溶液测定试管、带有温度调节器的冷却部分和一对热敏电阻组成。本法是以溶质溶解于溶剂中时溶液冰点下降的现象，按 $\Delta T = k_f \cdot m_B$ 求得渗透压。式中 ΔT 为冰点下降的温度，k_f 为冰点下降常数（水为溶剂时为1.86），m_B 为渗透压质量摩尔浓度。

三、仪器与试剂

1.仪器

渗透压测定仪、SMC 30C 型渗透压摩尔测定仪、PHSJ－4A 型实验室 pH 计、一次性使用无菌注射器（1mL）、10 mL 移液管、25 mL 棕色滴定管、100 mL 烧杯、250 mL 三角烧瓶

2.试剂

标准氯化钠（基准，分析纯）

四、实验步骤

1.0.9%氯化钠溶液的配制

精密称取500～650 ℃下干燥40～50 min并在干燥器（硅胶）中放冷至室温的基准氯化钠0.900 g，置于100 mL容量瓶中，加水溶解并稀释至刻度，摇匀，即得质量分数为0.9%的标准溶液（g·mL⁻¹）。

2.0.9%氯化钠溶液渗透压的测定

首先取仪器所规定体积的纯净水（新鲜制备）调节仪器零点，然后用与供试品溶液预计的渗透压摩尔浓度相接近的标准溶液校正仪器，再测定供试品溶液。测定时将测定探头浸入测定管的溶液中心，并将测定管降至冷却部分，使溶液结冰。仪器自动将被测温度（冰点）转换为电信号，并显示出测定值。渗透压的单位是渗透压摩尔浓度，通常以每千克溶液中溶质的毫渗透压摩尔浓度（mOsmol/kg）或每升溶液中溶质的毫渗透压摩尔浓度（mOsmol/L）来表示。也可以用供试品溶液与0.9%氯化钠标准溶液的渗透压比表示。

五、数据处理

1. 线性试验

取500～600 ℃干燥40～50 min并置干燥器（硅胶）中放冷至室温的氯化钠（基准试剂）适量，精密称定，分别配成3 mg/mL、6 mg/mL、9 mg/mL、12 mg/mL、15 mg/mL、48 mg/mL、60 mg/mL的标准溶液。各精密量取50 μL，依"实验步骤2"项方法测定。以X表示氯化钠浓度，Y表示渗透压摩尔浓度，求得线性回归方程为：

$Y = 32.255X - 0.7425$ $r = 0.99996$

2. 重现性试验

用标准氯化钠溶液（300 mOsmol/kg）重复测定6次，结果为299、301、300、301、303、301。$X = 301$，$RSD = 0.44\%$。

[思考题]

1. 影响溶液渗透压的因素有哪些？

2. 稀溶液的依数性有哪些？除了冰点下降法之外还有哪些方法可以用来测定溶液的渗透压？

3. 本实验方法有哪些优点？注意事项有哪些？

实验54 萘在硫酸铵水溶液中活度系数的测定
——分光光度法

一、实验目的

1. 了解紫外分光光度法测定萘在硫酸铵水溶液中活度系数的基本原理；

2. 用紫外分光光度计测定萘在硫酸铵水溶液中的活度系数，并求出极限盐效应常数；

3. 了解和初步掌握紫外分光光度计的使用方法。

二、实验原理

将理想液体混合物中一组分B的化学势表示式中的摩尔分数代之以活度，即可表示真实液体混合物中组分B的化学势。

$$f_B = a_B / x_B$$

f_B为真实液体混合物中组分B的活度因子。真实溶液中溶质B，在温度T、压力p下，溶质B的活度系数为：

$$\gamma_B = a_B / (b_B / b^{\theta})$$

其中γ_B为活度因子（或称活度系数）。

化合物分子内电子能级的跃迁发生在紫外及可见区的光谱称为电子光谱或紫外–可见光谱。通常紫外–可见分光光度计的测量范围在200～400 nm的紫外区及400～1000 nm的可见区及部分红外区。

许多有机物在紫外光区具有特征的吸收光谱，具有π键电子及共轭双键的化合物在紫外光区具有强烈的吸收。

因萘的水溶液符合朗伯–比尔（Lanbert–Bear）定律，可用三个不同波长（$\lambda = 267$ nm，$\lambda = 275$ nm，$\lambda = 283$ nm）的光，以水做参比，测定不同相对浓度的萘水溶液的吸光度，以吸光度对萘的相对浓度作图，得到三条通过零点的直线。

$$A_0 = kc_0l$$

式中，A_0为萘在纯水中的吸光度；c_0为萘在纯水中的溶液浓度；l为溶液的厚度；k为吸光系数。

把盐加入饱和的非电解质溶液中，非电解质溶液的溶解度就起变化，如果盐的加入使非电解质的溶解度减小（增加非电解质的活度系数），这个现象叫盐析，反之叫盐溶。

1889年，Setschenon提出了盐效应经验公式：

$$\lg \frac{c_0}{c} = kc_S$$

式中，k为盐析常数；c_S为盐的浓度（单位：mol·L^{-1}）。如果k是正值，则$c_0 > c$，这就是盐析作用；如果k是负值，则$c_0 < c$，这就是盐溶作用。

当纯的非电解质和它的饱和溶液成平衡时，无论是在纯水里还是盐溶液里，非电解质的化学势是相同的。

$$a = \gamma c = \gamma_0 c_0$$

式中，γ、γ_0为活度系数。

$$\lg \frac{\gamma}{\gamma_0} = \lg \frac{c_0}{c} = kc_S$$

通过测定萘水溶液的吸光度与萘盐水溶液的吸光度就可以求出活度系数。

本实验是用不同浓度的硫酸铵盐溶液测定萘在盐溶液中的活度系数，了解萘在水中的溶解度随硫酸铵的浓度增加而下降的趋势，硫酸铵对萘起盐析作用。

三、仪器与试剂

1.仪器

紫外分光光度计1台、容量瓶（50 mL，6只 25 mL 3只）、锥形瓶（25 mL 6只）、刻度移液管（25 mL 1只；10 mL 1只）

2.试剂

萘（A.R.）、硫酸铵（A.R.）

四、实验步骤

1.溶液配制

（1）首先制备萘在纯水中的饱和溶液100 mL。然后取3只25 mL容量瓶，分别配制相对浓度为0.75、0.5、0.25三个不同浓度的萘水溶液。

（2）取6只50 mL的容量瓶配制1.2 mol·L^{-1}、1.0 mol·L^{-1}、0.8 mol·L^{-1}、0.6 mol·L^{-1}、0.2 mol·L^{-1}的硫酸铵溶液；然后将每份溶液倒出一半至25 mL锥形瓶中，加入萘使成为相应盐溶液浓度的饱和萘水盐溶液。

2.光谱测定

（1）用5 mL饱和萘水溶液与5 mL水混合，以水作为参比液，测定$\lambda = 260\sim290$ nm间萘的吸收光谱。

用5 mL饱和萘水溶液与5 mL 1 mol·L^{-1}硫酸铵溶液混合，用5 mL水加5 mL 1 mol·L^{-1}硫酸铵溶液为参比液，测定$\lambda = 260\sim290$ nm间萘的吸收光谱。

（2）以水作为参比液，分别用$\lambda = 267$ nm、$\lambda = 275$ nm、$\lambda = 283$ nm的光测定不同相对浓度的萘水溶液的吸光度。

（3）用同浓度的硫酸铵水溶液作为参比液，在$\lambda = 267$ nm、$\lambda = 275$ nm、$\lambda = 283$ nm波长处分别测定不同浓度的饱和萘-硫酸铵水溶液的吸光度。

五、数据处理

1.对于萘的盐水溶液，用相同的波长进行测定，并绘制$A - \lambda$曲线，即可确定吸收峰位置。

2.根据所得不同浓度萘水溶液的吸光度值对萘溶液的相对浓度作图，得三条通过零点的直线，求出吸光系数k。

3.根据测得不同浓度的硫酸铵饱和萘溶液的吸光度计算出一系列活度系数γ值（γ_0作为1），以$\lg\gamma$对硫酸铵溶液的相应浓度作图，应呈直线关系。

4.从图上求出极限盐效应常数k。

[注意事项]

1.本实验所用试剂萘和硫酸铵纯度要求较高，可以通过再结晶处理，提高试剂纯度，满足实验需要。

2.萘水饱和溶液和萘的盐水饱和溶液的饱和度一定要充分，可以通过振荡器，使其充分饱和。

[思考题]

1. 如果用 $\lambda = 267\,nm$、$\lambda = 275\,nm$、$\lambda = 283\,nm$ 的光测定萘在乙醇溶液中的含量是否可行？

2. 通过本实验是否可测定其他非电解质在盐水溶液中的活度系数？

3. 影响本实验的因素有哪些？

4. 为什么要测定 $\lambda = 260\sim290\,nm$ 萘水溶液及萘水盐溶液的吸收光谱？

5. 本实验中把萘在纯水中的饱和溶液的活度系数假设为1，试讨论其可行性。

实验55　从废液(乙醇+环己烷)中回收精制环己烷

一、实验目的

1. 从实验室废液中回收并精制环己烷并计算环己烷的收率、纯度；

2. 回收精制乙醇，并计算收率、纯度。

二、实验原理

含有机物废水是来源于石油、化工、金属冶炼等生产活动中产生的一种面广量大的污染废水，其中含有脂（脂肪酸、皂类、脂肪、蜡等）、烷烃及矿物油、动植物油等，一般以悬浮态、分散态、乳化态和溶解态（这些有机物分类的区别主要在于有机物存在于水中的状态不同，有机物的粒度逐渐减小）等形式赋存在水体中。

石油、化工产业由于工艺及产品的不同，导致各企业排水水量与水质存在较大差别，废水中含大量有毒、有害的有机污染物和各种有机添加剂或助剂，含有机物量大以及COD（化学需氧量，Chemical Oxygen Demand）大，污染负荷高。

化学是一门以实验为基础的学科，在化学实验过程中，产生或释放有毒、有害的物质不可避免地对环境造成污染。目前，大部分化学实验室都是一个环境的污染源，大量的废水、废气、废渣等未经处理就直接排放到了下水道或散发到了大气中。传统的化学工业给环境带来的污染已十分严重，目前全世界每年产生的有害废物达3亿吨～4亿吨，给环境造成危害，并威胁着人类的生存。严峻的现实使得各国必须寻找一条不破坏环境、不危害人类生存的可持续发展的道路。因此，如何减少化学实验污染，使绿色化学成为化学教育的一个重要组成部分，这是当前化学教育面临的一个崭新的课题。

常温下，环己烷、乙醇均为易挥发的可燃性液体，学生实验中用量较大，实验之后成为环己烷、乙醇混合废液。根据此两种物质的特性，显然，混合废液不宜直接倒掉，故应全部回收。环己烷、乙醇属完全互溶物系，其正常沸点分别为80.75 ℃、78.37 ℃，只相差约2 ℃，因此，普通的蒸馏方法不能将两者分开。

从图8.8可以看出乙醇、环己烷能形成恒沸物（恒沸点64.90℃/乙醇30.5%、环己烷69.50%），因此用精馏的方法不能将其完全分离。乙醇在结构上与水相似，它们都含有羟基，彼此间易形成氢键，能以任意比例混溶，而环己烷与水不互溶。据此，可以用萃取精馏的方法精制环己烷，并用分馏和CaO脱水法精制乙醇。

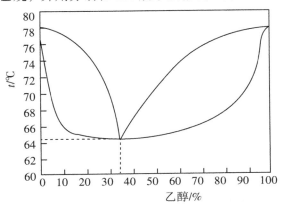

图8.8　分析纯乙醇–环己烷二元液系相图

萃取精馏的关键是选择适宜的萃取剂，以改变原来待分离组分间的挥发度。本实验选择水作为萃取剂。

（1）环己烷是惰性溶剂，极难溶于水，而乙醇与水互溶；

（2）由分配系数公式 $K = \dfrac{C_{有机}}{C_{水}}$，查文献值得，乙醇在水–环己烷中的分配系数达52以上，因此分配系数越高分离效果越好；

（3）水稳定，与待分离组分不发生化学反应，且无腐蚀性；从生产上考虑，应该是比较安全的；

（4）从经济上考虑，水的价格低廉，并容易获得；因此，本实验对该混合废液的分离回收可按以下方法进行：

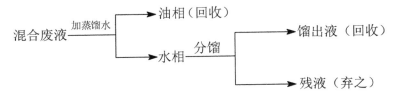

三、仪器与试剂

1.仪器

100 mL烧杯2个，玻璃棒2根，分馏柱、冷凝管、尾接管、蒸馏头各1个，温度计1只，100 mL圆底烧瓶1个，CaO干燥管1只，电子天平1个，阿贝折射仪1台

2.试剂

乙醇、环己烷

四、实验步骤

1.标准曲线的绘制

绘制环己烷、乙醇混合物系折射率与组成（质量百分数）的标准曲线图，由标准曲线可知待分离的废液中环己烷的百分含量。

（1）分别配制10%、20%、30%、40%、50%、60%、70%、80%、90%、100%（乙醇的质量百分数）的乙醇、环己烷的混合液10 mL。

（2）分别测定这些溶液的折射率，并以乙醇的质量分数为横坐标、折射率为纵坐标，绘制标准曲线。

2.萃取分离回收环己烷

（1）萃取剂用量和萃取次数的选择

通过查阅文献可发现萃取剂用量越大，效果越好，因为加入的萃取剂用量越大，水相中乙醇的浓度越低，则水相中环己烷的含量也会降低，油相的含量增加，环己烷的收率会提高，所以，50 mL废液加入50 mL（1∶1）萃取剂为最佳。

一般试样，通常采用3次萃取方式。由于本次试样乙醇在水–环己烷相中的分配系数达52以上，因此，在第一次的萃取过程中，环己烷与乙醇已达到大部分分离，经过第二次萃取过程，基本完成了乙醇和环己烷的分离，所以，第三次萃取过程是不必要的。最终确定萃取次数为2次。

具体操作：

量取50 mL废液于分液漏斗中，加入30 mL蒸馏水充分振摇混匀，静置分层后，放出下层水相，再加入20 mL蒸馏水，做第二次萃取。称量2次萃取放出水相的质量，取上层液测其折射率$n_{环己烷}$，计算环己烷回收率$W_{环己烷}$。

（2）萃取–精馏操作

①粗环己烷的精制

简单的一次萃取–精馏环己烷的收率只会达到85%左右，这并不是一个好的结果，因为在萃取–精馏过程中都会使部分环己烷损失，为达到更好的分离效果，同时取50 mL废液，一份一次性完成萃取精馏操作；一份均分5次萃取–精馏循环，即每一次的馏头转入下一次的萃取操作中，如此循环4次。

注：两次实验均取79.2~79.7 ℃的馏分。

每一次精馏完成后均要测馏出液的质量和折光率，在标准曲线上即可查出馏出液中环己烷的百分含量（纯度），并可计算出收率。

收率$W_{环己烷}$ = 回收所得环己烷质量 ÷ 待测液中环己烷质量 × 100%；

②无水乙醇的精制

萃取得到的水-乙醇混合物，乙醇含量为50%左右，必须先进行分馏处理。由于水、乙醇形成恒沸物，所以只能得到95.6%的乙醇，收集77.4～77.6 ℃馏分可得到组成为91%左右的乙醇-水混合液。

由95%的乙醇溶液制备无水乙醇的方法很多，有CaO脱水法、苯共沸精馏、乙二醇二氧化碳萃取精馏法，活性炭、分子筛、玉米粉吸附脱水法，渗透气化膜分离法等。为使此实验更加实用，本实验用新灼烧CaO脱水法制备无水乙醇。CaO可以吸收水生成$Ca(OH)_2$，CaO和$Ca(OH)_2$均不溶于醇类，对热都很稳定，又均不挥发，故不必从乙醇中除去，即可对醇进行蒸馏。而且CaO价廉易得，操作简便易行。在粗制乙醇中加入15 g氧化钙，依次放入圆底烧瓶中（氧化钙需在马弗炉中刚烧好取出，放入干燥器中冷却，然后在研钵中研磨成粉末，称重），装上带有氧化钙干燥管的冷凝管，将混合物小火加热，保持回流3～4 h。把回流装置改装成蒸馏装置，在接收器支管上附接氧化钙干燥管。缓慢蒸馏乙醇，让蒸馏出的乙醇直接流入要贮存的瓶中，实验结束后，密封。称重并测出折光率，计算纯度和回收率。

五、数据处理

1.测环己烷的折光率并计算环己烷的收率、纯度；
2.测乙醇的折光率计算乙醇的收率、纯度。

[思考题]

1.萃取过程中萃取效率是如何确定的？
2.有机废液对环境的污染非常严重，在环境保护中对有机废液的处理具有哪些重要意义？

实验56 钠基蒙脱土及有机蒙脱土的制备

一、实验目的

1.了解天然黏土矿物质的微观结构；
2.学会离子交换法制备蒙脱土的方法；
3.掌握插层法制备有机蒙脱土。

二、实验原理

聚合物/黏土纳米复合材料是众多纳米复合材料中重要的一类。纳米黏土的存在可以明显改善高分子材料的机械性能、热稳定性、气体阻隔性、阻燃性和导电性等，具有较传统聚合物/无机填料复合材料无可比拟的优点。传统的共混复合方法制备的超细无机粉末填充聚合物复合材料远远没有达到纳米分散水平，只属于微观复合材料，而且粒子的表面能大，在高分子材料中粒子易团聚，填料与聚合物基体间的界面张力也难以完全消除。而蒙脱土作为一种层状硅酸盐材料，当被有机改性剂改性后，不仅可以改善蒙脱土的层间化学微环境，使蒙脱土由亲水性转变为亲油性，还能降低蒙脱土的表面能，使其层间距增大（见图8.9），将改性后的蒙脱土添加到高分子中可形成插层型或剥离型的聚合物/黏土纳米复合材料。

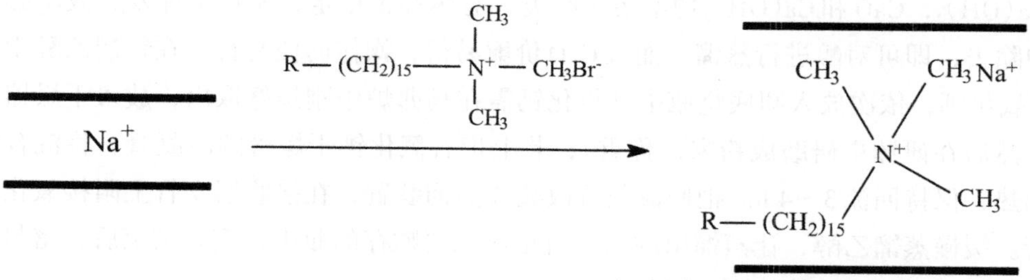

图8.9　季铵盐插层蒙脱土示意图

研究发现，蒙脱土是一种 2∶1 型含水层状硅酸盐材料，主要成分为氧化铝和氧化硅，即每个单位晶胞由 2 个硅氧四面体晶片中间夹带 1 个铝氧八面体晶片构成"三明治"状结构，二者之间靠共用氧原子连接。这种四面体和八面体的紧密堆积结构使其具有高度有序的晶格排列，每层的厚度约为 1 nm，具有很高的刚度，层间不易滑移，蒙脱土层内含有的阳离子主要是 Na^+、Ca^{2+}、Mg^{2+}等，其次有 K^+、Li^+等。这些被吸附的阳离子与蒙脱土片层间常被水分子所隔，两者结合较松弛，因此可以与外部的有机阳离子进行离子交换，基于此，本实验采用具有长链烷基的十六烷基三甲基溴化铵对无机蒙脱土进行有机改性，并对其相应的性质进行表征。

三、仪器与试剂

1. 仪器

恒温加热磁力搅拌器、电动搅拌器、粉碎机、离心机、超声波清洗器

2. 试剂

钙基蒙脱土（Ca-MMT）、十六烷基三甲基溴化铵（CTAB）、Na_2CO_3、无水乙醇、蒸馏水和硝酸银

四、实验步骤

1. 钠基蒙脱土的制备

取适量的 300 目钙基蒙脱土（Ca-MMT），以 Na_2CO_3 作为钠化试剂，调节浆料的 pH 值，温度在 65～75 ℃，搅拌反应 2～3 h。反应完成后，过滤、漂洗、烘干，研磨得改

性蒙脱土。改性后MMT的可交换性和吸附性都得到明显改善。

2.有机蒙脱土的制备

蒙脱土有机化改性是通过插层剂有机阳离子与蒙脱土层间的金属阳离子之间的交换来完成的。有机阳离子进入蒙脱土的片层结构间并将蒙脱土层间金属阳离子置换出来，从而实现有机改性。蒙脱土进行有机化改性可以用下式表示：

$$Na^+ - MMT + Y^+ \rightleftharpoons Y^+ - MMT + Na^+$$

蒙脱土有机化改性是一个简单的可逆反应。过量的有机阳离子（Y^+）可以驱使反应平衡向右移动，交换反应的速率由扩散速率决定。有机阳离子的碳链长度会对插层的效果产生显著的影响。一般采用有长链结构的有机阳离子如烷基铵盐、季铵盐、氨基酸和一些阳离子型表面活性剂等作为插层剂。

本实验采用十六烷基三甲基溴化铵作为插层剂，称取一定量的十六烷基三甲基溴化铵溶于50 mL水中，加适量盐酸调节形成质子化溶液。将5 g Na-MMT置于150 mL水中，在60 ℃的恒温水浴中搅拌加热30 min，静置1 h，形成Na-MMT水分散液，然后将质子化溶液逐滴加入Na-MMT水分散液中，调节温度，用一定功率超声波振动一段时间，抽滤，用水洗涤至无溴离子和氯离子，在80 ℃下经真空干燥、研磨、过筛后，所得产物为O-MMT。通过扫描电镜可以看出蒙脱土是一种层状结构的硅酸盐。

五、结果讨论

1.未改性的钙基蒙脱土与经十六烷基三甲基溴化铵改性的有机蒙脱土的红外吸收曲线作对比。实验结果表明，改性后的蒙脱土确实有十六烷基三甲基溴化铵的存在，可以认定十六烷基三甲基铵盐的阳离子与蒙脱土的Na^+进行了离子交换，即十六烷基三甲基溴化铵已经插入蒙脱土片层中。

2.对蒙脱土和嵌入的化合物进行热失重分析，对改性前、后的蒙脱土的TGA和DTG曲线进行对比。综合改性前、后蒙脱土热失重的比例，计算得到改性后的蒙脱土插层型的有机负载率。

3.X射线衍射分析（XRD），蒙脱土层间嵌入了体积较大的有机阳离子，必然引起蒙脱土层间距发生变化，并出现不同角度和衍射强度的衍射峰。利用X射线衍射对蒙脱土进行测试，观察蒙脱土改性前、后层间距的变化。

[思考题]

1.蒙脱土有机化前、后，对有机物的吸附容量、去除率如何？

2.简述有机蒙脱土的吸附动力学和吸附热力学行为。

实验 57　磁响应 TiO$_2$ 化纳米复合材料的制备

一、实验目的

1. 学会纳米复合材料的制备方法；
2. 了解磁响应纳米复合材料的结构性能。

二、实验原理

纳米复合材料是指以树脂、橡胶、陶瓷和金属等基体为连续相，以纳米尺寸的金属、纤维、碳纳米管等改性剂为分散相，通过适当的制备方法将改性剂均匀地分散在基体材料中，形成一相含有纳米尺寸材料的复合型材料。整合在基体中的纳米材料具有小尺寸效应、表面效应和纳米粒子的协同效应，使得纳米复合材料具有区别于基体本身的更高性能的优良特性。例如，整合纳米银抗菌剂的纺织品具有抗菌防臭的功能、添加纳米二氧化钛的涂料具有抗老化的功能以及负载石墨烯的橡胶制品具有良好的耐高温性能等。纳米复合材料制备的新型材料在化工、纺织、电子等领域呈现出极其重要的应用价值，其在市场上的流通量逐年上涨。

磁性纳米颗粒除了具有上述的物理化学特性外，还在其尺寸小于单畴临界值时呈现超顺磁性、高磁化率、高矫顽力、低居里温度等性质，目前已广泛应用于分子标记、靶向给药、催化、磁分离、疾病诊断和治疗、传感器、磁存储等领域。铁氧体纳米材料是磁性纳米材料的重要成员，主要包括 FeO、Fe$_2$O$_3$ 和 Fe$_3$O$_4$ 等，对铁氧体纳米粒子的研究促进了多学科的交叉融合，拓宽了磁性纳米技术的应用领域，促进了纳米科学与技术的发展。

近年来，磁性纳米颗粒制备方法的研究日趋增多，常用的合成方法包括热分解法、共沉淀法、水热法、微乳液法等。通过采用不同的合成条件与方法，对制备的磁性纳米颗粒的粒径、形貌、表面性质等进行调控，从而满足它的实际应用要求。本实验主要采用水热合成法制备磁响应纳米复合材料。

三、仪器与试剂

1. 仪器

聚四氟乙烯内衬水热反应釜、管式马弗炉、恒温加热磁力搅拌器、电动搅拌器、粉碎机、离心机、超声波清洗器

2. 试剂

氧化石墨烯、TiO$_2$、有机蒙脱土（O-MMT）、0.01 mol/L 盐酸、无水乙醇、Fe$_3$O$_4$、钛酸丁酯、乙酸、FeCl$_3$·6H$_2$O、FeSO$_4$·7H$_2$O、NaOH

四、实验步骤

1.TiO$_2$纳米管（CNTs）的制备

将1g采用溶胶凝胶法合成的TiO$_2$粉末和60 mL浓度为10 mol/L的NaOH溶液超声分散30 min，避光搅拌3 h，然后置于100 mL聚四氟乙烯内衬水热反应釜中，密封，于130 ℃下加热反应24 h，冷却至室温后，用去离子水洗涤至中性，再用0.01 mol/L的HCl水溶液洗涤至酸性，然后再用去离子水反复洗涤至中性，于80 ℃下干燥12 h，制得TiO$_2$纳米管。

2.Fe$_3$O$_4$-TiO$_2$/MMT纳米复合材料的制备

称取一定量的有机蒙脱土，分散在10 mL无水乙醇中超声6 h，提取上层液为A液。将一定量的Fe$_3$O$_4$加入30 mL无水乙醇中超声1.5 h，在超声过程中加入一定量的钛酸丁酯，再超声30 min后，将A液加入其中，在温度30 ℃下，将上述乳液再超声30 min形成B液。将一定量乙酸加水稀释至45 mL形成C液。在50 ℃下将C液以每3 s 1滴的速度滴入B液并搅拌，滴完后继续搅拌2.5 h。冷却后用磁铁提取产物，分别用蒸馏水和无水乙醇洗涤多次，在60 ℃下真空干燥，N$_2$保护下300 ℃煅烧60 min，得到Fe$_3$O$_4$-TiO$_2$/MMT纳米复合材料。

3.Fe$_3$O$_4$-TiO$_2$/CNTs纳米复合材料的制备

称量一定量的Fe$_3$O$_4$和钛酸丁酯加入70 mL无水乙醇中，超声1 h，再称取一定量的碳纳米管加入钛酸丁酯和Fe$_3$O$_4$纳米粒子的微乳液，温度在30 ℃，超声3 h后，形成A液。将3 mL乙酸加水稀释至90 mL形成B液。在50 ℃搅拌下将B液以每3 s 1滴的速度滴入A液，滴完后继续搅拌30 min。用磁铁提取产物，用无水乙醇洗涤多次，在60 ℃下真空干燥，N$_2$保护下300 ℃煅烧60 min，得到Fe$_3$O$_4$-TiO$_2$/CNTs纳米复合材料。

五、结果讨论

1.扫描电子显微镜测试

采用日立公司产JSM-6701F冷场发射扫描电镜（SEM）和德国ZEISS公司产ULTRA PLUS热发射场射扫描电镜（SEM）观察单相材料及磁响应TiO$_2$纳米复合材料形貌及材料中各单元相的分散状态。

2.透射电子显微镜测试

将样品经乙醇分散并负载在铜网上，用日本电子公司产JEM2100型透射电子显微镜（TEM），在加速电压为50～200 kV的情况下，观察磁响应TiO$_2$纳米复合材料的微观结构。表征单相材料及磁响应TiO$_2$纳米复合材料形貌及材料中各单元相分散状态和复合结构。

3.X射线衍射仪测试

将样品进行处理并压片，采用日本理学公司产D/Max-2400型粉末衍射仪，Cu Kα射线，管电压为 40 kV，管电流为 100 mA，扫描范围为 5°～80°，步速为 10°/min，测定单相材料及磁响应 TiO_2 纳米复合材料结构，并分析衍射峰相应变化的结果。

4.饱和磁化强度测试

采用美国 Quantum Design 公司产 Model 6000 PPMS 磁强计，测量 4.2～295 K 温度范围内的零场磁化率 χ_{AC} 随温度的变化，所加驱动场为 1 Oe，频率为 300 Hz，在此温度范围内几个不同点测量等温磁化曲线，所加外场 0～10 kOe，测定单相材料及磁响应 TiO_2 纳米复合材料的饱和磁化强度。

实验 58 反向原子转移自由基聚合物制备
聚合物/纳米 SiO_2 杂化材料

一、实验目的

1. 了解原子转移自由基聚合制备纳米杂化材料的方法；
2. 了解活性/可控聚合技术的应用。

二、实验原理

近年来，表面引发聚合受到越来越多的关注。聚合物接枝到无机物表面能够有效提高可湿性及在溶剂或聚合物基体中的可分散性。纳米 SiO_2 是目前聚合物改性中应用最为广泛的无机纳米材料之一。由于它具有比表面积大、表面能高和易团聚的特点，与聚合物复合时，难以达到纳米尺度的均匀分散。对纳米 SiO_2 粒子进行有机化处理，引入含可聚合或可引发聚合基团的化合物，进而在纳米 SiO_2 粒子表面接枝聚合物可以提高其与聚合物的相容性和在聚合物基体中的分散均匀。

活性/可控聚合技术的应用，完全将有机聚合物精确的相对分子质量，组成与无机粒子的功能合为一体。将活性聚合物转移至无机纳米粒子表面具有以下优点：活性聚合时，聚合物的相对分子质量与反应时间、单体的转化率呈线性关系，因此可以实现聚合物层的均匀稳定增长；活性聚合中引发和终止反应可逆，引发剂处于休眠状态，聚合体系中游离自由基的浓度极低，极大地降低了链转移及终止反应。原子转移自由基聚合（atom transfer radical polymerization，ATRP）是近几年来得到广泛研究的一类活性自由基聚合反应，已经成功用于制备有机聚合物接枝二氧化硅纳米粒子。本实验通过引入过氧基团改性纳米 SiO_2 表面，来进行不同类型单体的反向原子转移自由基聚合（Reverse ATRP），制备结构可控、设计有序的有机/无机纳米杂化材料的研究。图 8.10 介绍了纳米 SiO_2 表面过氧基团的引入及甲基丙烯酸甲酯在过氧基团引发下进行反向 ATRP 及苯乙烯在 SiO_2-g-PMMA 大分子引发剂的引发下进行 ATRP 的聚合历程。

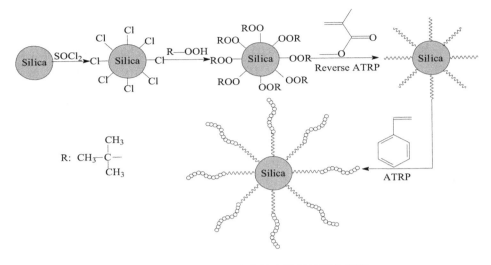

图 8.10　有机/无机杂化纳米粒子的聚合历程

三、仪器与试剂

1. 仪器

恒温磁力搅拌器、三口烧瓶、超声波分散仪

2. 试剂

甲基丙烯酸甲酯（MMA）、苯乙烯、氯化亚铜、2,2′-联二吡啶（bipy）、纳米 SiO_2、四氢呋喃、苯、1,4-二氧杂六环、淀粉-碘化钾试液、硫代硫酸钠、叔丁基过氧化氢、$NaHCO_3$

四、实验步骤

1. 纳米 SiO_2 表面羟基的氯化

根据有关文献对纳米 SiO_2 表面的羟基进行氯化。将 6.0 g 纳米 SiO_2 加到一干燥的 250 mL 圆底烧瓶中，再依次加入 50 mL 氯化亚砜、50 mL 苯，该混合物在搅拌下回流 50 h。反应结束后，蒸馏除去未反应的氯化亚砜和苯，产物于 90 ℃下真空干燥 24 h。氯化后的纳米 SiO_2 于真空下储存在干燥器中，备用。

2. 纳米 SiO_2 表面过氧基团的引入

将 3.0 g 处理后的纳米 SiO_2 加到一干燥的 100 mL 圆底烧瓶中，同时加入 45 mL 1,4-二氧杂六环、6 mL 叔丁基过氧化氢（TBHP），再投入 0.15 g $NaHCO_3$。此混合物于 20 ℃氮气保护下避光反应 12 h。反应完毕，将得到的产物用甲醇洗涤 3 次，在 20 ℃下真空干燥 24 h。

3.MMA的反向原子转移自由基聚合和SiO₂-g-PMMA杂化材料的制备

将0.46 g含过氧基团的纳米SiO₂和16 mL环己酮加到一干燥的50 mL烧瓶中，搅拌一定时间后，超声分散30 min，再加入0.051 g CuCl₂和0.115 g bipy，将此烧瓶依次抽真空，通入氮气，连续3次。然后注入8 mL脱气单体甲基丙烯酸甲酯（MMA），混合液继续抽真空—通氮气循环3次，最后在氮气的保护下，匀速搅拌，70 ℃恒温反应一定时间。反应完毕后，用四氢呋喃（THF）稀释黏稠的反应物。通过离心，将聚合物接枝的纳米SiO₂杂化材料分离出来，并用THF洗涤数次，以除去未接枝的聚甲基丙烯酸甲酯。然后加入大量甲醇-水（2∶1）混合溶液，将产物沉淀出来，于50 ℃真空干燥一定时间后，以THF做溶剂将此杂化材料索氏提取12 h，彻底除去未接枝的均聚物，最后在50 ℃下真空干燥24 h即得最终产物。

五、结果讨论

1.对所得产品进行红外结构测试。

2.采用JEOL 1200EX透射电镜（加速电压80kV）对产品进行测定。

3.采用Seiko公司产SPI 38001 X型原子力显微镜对产品进行测定。

实验条件：采用tapping模式，共振频率：300 kHz

4.采用Waters 150凝胶色谱仪进行测定。

实验条件：THF为流动相，单分散聚苯乙烯为标样进行普适校正

[思考题]

1.反向原子转移自由基聚合与传统的原位聚合、活性聚合相比有哪些优点？

2.纳米SiO₂杂化材料与传统的杂化材料相比有哪些优点？

3.本实验制备杂化材料成功的关键在哪里？

实验59　双阳离子膨润土的制备及性能研究

一、实验目的

1.学会黏土矿物膨润土改性的实验方法；

2.了解双阳离子膨润土的结构及性能特点。

二、实验原理

膨润土是一种以蒙脱石为主的黏土，具有良好的离子交换和吸附能力。早在20世纪30年代，膨润土已经用于废水的处理中。天然膨润土直接用于废水处理，特别是在固液分离过程中，存在分离速度慢、脱水差的问题，目前大多采用改性膨润土来提高其

吸附性能，弥补其不足。特别是经阳离子改性后的膨润土可具有更好的附着力、溶胀性、分散性、润滑性、吸附性、可塑性和离子交换性。阳离子改性后的膨润土与其他盐基交换后可能形成具有很强悬浮性的乳浊液，对于去除有机污染物有独特的优势，在工业上得到广泛的应用。因此改性后膨润土可用于纳米复合材料的生产、油的脱色、催化剂合成、土壤修复、钻井液添加剂、干燥剂、污泥脱水和废水中的重金属去除。

黏土矿物具有环境修复（如大气，水污染治理等）、环境净化（如杀菌、消毒、分离等）和环境替代（如替代环境负荷大的材料等）等功能。黏土矿物作为絮凝剂和吸附剂在废水处理中有着独特的作用。黏土因具有独特的层状结构而具有良好的吸附和离子交换性能，且其储量大，价格低，对环境无污染，是一类环境友好、很有发展前景的优质廉价絮凝剂。

三、仪器与试剂

1.仪器
超声波分散仪、三口烧瓶；恒温磁力搅拌器、恒温干燥箱、筛网（100目）

2.试剂
环氧氯丙烷、三甲胺、十六烷基三甲基溴化铵（CTMAB）、钙基膨润土、冰盐浴

四、实验步骤

1.环氧丙基三甲基氯化铵的制备

（1）反应式

$$N(CH_3)_3 + \overset{O}{\triangle}CH_2Cl \longrightarrow \overset{O}{\triangle}CH_2N^+(CH_3)_3Cl^-$$

（2）制备方法

在100 mL圆底烧瓶中，加入10 mL异丙醇和5 mL蒸馏水，搅拌均匀，然后加入7.9 mL环氧氯丙烷（0.1 mol）继续搅拌至均匀，把上述混合溶液置于冰盐浴中，在0 ℃以下不断搅拌的情况下滴加6.6 mL（0.1 mol）三甲胺，0.5 h滴完，再反应0.5 h，转入室温下反应4 h，然后过滤，丙酮洗涤，真空干燥，得白色固体产品2.93 g。产率为95%。

2.双阳离子有机膨润土的制备

取钙基膨润土过100目筛，称取干燥过筛的膨润土10.0 g，用适量的蒸馏水，浸泡一段时间后，搅拌分散至胶体状。然后按质量比为1:1称取环氧丙基三甲基氯化铵和十六烷基三甲基溴化铵（CTMAB）共6.0 g，用适量蒸馏水将其配成溶液，等上述膨润土料浆加热到60~70 ℃时，慢慢滴加季铵盐混合溶液至膨润土中，不断搅拌下反应进行2 h，停止搅拌，自然冷却至室温，静置，抽滤。用无水乙醇洗涤3次，再用蒸馏水洗涤2次，产品在60 ℃真空下干燥，经研细过100目筛，得产品。

五、结果讨论

1. 对双阳离子型膨润土进行红外光谱表征。

2. 对双阳离子型膨润土进行元素分析。

3. 对双阳离子型膨润土进行扫描电镜分析。

[思考题]

1. 天然膨润土在改性前、后结构、性能有哪些变化?

2. 双阳离子型膨润土的吸附性能、交换容量等性能有哪些改变?

第九章　常用仪器的使用

仪器一　阿贝折射仪

折射率是物质的重要物理性质之一，可借助它了解物质的纯度、浓度及其结构。在实验室中常用阿贝折光仪来测量物质的折射率。测量液态物质折射率时，它具有试样用量少、操作方便、读数精确度高等优点。

一、阿贝折光仪的构造原理

光从一种介质进入另外一种介质时，其传播速度发生变化，传播方向也会发生变化，即发生光的折射现象。在定温下单色光在两种介质的界面上，入射角 i 的正弦与折射角 r 的正弦之比等于该单色光在这两种介质中传播速度 v_1、v_2 之比：

$$\frac{\sin i}{\sin r} = \frac{v_1}{v_2} = n_{12}$$

式中，n_{12} 称为折射率，当介质 1 为真空（或空气）时，它为物质的特性常数。一定波长的光在一定温度、压力下，对于给定介质其折射率为定值。

当 $n_{12} > 1$ 时，由上式可知，i 必大于 r。这时光由第一种介质进入第二种介质时将折向法线。在一定温度、压力下，光的入射角 i 增大至 90° 时，折射角达到极大值 r_c，$r_c <$ 90°。r_c 称为临界折射角。因此，从图 9.1 中法线左边入射的全部光线，进入第二种介质后都应落在临界折射角 r_c 之内，若在 M 处置一目镜，则从目镜中见到的是半明半暗视野。由折射率的定义可知，当固定一种介质时，临界折射角 r_c 的大小和折射率（代表第二种介质的性质）有简单的函数关系。阿贝折光仪正是根据此原理设计制造的。

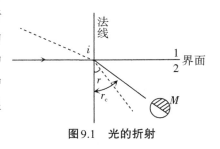

图9.1　光的折射

实验室常用的阿贝折光仪是 2WA-J 阿贝折射仪，是能测定透明、半透明液体或固体的折射率 n_D 和平均色散 $n_f - n_C$ 的仪器（其中以测液体为主），如仪器上接恒温器，则可测定温度为 0℃～70℃内的折射率 n_C。

折射率和平均色散是物质的重要光学常数之一，能借以了解物质的光学性能、纯度、浓度及色散大小等。本仪器能测出蔗糖溶液内含糖量浓度的百分数（0～95%，相当于折射率为1.333～1.531）。故此仪器使用范围甚广，是石油工业、油脂工业、制药工业、制漆工业、食品工业、日用化学工业、制糖工业和地质勘查等有关工厂、学校及有关研究单位不可缺少的常用设备之一。

二、仪器结构

（一）机械部分

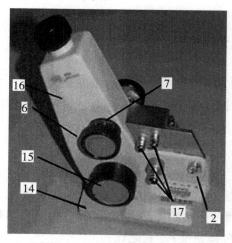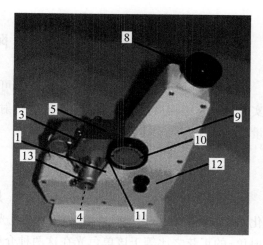

1.反射镜　2.棱镜座连接转轴　3.遮光板　5.进光棱镜座　6.色散调节手轮　7.色散值刻度圈　8.目镜　9.盖板　10.锁紧手轮　11.折射标棱镜座　12.照明刻度聚光镜　13.温度计座　14.底座　15.折射率刻度调节手轮　16.壳体　17.恒温器接头

图9.2　仪器结构图

底座（14）为仪器的支承座，壳体（16）固定在其上，除棱镜和目镜以外全部光学组件及主要结构封闭于壳体内部。棱镜组固定于壳体上，由进光棱镜、折射棱镜以及棱镜座等结构组成，两只棱镜分别用特种黏合剂固定在棱镜内。

（5）为进光棱镜座，（11）为折射棱镜座，两棱镜座由转轴（2）连接进光棱镜能打开和关闭，当两棱镜座密合并用手轮（10）锁紧时，两棱镜之间保持一均匀的间隙，被测液体应充满此间隙。（3）为遮光板，（17）为四只恒温器接头，（4）为温度计（未展示），（13）为温度计座，可用乳胶管与恒温器连接使用。（1）为反射镜，（8）为目镜，（9）为盖板，（15）为折射率刻度调节手轮，（6）为色散调节手轮，（7）为色散值刻度圈，（12）为照明刻度盘聚光镜。

（二）光学部分

仪器的光学部分由望远镜和读数系统两个部分组成。

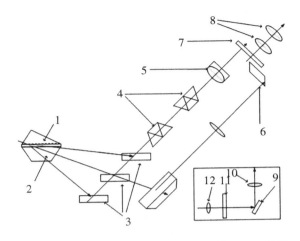

1.进光棱镜　2.折射棱镜　3.摆动反射镜　4.消色散棱镜组　5.望远物镜组　6.平行棱镜
7.分划板　8.目镜　9.读数物镜　10.反射镜　11.刻度板　12.聚光镜

图9.3　望远系统读数系统光路图

进光棱镜（1）与折射棱镜（2）之间有一微小、均匀的间隙，被测液体就放在此空隙内。光线（自然光或白炽光）射入进光棱镜（1），在其磨砂面上产生漫反射，被测液层内有各种不同角度的入射光，经过折射棱镜（2）产生一束折射角均大于临界角 i 的光线。由摆动反射镜（3）将此束光线射入消色散棱镜组（4），此消色散棱镜组是由一对等色散阿米西棱镜组成，其作用是获得一可变色散来抵消由于折射棱镜对不同被测物体所产生的色散。再由望远镜（5）将此明暗分界线成像于分划板（7）上，分划板上有十字分画线，通过目镜（8）能看到如图9.3上半部所示的像。光线经聚光镜（12）照明刻度板（11），刻度板与摆动反射镜（3）连成一体，同时绕刻度中心做回转运动。通过反射镜（10）、读数物镜（9）、平行棱镜（6）将刻度板上不同部位折射率示值成像于分划板（7）上。

三、使用与操作的方法

（一）准备工作

在开始测定前，必须先用蒸馏水或标准试样校对读数。对折射棱镜的抛光面加1～2滴溴代萘，再贴上标准试样的抛光面，当读数视场指示于标准试样上之值时，观察望远镜内明暗分界线是否在十字线中间，若有偏差则用螺丝刀微量旋转图9.2上小孔（16）内的螺钉，带动物镜偏摆，使分界线像位移至十字线中心，通过反复地观察与校正，使示值的起始误差降至最小（包括操作者的瞄准误差）。校正完毕后，在以后的测定过程中不允许随意再动此部位。

如果在日常的工作中，对所测量的折射率示值有怀疑，可按上述方法用标准试样进行检验，是否有起始误差，并进行校正。

每次测定工作之前及进行示值校准时必须将进光棱镜的毛面，折射棱镜的抛光面及标准试样的抛光面，用无水酒精与乙醚（1∶4）的混合液和脱脂棉花轻擦干净，以免留有其他物质，影响成像清晰度和测量精度。

（1）用蒸馏水校准（默认采用25 ℃蒸馏水，其折射率读数为1.33205，其他温度下参考下表。）

①将棱镜锁紧扳手松开，将棱镜擦干净（注意：用无水酒精或其他易挥发溶剂，用镜头纸擦干）。

②用滴管将2～3滴蒸馏水滴入两棱镜中间，合上并锁紧。

③调节棱镜转动手轮，使折射率读数恰为1.3330。

④从测量镜筒中观察黑白分界线是否与叉丝交点重合。若不重合，则调节刻度调节螺丝，使叉丝交点准确地和分界线重合。若视场出现色散（下左图），可调节微调手轮至色散消失（图9.4）。

图9.4　视场色散

如样品为蒸馏水时测数要符合下表：

温度/℃	折射率/n_D	温度/℃	折射率/n_D
18	1.33316	25	1.33250
19	1.33308	26	1.33239
20	1.33299	27	1.33228
21	1.33289	28	1.33217
22	1.33280	29	1.33205
23	1.33270	30	1.33193
24	1.33260		

（2）用标准玻璃块校准

①松开棱镜锁紧扳手，将进光棱镜拉开。

②在玻璃块的抛光底面上滴溴代萘（高折射率液体），把它贴在折光棱镜的面上，玻璃块的抛光侧面应向上，以接受光线，使测量镜筒视场明亮。

③调节大调手轮，使折射率读数恰为标准玻璃已知的折射率值。

④从测量镜微中观察，若分界线不与叉丝交点重合，则调节螺丝使它们重合。若有色散，则调节微调手轮消除色散。

（二）测定工作

（1）测定透明、半透明液体

将被测液体用干净滴管加在折射棱镜表面，并将进光棱镜盖上，用手轮（10）锁紧，要求液层均匀，充满视场，无气泡。打开遮光板（3），合上反射镜（1），调节目镜视度，使十字线成像清晰，此时旋转手轮（15）并在目镜视场中找到明暗分界线的位置，再旋转手轮（6）使分界线不带任何彩色，微调手轮（15），使分界线位于十字线的中心，再适当转动聚光镜（12）。此时目镜视场下方显示示值即为被测液体的折射率。

（2）测定透明固体

被测物体上需要有一个平整的抛光面，把进光棱镜打开，在折射棱镜的抛光面上加1～2滴溴代萘，并将被测物体的抛光面擦干净放上去，使其接触良好，此时便可在目镜视场中寻找分界线，瞄准和读数的操作方法如前所述。

（3）测定半透明固体

被测半透明固体上也需要有一个平整的抛光面。测量时将固体的抛光面用溴代萘沾在折射棱镜上，打开反射镜（1）并调整角度利用反射光束测量，具体操作方法同上。

（4）测量蔗糖内糖量浓度

操作与测量液体折射率时相同，此时读数可直接从视场中示值上半部读出，即为蔗糖溶液含糖量浓度的百分数。

（5）测定平均色散值

基本操作方法与测量折射率时相同，只是以两个不同方向转动色散调节手轮（6）时，使视场中明暗分界线无彩色为止，此时需记下每次在色散值刻度圈（7）上指示的刻度值 Z，取其平均值，再记下其折射率 n_D。根据折射率 n_D 值，在阿贝折射仪色散表的同一横行中找出 A 和 B 值（若 n_D 在表中 2 个数值中间时用内插法求得）。再根据 Z 值在表中查出相应的 σ 值。当 $Z > 30$ 时取负值，当 $Z < 30$ 时取正值，按照所求出的 A、B 值代入色散公式 $n_F - n_C = A + Ba$ 就可求出平均色散值。

（6）若需测量在不同温度时的折射率，将温度计旋入温度计座（13）中，接上恒温器通水管，把恒温器的温度调节到所需测量温度，接通循环水，待温度稳定 10 min 后，即可测量。

仪器二　数字式电位差综合测试仪

一、仪器特点

（一）一体化设计

将UJ系列电位差计、光电检流计、标准电池等集成一体、体积小，重量轻，便于携带（如图9.5所示）。

（二）数字显示

电位差值6位显示，数值直观清晰、准确可靠。

（三）内外基准

既可使用内部基准进行校准，又可外接标准电池作基准进行校准，使用方便灵活。

（四）准确度高

保留电位差计测量功能，真实体现电位差计对比检测误差微小的优势。

（五）性能可靠

电路采用对称漂移抵消原理，克服了元器件的温漂和时漂，提高测量的准确度。

二、使用方法

（一）开机

用电源线将仪表后面板的电源插座与约220 V电源连接，打开电源开关（ON），

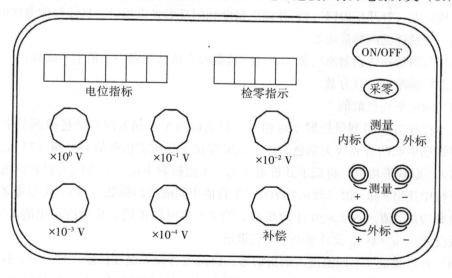

图9.5　SDC-Ⅱ型数字电位差综合测试仪面板示意图

预热15 min再进入下一步操作。

（二）以内标为基准进行测量

1.校验

（1）将"测量选择"旋钮置于"内标"。

（2）将测试线分别插入测量插孔内，将"10°"位旋钮置于"1"，"补偿"旋钮逆时针方向旋到底，其他旋钮均置于"0"，此时，"电位指示"显示"1.00000"V，将两测试线短接。

（3）待"检零指示"显示数值稳定后，按一下"采零"键，此时，"检零指示"显示为"0000"。

2.测量

（1）将"测量选择"置于"测量"。

（2）用测试线将被测电动势按"＋""−"极性与"测量插孔"连接。

（3）调节"$10^0 \sim 10^{-4}$"五个旋钮，使"检零指示"显示数值为负且绝对值最小。

（4）调节"补偿"旋钮，使"检零指示"显示为"0000"，此时，"电位指示"数值即为被测电动势的值。

注意：①测量过程中，若"检零指示"显示溢出符号"OU. L"，说明"电位指示"显示的数值与被测电动势值相差过大。

②电阻箱10^{-4}挡值若稍有误差可调节"补偿"电位器达到对应值。

三、以外标为基准进行测量

1.校验

（1）将"测量选择"旋钮置于"外标"。

（2）将已知电动势的标准电池按"＋""一"极性与"外标插孔"连接。

（3）调节"$10^0 \sim 10^{-4}$"五个旋钮和"补偿"旋钮，使"电位指示"显示的数值与外标电池数值相同。

（4）待"检零指示"数值稳定后，按一下"采零"键，此时，"检零指示"显示为"0000"。

2.测量

（1）拔出"外标插孔"的测试线，再用测试线将被测电动势按"＋""−"极性接入"测量插孔"。

（2）将"测量选择"置于"测量"。

（3）调节"$10^0 \sim 10^4$"五个旋钮，使"检零指示"显示数值为负且绝对值最小。

（4）调节"补偿"旋钮，使"检零指示"显示为"0000"，此时，"电位指示"数值即为被测电动势的值。

（四）关机

实验结束后关闭电源。

维护注意事项

1.置于通风、干燥、无腐蚀性气体的场所。

2.不宜放置在高温环境，避免靠近发热源如电暖气或炉子等。

3.为了保证仪表工作正常，不是专门检测设备的单位和个人，请勿打开机盖进行检修，更不允许调整和更换元件，否则将无法保证仪表测量的准确度。

仪器三　电导率仪

DDS-307A 型电导率仪（以下简称仪器）是实验室测量水溶液电导率必备的仪器，仪器采用全新设计的外形、大屏幕 LCD 段码式液晶，显示清晰、美观。该仪器广泛地应用于石油化工、生物医药、污水处理、环境监测、矿山冶炼等行业及大专院校和科研单位。若配用适当常数的电导电极，可用于测量电子半导体、核能工业和电厂纯水或超纯水的电导率。

一、仪器的主要特点

◆ 仪器采用大屏幕 LCD 段码式液晶；

◆ 可同时显示电导率/温度值或 TDS/温度值，显示清晰；

◆ 具有电导电极常数补偿功能；

◆ 具有溶液的手动、自动温度补偿功能；

图9.6　DDS-307A型电导率仪实物图

二、仪器结构(图9.7)

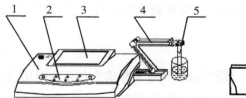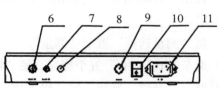

仪器外部结构：

1.机箱　2.键盘　3.显示屏　4.多功能电极架　5.电极

仪器后面板：

6.测量电极插座　7.接地插座　8.温度电极插座　9.保险丝　10.电源开关　11.电源插座

图9.7　DDS-307A型电导率仪结构示意图

三、仪器键盘说明

1. "电导率/TDS"键：此键为双功能键，在测量状态下，按一次进入"电导率"测量状态，再按一次进入"TDS"测量状态；在设置"温度""电极常数""常数调节"时，按此键退出功能模块，返回测量状态。

2. "电极常数"键：此键为电极常数选择键，按此键上部"△"为调节电极常数上升；按此键下部"▽"为调节电极常数下降；电极常数的数值选择为0.01、0.1、1、10。

3. "常数调节"键：此键为常数调节选择键，按此键上部"△"为常数调节数值上升；按此键下部"▽"常数调节数值下降。

4. "温度"键：此键为温度选择键，按此键上部"△"为调节温度数值上升；按此键下部"▽"为调节温度数值下降。

5. "确认"键：此键为确认键，按此键为确认上一步操作。

四、仪器附件

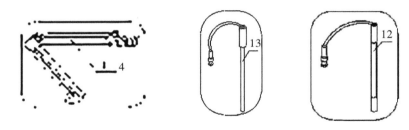

4.多功能电极架 12.DJS-1C电导电极 13.T-818-B-6温度电极

图9.8 仪器附件

五、仪器的使用

1. 开机前的准备

（1）将多功能电极架（4）插入多功能电极架插座中，并拧好。

（2）将电导电极（12）及温度电极（13）安装在电极架（4）上。

（3）用蒸馏水清洗电极。

2. 仪器操作流程

连接电源线，打开仪器开关，仪器进入测量状态，显示如下图，仪器预热30 min后，可进行测量。

在测量状态下，按"电导率/TDS"键可以切换显示电导率以及TDS；按"温度"键设置当前的温度值；按"电极常数"和"常数调节"键进行电极常数的设置，简要的操作流程见下：

DDS-307A型电导率仪操作流程图

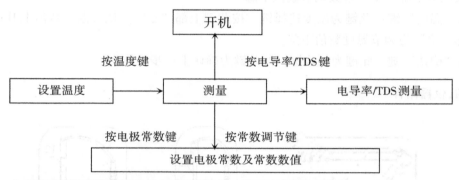

注：如仪器使用温度传感器进行自动温度补偿，则不需进行温度设备。

如果仪器接上温度电极，将温度电极放入溶液中，此仪器显示的温度数值为自动测量溶液的温度值，仪器自动进行温度补偿，用户不必进行温度设置操作。

3.设置温度

DDS-307A型电导率仪一般情况下不需要用户对温度进行设置，如果用户需要设置温度，请在不接温度电极的情况下，用温度计测出被测溶液的温度，然后按"温度△"或"温度▽"键。

仪器显示如图：

按"温度△"或"温度▽"键调节显示值，使温度显示为被测溶液的温度，按"确认"键，即完成当前温度的设置；按"电导率/TDS"键放弃设置，返回测量状态。

4.电极常数和常数数值的设置

仪器使用前必须进行电极常数的设置。目前电导电极的电极常数为0.01、0.1、1.0、10四种类型，每种类电极具体的电极常数值均粘贴在每支电导电极上，用户根据电极上所标的电极常数值进行设置。

按"电极常数"键或"常数调节"键，仪器进入电极常数设置状态，仪器显示如图：

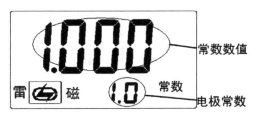

（1）电极常数为"1"的数值设置

按"电极常数▽"或"电极常数△"，电极常数的显示在10、1、0.1、0.01之间转换，如果电导电极标贴的电极常数为"1.010"，则选择"1"并按"确认"键；再按"常数数值▽"或"常数数值△"，使常数数值显示"1.010"，按"确认"键；此时完成电极常数及数值的设置（电极常数为上下二组数值的乘积）。仪器显示如图：

如用户放弃设置，按"电导率/TDS"键，返回测量状态。

（2）电极常数为"0.1"的数值设置

按"电极常数▽"或"电极常数△"，电极常数的显示在10、1、0.1、0.01之间转换，如果电导电极标贴的电极常数为"0.1010"，则选择"0.1"并按"确认"键；再按"常数数值▽"或"常数数值△"，使常数数值显示"1.010"，按"确认"键；此时完成电极常数及数值的设置（电极常数为上下二组数值的乘积）。仪器显示如图：

如用户放弃设置，按"电导率/TDS"键，返回测量状态。

（3）电极常数为"0.01"的数值设置

按"电极常数▽"或"电极常数△"，电极常数的显示在10、1、0.1、0.01之间转换，如果电导电极标贴的电极常数为"0.01010"，则选择"0.01"并按"确认"键；再按"常数数值▽"或"常数数值△"，使常数数值显示"1.010"，按"确认"键；此时完成电极常数及数值的设置（电极常数为上下二组数值的乘积）。仪器显示如图：

如用户放弃设置，按"电导率/TDS"键，返回测量状态。

（4）电极常数为"10"的数值设置

按"电极常数▽"或"电极常数△"，电极常数的显示在10、1、0.1、0.01之间转换，如果电导电极标贴的电极常数为"10.10"，则选择"10"并按"确认"键；再按"常数数值▽"或"常数数值△"，使常数数值显示"1.010"，按"确认"键；此时完成电极常数及数值的设置（电极常数为上、下2组数值的乘积）。仪器显示如图：

如用户放弃设置，按"电导率/TDS"键，返回测量状态。

5.测量

电导率范围及对应电极常数推荐表

电导率范围 $\mu s/cm^{-1}$	推荐使用电极常数/cm^{-1}
0.05~2	0.01,0.1
2~200	0.1,1.0
200~2×10⁵	1.0

（1）电导率的测量

经过上述4（3）～4（4）的设置，仪器可用来测量被测溶液，按"电导率/TDS"键，使仪器进入电导率测量状态。仪器显示如图：

　　如果采用温度传感器，仪器接上电导电极、温度电极，用蒸馏水清洗电极头部，再用被测溶液清洗一次，将温度电极、电导电极浸入被测溶液中，用玻璃棒搅拌溶液使溶液均匀，在显示屏上读取溶液的电导率值。如溶液温度为 22.5 ℃，电导率值为 100.0 μS/cm，则仪器显示如图：

　　如果仪器没有接上温度电极，则用温度计测出被测溶液的温度，按"温度设置"操作步骤进行温度设置；然后，仪器接上电导电极，用蒸馏水清洗电极头部，再用被测溶液清洗一次，将电导电极浸入被测溶液中，用玻璃棒搅拌溶液使溶液均匀，在显示屏上读取溶液的电导率值。如溶液温度为 25.5 ℃，电导率值为 1.010 mS/cm，则仪器显示如图：

（2）TDS 的测量

　　经过上述 4（3）～4（4）的设置，仪器可用来测量被测溶液，按"电导率/TDS"键，使仪器进入 TDS 测量状态。仪器显示如图：

　　如果采用温度传感器，仪器接上电导电极、温度电极，用蒸馏水清洗电极头部，再用被测溶液清洗一次，将温度电极、电导电极浸入被测溶液中，用玻璃棒搅拌溶液使溶液均匀，在显示屏上读取溶液的TDS值。例如：溶液温度为22.5 ℃，TDS值为10.10 mg/L，则仪器显示如图：

如果仪器没有接上温度电极，则用温度计测出被测溶液的温度，按 "4.3 温度设置" 操作步骤进行温度设置；然后，仪器接上电导电极，用蒸馏水清洗电极头部，再用被测溶液清洗一次，将电导电极浸入被测溶液中，用玻璃棒搅拌溶液使溶液均匀，在显示屏上读取溶液的TDS值。如溶液温度为25.5 ℃，TDS值为10.10 mg/L，则仪器显示如图：

五、注意事项

◆ 电极使用前必须放在蒸馏水中浸泡数小时，经常使用的电极应放入（贮存在）蒸馏水中。

◆ 为保证仪器的测量精度，必要时在仪器的使用前，用该仪器对电极常数进行重新标定。同时应定期进行电导电极常数标定。

◆ 在测量高纯水时应避免污染，正确选择电导电极的常数并最好采用密封、流动的测量方式。

◆ 本仪器的TDS按电导率1：2比例显示测量结果。

◆ 为确保测量精度，电极使用前应用于小0.5 μS/cm的去离子水（或蒸馏水）冲洗2次，然后用被测试样冲洗后方可测量。

◆ 电极插头座防止受潮，以免造成不必要的测量误差。

仪器四　分光光度计

分光光度法是通过测定被测物质在特定波长处或一定波长范围内光的吸收度，根据被测量物质分子本身或借助显色剂显色后对可见波段范围单色光的吸收或反射光谱特性来进行物质的定量、定性或结构分析的一种方法。它具有灵敏度高、操作简便、快速等优点，是生物化学实验中最常用的实验方法。许多物质的测定都采用分光光度法。在分光光度计中，将不同波长的光连续地照射到一定浓度的样品溶液时，便可得到与不同波长相对应的吸收强度。分光光度计是采用该法进行测定的，其中722S型是实验室常用的一种型号，在这里做一介绍。

一、仪器工作原理

物质与光作用，具有选择吸收的特性。有色物质的颜色是该物质与光作用产生的。即有色溶液所呈现的颜色是由于溶液中的物质对光的选择性吸收所致。由于不同的物质其分子结构不同，对不同波长光的吸收能力也不同，因此具有特征结构的结构集团，存在选择吸收特性的最大吸收波长，形成最大吸收峰，而产生特有的吸收光谱。物质对光的吸收是具有选择性的，溶液中的物质在光的照射激发下，产生了对光吸收的效应。不同的物质具有其各自的吸收光谱，因此当某单色光通过溶液时，其能量就会被吸收而减弱，如图9.9。

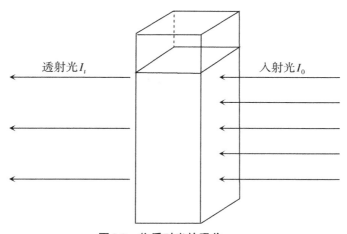

图9.9　物质对光的吸收

根据朗伯-比尔定律，溶液对于单色光的吸收，遵守下列关系：

$$A = \lg \frac{1}{T} = \lg \frac{I_0}{I_t} \quad T = \frac{I_t}{I_0}$$

光能量减弱的程度和物质的浓度有一定的比例关系，即符合朗伯-比耳定律。

$$A = \varepsilon cl$$

式中，T 为透射比，即透光率；I_0 为入射光强度；I_t 为透射光强度；A 为吸光度；ε 为吸光系数；c 为溶液的浓度；l 为溶液的光径长度。

由上述公式可以看出，当入射光波长、吸光系数和溶液的光径长度一定时，透光率或吸光度只与溶液的浓度成正比。分光光度计正是根据上述的物理光学现象，把透过溶液的光经过测光系统中的光电转换器，将光能转变为电能，通过测光系统的指示器，显示出相应的吸光度和透光率，从而计算出溶液的浓度。

二、仪器结构

722S型可见分光光度计由光源室、单色器、试样室、光电管暗盒（包括光电管和放大器）、电子系数及数字显示器等部件组成，外形如图9.10所示。

它具有以下特点：

可自动调100%T和0A，操作简单；光源自动切换，无须手工操作；大屏幕液晶显示；可输入标准样品的浓度因子，便于样品浓度直读；内置RS232接口，可以连接打印机和计算机。其主要技术参数：单光束，1200线/mm全息光栅系统；波长范围340～1000 nm；波长最大允许误差不大于±2 nm；光谱带宽5 nm±1 nm；杂散光不大于0.5%T。

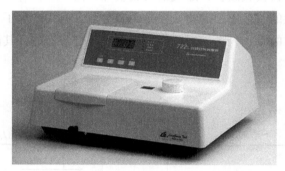

图9.10　722S型可见分光光度计的实物图

三、仪器的基本操作

1.预热

为使仪器内部达到热平衡，开机后预热时间不小于30 min。开机后预热时间小于30 min时，请注意随时操作置0%（T）、100%（T），确保测试结果有效。

注意：由于仪器检测器（光电管）有一定的使用寿命，应当尽量减少对光电管的光照，所以在预热的过程中应打开样品室盖，切断光路。

2.改变波长

通过旋转波长调节手轮可以改变仪器的波长显示值（顺时针方向旋转波长调节手轮波长显示值增大，逆时针方向旋转则显示值减少）。调节波长时，视线一定要与视窗垂直。

3.置参比样品和待测样品

（1）选择测试用的比色皿；

（2）把盛好参比样品和待测样品的比色皿放到四槽位样品架内；

（3）用样品架拉杆来改变四槽位样品架的位置，当拉杆到位时有定位感，到位时请前后轻轻推拉一下以确保定位正确。

4.置0%（T）

目的：校正读数标尺的零位，配合置100%（T）进入正确测试状态。分光光度计的检测器是基以光电效应的原理，但当没有光照射到检测器上时，也会有微弱的电流产生（暗电流），调0%T主要用消除这部分电流对实验结果的影响。

调整时机：改变测试波长时；测试一段时间后。

操作：检视透射比指示灯是否亮。若不亮则按MODE键，点亮透射比指示灯。打开样品室盖，切断光路（或将黑体置入四槽位样品架中，用样品架拉杆来改变四槽位样品架的位置，使黑体遮断光路）后，按"0%ADJ"键即能自动置0%（T），一次未到位可加按一次。

5.置100%（T）

目的：校正读数标尺的零位，配合置0%（T）进入正确测试状态。

调整时机：改变测试波长时；测试一段时间后。

操作：将用作参比的样品置入样品室光路中，关闭掀盖后按"100%ADJ"键即能自动置100%（T），一次未到位可加按一次。

注意：置100%（T）时，仪器的自动增益系统调节可能会影响0%（T），调整后请检查0%（T），

若有变化请重复调整0%（T）。

由于溶液对光的吸收具有加和效应，溶液的溶剂及溶液中的其他成分对任何波长的光都会有或多或少的吸收，这样都会影响测试结果的可靠性，所以应设置参比样品以消除这些因素的影响。参比样品应根据测试样品的具体情况科学、合理地设置。

6.改变操作模式

本仪器设置有四种操作模式，开机时仪器的初始状态设定在透射比操作模式。

（1）透射比：测试透射比

（2）吸光度：测试吸光度

（3）浓度因子：设定浓度因子

（4）浓度直读：测试浓度和浓度直读

7.浓度因子设定和浓度直读设定

（1）浓度因子设定

按MODE键，选择浓度因子工作模式，再长按MODE键，使数值显示窗右端数字连续闪亮，即进入设定模式。这时连续按下FUNC键，从右到左，各位数字会依次循环闪亮。某一位数字闪亮时，按数字升降键（0%ADJ键和100%ADJ兼用）键可设定数字。按下0%ADJ键，闪亮数字连续上升，直到要求设定的数字出现时即停止。按下100%ADJ键，闪亮数字连续下降，直到要求设定的数字出现时即停止。通过FUNC键、

0%ADJ键、100%ADJ键操作，待四位数字全部设定时，再按MODE键，数值显示窗显示出设定的四位浓度因子数值，即完成设定。

（2）浓度直读设定

按MODE键，选择浓度直读工作模式，再长按MODE键，数值显示窗右端数字连续闪亮，即进入设定模式。和浓度因子设定时一样操作，按下FUNC键，发挥其数字移位功能，按下0%ADJ键和100%ADJ键，分别发挥其上升数字和下降数字功能，直到各位数字都设定后，再按MODE键，数值显示窗显示出设定的直读浓度数值，即完成设定。

8.RS232C串行接口交换数据

722型可见分光光度计设有RS232C串行通信口，可配合PC计算机使用。

RS232C输出口定义及数据格式如下：

波特率：9600 bps

数据位：8位

停止位：1位

四、应用操作

1.测定溶液的透射比

①预热→②设定波长→③置参比样品和待测样品→④置0%（T）→⑤置100%（T）→⑥选择透射比操作模式→⑦拉动拉杆，使待测样品进入光路→⑧记录测试数据

2.测定溶液的吸光度

①预热→②设定波长→③置参比样品和待测样品→④置0%（T）→⑤置100%（T）→⑥选择吸光度操作模式→⑦拉动拉杆，使待测样品进入光路→⑧记录测试数据

3.测定样品的T-λ（透射比-波长）曲线

在要求测量的波长范围内以合适的波长间隔逐点按测定样品透射比的步骤重复执行，并将各波长对应的透射比标记在方格纸上，即呈现该材料的T-λ（透射比-波长）曲线。

4.运用A-c（吸光度-浓度）标准曲线测定物质浓度

①按照分析规程配制不同浓度的标准样品溶液并记录→②按分析规程配制标准参比溶液→③预热，改变波长，置参比样品和待测样品，置0%（T），置100%（T）→④选择吸光度操作模式→⑤测出不同浓度的标准溶液和待测样品对应的吸光度，并记录各数组→⑥根据不同浓度的标准溶液对应的吸光度数组手工绘制c-A曲线，或运用仪器的RS232C接口配合仪器的专用软件拟合出c-A曲线→⑦根据待测样品吸光度，在c-A曲线上找出对应的浓度

5.浓度直读应用

当分析对象比较稳定且其标准曲线基本过原点的情况下，用户不必采用较复杂的标

准曲线法检测待测样品的浓度，而可直接采用浓度直读法作定量检测。

要求：待测溶液的浓度大概在标准样品浓度的2/3左右。操作步骤如下：

①测出待测样品和标准样品的吸光度→②选择测试浓度操作模式→③设定浓度直读为标准含量或含量值的10^n倍→④浓度值=显示值×10^n倍，记录测试数据。

6.浓度因子功能应用

按"浓度直读"执行前3步后、置浓度因子操作模式，在数值显示窗中将显示这一标准样品的浓度因子，记录该浓度因子数值，则在下次测试同一种样品时，开机后不必重新测量标准样品的浓度因子，而只需直接重新输入该浓度因子数值，即可直接对待测样品进行浓度直读来测定浓度。

操作步骤如下：

①预热，校正波长准确度，改变波长，置参比样品和待测样品，置0%（T），置100%（T）→②置浓度因子操作模式→③设定浓度因子为已测得的浓度因子值→④置浓度直读操作模式→⑤记录待测样品浓度

五、仪器日常维护

1.清洁仪器外表宜用温水，切忌使用乙醇、乙醚、丙酮等有机溶液，用软布和温水轻擦表面即可擦净。必要时，可用洗洁精擦洗表面污点，但必须即刻用清水擦净。仪器不使用时，请用防尘罩保护。

2.波长范围由定位机构限定，旋转波长调节手轮至短波端335 nm和长波端1000 nm时，调到为止，切勿用力过大，以免损坏限位机构（为确保仪器工作于标定波长范围，本机短波端限位在332 nm附近，长波端限位在1003 nm附近）。

六、吸收池的使用

1.吸收池要配对使用，因为相同规格的吸收池仍有或多或少的差异，致使光通过比色溶液时，吸收情况将有所不同。

2.注意保护吸收池的透光面，拿取时，手指应捏住其毛玻璃的两面，以免沾污或磨损透光面。

3.在已配对的吸收池上，于毛玻璃面上做好记号，使其中一只专置参比溶液，另一只专置试液。同时还应注意吸收池放入吸收池槽架时应有固定朝向。

4.如果试液是易挥发的有机溶剂，则应加盖后，放入比色皿槽架上。

5.凡含有腐蚀玻璃物质的溶液，不得长时间盛放在吸收池中。

6.倒入溶液前，应先用该溶液淋洗内壁三次，倒入量不可过多，以吸收池高度的4/5为宜。

7.每次使用完毕后，应用蒸馏水仔细淋洗，并以吸水性好的软纸吸干外壁水珠，放回吸收池盒内。

8.不能用强碱或强氧化剂浸洗比色皿,而应用稀盐酸或有机溶剂,再用水洗涤,最后用蒸馏水淋洗三次。

9.不得在火焰或电炉上进行加热或烘烤吸收池。

10.若发现吸收池被沾污,可以用洗液清洗,也可用20 W的玻璃仪器清洗超声波清洗半小时,一般都能解决问题。

仪器五　旋光仪

旋光仪(Polarimeter)是测定旋光性物质旋光度的仪器。通过对样品旋光度的测量,可以分析确定物质的浓度、含量及纯度等。自然光通过起偏镜后产生平面偏振光,如果旋光管中盛装的为旋光性物质,当偏振光通过该物质溶液时,偏振光的角度会向左或向右旋转一定角度,这时,为了让旋转一定角度后的偏振光能通过检偏镜光栅,必须将检偏镜旋转一定角度,在目镜处才能看到明亮。这个所旋转的角度就是该待测物质溶液的旋光度。旋光仪广泛应用于制药、药检、制糖、食品、香料、味精以及化工、石油等工业生产,科研、教学部门,用于化验分析或过程质量控制。

一般光源发出的光,其光波在与光传播方向垂直的一切可能方向上振动,这种光称为自然光或称为非偏振光,而只在一个固定方向有振动的光称为偏振光。

偏振光是由一块尼科尔棱镜产生的。尼科尔棱镜由两个方解石直角棱镜组成,如图9.11所示。棱镜两锐角为68°和22°;两棱镜直角边用加拿大树胶粘合起来(图中AD)。当自然光s以一定的入射角投射到棱镜时,双折射产生的O光线在第一块直棱镜与树胶交界面上全反射,为棱镜框子上涂黑的表面所吸收。双折射产生的e光线则透过树胶层及第二个棱镜而射出,从而在尼科耳棱镜的出射方向上获得了一束单一的平面偏振光。这个尼科耳棱镜称为起偏镜。常用的起偏镜还有聚乙烯醇人造起偏镜。

偏振光振动平面在空间轴向角度位置的测量也是借助于一块尼科耳棱镜,这里称为检偏镜。它是由偏振片固定在两保护玻璃之间,并随刻度盘同轴转动。当一束光经过起偏镜后,光沿OA方向振动,如图9.12所示。也就是可以允许在这一方向上振动的光通过此平面。OB为检偏镜的透射面,只允许在这一方向上振动的光通过。两透射面的夹角为公振幅为E的OA方向的平面偏振光可以分解为振幅分量分别为$E\cos\theta$和$E\sin\theta$的两互相垂直的平面偏振光,并且只有$E\cos\theta$分量(与OB相重)可以透过检偏镜,而$E\sin\theta$分量不能透过。当$\theta=0°$时,$E\cos\theta=1$,此时透过检偏镜的光最强;当$\theta=90°$时,$E\cos\theta=0$,此时没有光透过检偏镜,光最弱。当角在0~90°之间变化时,此时部分光透过检偏镜。也就是说,透过检偏镜的光的强弱随检偏镜和起偏镜两透射面之间的夹角θ值而变化。

当一束平面偏振光通过某些物质时,其振动平面方向会旋转一定的角度,这种物质叫作旋光性物质,通常用旋光度$[\alpha]$表示各物质的旋光性。旋光仪就是通过透光强弱明暗来测定其旋光度。

如果在起偏镜与检偏镜之间放有旋光性物质，由于物质的旋光作用，使由起偏镜产生的偏振。光振动面旋转一个角度 α，因而检偏镜只有也相应旋转一个角度 α，才能使透过的光强与原来的光强相同，如图9.13所示。

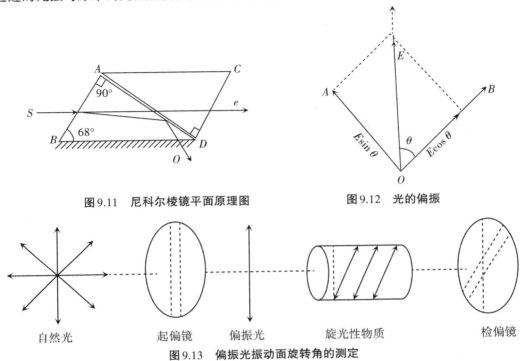

图9.11 尼科尔棱镜平面原理图   图9.12 光的偏振

图9.13 偏振光振动面旋转角的测定

实际观察时，肉眼对视场明暗变化的感觉不甚灵敏，因此为了精确地测量旋转角，常采用比较的办法，这里先介绍二分视场的方法。在起偏片后装有半波片（半圆是普通玻璃，另半圆是石英半波片），由于石英片具有旋光性，从石英片中透过的那一部分偏振光振动面旋转了一个角度，通过目镜观察到透过石英片的半边稍暗，另外半边稍亮，即出现二分视场。转动检偏镜，可以看到二分视场中各部分明暗变化情况，如图9.14所示。（a）、（c）中，一半视野明亮，一半视野阴暗，可以看到明显的明暗交界线；（b）为暗视场，整个视场内亮度一致而且较暗，即此时二分视场消失；（d）为全亮视场，整个视野均匀但特别明亮。人的视觉在暗野下对明暗变化更为敏感，因此在实验中测定旋光度，采用（b）视场作为零度视场，而不是采用（d）的全亮视场来观察，这一点在实验中尤其需要注意。

（a）大于或小于零度视场   （b）零度视场   （c）小于或大于零度视场   （d）全亮视场

图9.14 二分视场

此外，还可以采用三分视场的方法，在起偏镜后的中部装一狭长的石英片，如果旋转检偏镜使透射光的偏振面与旋转一定角度的偏振方向平行时，在视野中将观察到：中间狭长部分较明亮，而两旁较暗，这是由于两旁的偏振光不经过石英片，如图9.15（a）所示。如果检偏镜的偏振面与起偏镜的偏振面平行，在视野中将是：中间狭长部分较暗而两旁较亮，如图9.15（c）。如图9.15（b）为暗视场，视野中三个区内的明暗均匀，即此时三分主整个视好较暗；（d）为全亮视场，整个视野均匀但特别明亮。同二分视场，采用的也是暗视场（b）作为零度视场。

（a）大于或小于零度视场　（b）零度视场　　（c）小于或大于零度视场　（d）全亮视场

图9.15　三分视场

旋光仪的结构：

 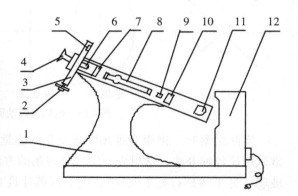

1.底座；2.度盘调节手轮；3.刻度盘；4.目镜；
5.度盘游标；6.物镜；7.检偏片；8.测试管；9.石
英片；10.起偏片；11.会聚透镜；12.钠光灯光源

图9.16　旋光仪构造示意图

旋光仪主要包括灯源、起偏镜、检偏镜、测试筒、刻度圆盘等。WXG-4圆盘旋光仪的外形及纵断面示意图如图9.16所示，它采用二分视场法确定光学零位。光线由钠光灯发出，经过透镜、滤光片、起偏镜后，成为平面偏振光，在半波片处产生二分视场。检偏镜与刻度圆盘连在一起，旋转度盘手轮即转动检偏镜的角度。调节度盘转动手轮，通过物、目镜组可以观察到视野的变化情况。

附　录

附录1　国际单位制(SI)的基本单位及定义

量的单位	单位名称	单位符号	定义
长度	米	m	光在真空中1/299792458 s时间间隔内所经路径的长度。
质量	千克(公斤)	kg	国际千克原器的质量。
时间	秒	s	铯-133原子基态的两个超精细能级之间跃迁所对应的辐射的9192631770个周期的持续时间。
电流	安[培]	A	在真空中,截面积可忽略的两根相距1 m的无限长平行圆直导线内通以等量恒定电流时,若导线间相互作用力在每米长度上为$2×10^{-7}$ N,则每根导线中的电流为1 A。
热力学温度	开[尔文]	K	水三相点热力学温度的1/273.16。
物质的量	摩[尔]	mol	是一系统的物质的量,该系统中所包含的基本单元数与0.012 kg碳-12的原子数目相等。在使用摩尔时,基本单元应予指明,可以是原子、分子、离子、电子及其他粒子,或是这些粒子的特定组合。
发光强度	坎[德拉]	cd	一光源在给定方向上的发光强度,该光源发出频率为$540×10^{12}$ Hz的单色辐射,且在此方向上的辐射强度为1/683 W/sr。

附录2　SI导出单位

量的名称	SI导出单位		
	名称	符号	用SI基本单位和SI导出单位表示
[平面]角	弧度	rad	$1\ rad=\dfrac{180°}{\pi}$
立体角	球面度	sr	$1\ sr=1\ m^2/m^2=1$
频率	赫[兹]	Hz	$1\ Hz=1\ s^{-1}$
力	牛[顿]	N	$1\ N=1\ kg\cdot m/s^2$
压强、压力、应力	帕[斯卡]	Pa	$1\ Pa=1\ N/m^2$

续表

量的名称	SI导出单位		
	名称	符号	用SI基本单位和SI导出单位表示
能(量)、功、热量	焦[耳]	J	1 J=1 N·m
电荷量	库[仑]	C	1 C=1 A·s
功率、辐(射能)通量	瓦[特]	W	1 W=1 J/s
电压、电动势、电位	伏[特]	V	1 V=1 W/A
电容	法[拉]	F	1 F=1 C/V
电阻	欧[姆]	Ω	1 Ω=1 V/A
电导	西[门子]	S	1 S=1 $Ω^{-1}$
磁通量	韦[伯]	Wb	1 Wb=1 V·S
磁通量密度、磁感应强度	特[斯拉]	T	1 T=1 Wb/m^2
电感	亨[利]	H	1 H=1 Wb/A
摄氏温度	摄氏度	℃	1 ℃=1 K
光通量	流[明]	lm	1 lm=1 cd·sr
光(照度)	勒[克斯]	lx	1 lx=1 lm/m^2

附录3 我国选定的非国际单位制单位

量的名称	单位名称	单位符号	换算关系和说明
时间	分	min	1 min=60 s
	[小]时	H	1 h=60 min=3600 s
	天[日]	d	1 d=24 h=86400 s
平面角	[角]秒	(″)	l″=(π/648 000)rad(π为圆周率)
	[角]分	(′)	1′=60″=(π/10800)rad
	度	(°)	1°=60′=(π/180)rad
旋转速度	转每分	r/min	1r/min=(1/60)s^{-1}
长度	海里	n mile	1 n mile=1852 m(只用于航程)
速度	节	kn	1 kn=1 n mile/h =(1852/3600 m/s(只用于航行)
质量	吨	t	1 t=10^3 kg
	原子质量单位	u	1 u≈1.6605655×10^{-27}kg
体积	升	L,(l)	1 L=1 dm^3=$10^{-3}m^3$
能	电子伏	eV	1 eV≈1.6021892×10^{-19}J
级差	分贝	dB	
线密度	特[克斯]	tex	1 tex=1 g/km

附录4　一些物理化学常数

常数	符号	数值	单位
真空中的光速	c_0	2.997924×10^8	m/s
真空磁导率	$\mu_0 = 4\pi \times 10^{-7}$	12.56637×10^{-7}	H/m
真空电容率	$\varepsilon_0 = (\mu_0 c^2)^{-1}$	8.854187×10^{-12}	F/m
基本电荷	e	1.602177×10^{-19}	C
精细结构常数	$a = \mu_0 c e^2 / 2h$	7.297353×10^{-3}	
普朗克常数	h	6.626075×10^{-34}	J.s
阿伏加德罗常数	L	6.022136×10^{23}	mol^{-1}
电子的静止质量	m_e	9.109389×10^{-31}	kg
质子的静止质量	m_p	1.672623×10^{-27}	kg
中子的静止质量	m_n	1.674928×10^{-27}	kg
法拉第常数	F	9.648530×10^4	C/mol
里德堡常数	R_∞	1.097373×10^7	m^{-1}
玻尔半径	$a_0 = a / 4\pi R_\infty$	5.291772×10^{-11}	m
玻尔磁子	$\mu_B = eh / 2m_e$	9.274015×10^{-24}	J/T
核磁子	$\mu_N = eh / 2m_p c$	5.050786×10^{-27}	J/T
摩尔气体常数	R	8.314510	J/(K·mol)
玻耳兹曼常数	$k = R/L$	1.380658×10^{-23}	J/K

附录5　用于构成十进倍数和分数单位的词头

倍数	词头名	符号	倍数	词头名	符号	倍数	词头名	符号
10^{24}	尧	Y	10^3	千	k	10^{-6}	微	μ
10^{21}	泽	Z	10^2	百	H	10^{-9}	纳	n
10^{18}	艾	E	10^1	十	Da	10^{-12}	皮	p
10^{15}	拍	P	10^0	个	—	10^{-15}	飞	f
10^{12}	太	T	10^{-1}	分	D	10^{-18}	阿	a
10^9	吉	G	10^{-2}	厘	C	10^{-21}	仄	z
10^6	兆	M	10^{-3}	毫	m	10^{-24}	幺	y

附录6 能量单位换算表

能量单位	cm^{-1}	J	cal	eV
cm^{-1}	1	1.8648×10^{-23}	4.74778×10^{-24}	1.239852×10^{-4}
J	5.03404×10^{22}	1	0.239006	6.241461×10^{18}
cal	2.10624×10^{23}	4.184	1	2.611425×10^{19}
eV	8.065479×10^{3}	1.602189×10^{-19}	3.829326×10^{-20}	1

附录7 IUPAC 推荐的五种标准缓冲溶液的 pH

温度/℃	饱和酒石酸钾 $(0.0341\ mol\cdot L^{-1})$	邻苯二甲酸氢钾 $(0.05\ mol\cdot L^{-1})$	KH_2PO_4 $(0.025\ mol\cdot L^{-1})$ $-Na_2HPO_4$ $(0.025\ mol\cdot L^{-1})$	KH_2PO_4 $(0.00869\ mol\cdot L^{-1})$ $-Na_2HPO_4$ $(0.03043\ mol\cdot L^{-1})$	$Na_2B_4O_7$ $(0.01mol\cdot L^{-1})$
15	—	3.999	6.900	7.448	9.276
20	—	4.002	6.881	7.429	9.225
25	3.577	4.008	6.865	7.413	9.180
30	3.552	4.015	6.853	7.400	9.139
35	3.549	4.024	6.844	7.389	9.102
38	3.548	4.030	6.840	7.384	9.081
40	3.547	4.035	6.838	7.380	9.068
45	3.547	4.047	6.834	7.373	9.038

附录8 有机化合物的密度与温度的关系

表中所列有机化合物的密度可用下列方程式计算：

$$\rho_t = \rho_0 + 10^{-3}at/℃ + 10^{-6}\beta(t^2/℃) + 10^{-9}\gamma(t^3/℃)$$

式中，ρ_0 为0 ℃时的密度，g/s^3；

ρ_t 为 t 时的密度，g/s^3。

化合物	ρ_0	α	β	γ	温度范围/℃
四氯化碳	1.63255	−1.9410	−0.690		0～40
氯仿	1.52643	−1.8563	−0.560	−8.84	−53～55
乙醚	0.73629	−1.1138	−1.237		0～70
乙醇[①]	0.78506	−0.8591	−0.56	−5	10～40
醋酸	1.0724	−1.1229	0.005	−2.0	9～100
丙酮	0.81248	−1.100	−0.858		0～50
乙酸乙酯	0.92454	−1.168	−1.95	20	0～40
环己烷	0.79707	−0.8879	−0.972	1.55	0～60

[①]0.78506 为 25 ℃时的密度，利用上述方程式计算时，温度项应该用$(t-25)$/℃代入。

附录9　常见物质的蒸气压

物质的蒸气压按下式计算：

$$\lg p = A - \frac{B}{C+t}$$

式中，p 为蒸气压，mmHg；A、B、C 为常数；t 为摄氏度，℃。

名称	分子式	温度范围/℃	A	B	C
氯仿	$CHCl_3$	−30～150	6.90328	1163.03	227.4
乙醇	C_2H_6O	−30～150	8.04494	1554.3	222.65
丙酮	C_3H_6O	−30～150	7.02447	−1161.0	224
乙酸	$C_2H_4O_2$	0～36	7.80307	1651.2	225
乙酸	$C_2H_4O_2$	36～170	7.18807	1416.7	211
乙酸乙酯	$C_4H_8O_2$	−20～150	7.09808	1238.71	217.0
苯	C_6H_6	−20～150	6.90565	1211.033	220.790
甲苯	C_7H_8	−20～150	6.95464	1344.800	219.482
乙苯	C_8H_{10}	−20～150	6.95719	1424.255	213.20
水	H_2O	0～60	8.10765	1750.286	235.0
水	H_2O	60～150	7.96681	1668.21	228.0
汞	Hg	100～200	7.46905	2771.898	244.831
汞	Hg	200～300	7.7324	3003.68	262.482

附录10　某些液体的密度(单位为 kg · m⁻³)

$$d = \left[d_s + \alpha(t - t_s) + \beta(t - t_s)^2 \times 10^{-3} + \gamma(t - t_s)^3 \times 10^{-4} \right]$$

式中，$t_s = 0 \text{ ℃}$

液体	d_s	α	β	γ	适用范围
三氯甲烷	1526.43	−1.8563	−0.5309	−8.81	−53～55 ℃
四氯化碳	1632.55	−1.9110	−0.690		0～40 ℃
丙酮	812.48	−1.100	−0.858		0～50 ℃
二乙醚	736.29	1.1138	−1.237		0～70 ℃
异丙醇	816.9	−0.751	−0.28	−8	0～50 ℃
苯	(900.05)	−1.0636	−0.0376	−2.213	11～72 ℃
溴苯	1522.31	−1.345	−0.24	0.76	0～80 ℃
氯苯	1127.82	−1.0664	−0.2463	−0.53	0～73 ℃
硝基苯	1223.00	−0.98721	−0.09944		0～58 ℃
环己烷	797.07	−0.887.9	−0.972	1.55	0～65 ℃

附录11　不同温度下水的密度

$t/\text{℃}$	$\rho/\text{kg·m}^{-3}$	$t/\text{℃}$	$\rho/\text{kg·m}^{-3}$	$t/\text{℃}$	$\rho/\text{kg·m}^{-3}$	$t/\text{℃}$	$\rho/\text{kg·m}^{-3}$
0	999.87	20	998.23	45	990.25	75	974.89
3.98	1000.0	25	997.07	50	988.07	80	971.83
5	999.99	30	995.67	55	982.73	85	968.65
10	999.73	35	994.06	60	983.24	90	965.34
15	999.13	38	992.99	65	980.59	95	961.92
18	998.62	40	992.24	70	977.81	100	958.38

附录12　不同温度下水的饱和蒸气压

$t/$ ℃	$p/$kPa	$t/$ ℃	$p/$kPa	$t/$ ℃	$p/$kPa	$t/$ ℃	$p/$kPa
0	0.61129	19	2.1978	30	4.2455	45	9.5898
5	0.87260	20	2.3388	31	4.4953	50	12.344
10	1.2281	21	2.4877	32	4.7578	60	19.932
11	1.3129	22	2.6447	33	5.035	70	31.176
12	1.4027	23	2.8104	34	5.3229	80	47.376
13	1.4979	24	2.9850	35	5.6267	90	70.117
14	1.5988	25	3.1690	36	5.9453	95	84.529
15	1.7056	26	3.3269	37	6.2795	100	101.32
16	1.8185	27	3.5670	38	6.6298	101	104.99
17	1.9380	28	3.7818	39	6.9969	102	108.77
18	20644	29	4.0078	40	7.3814		

附录13　水在不同温度的折射率

温度/ ℃	折射率	温度/ ℃	折射率	温度/ ℃	折射率
0	1.3339	17	1.3332	26	1.3324
5	1.3338	18	1.3332	27	1.3323
10	1.3337	19	1.3331	28	1.3322
11	1.3337	20	1.3330	29	1.3321
12	1.3336	21	1.3329	30	1.3320
13	1.3335	22	1.3328	35	1.3312
14	1.3335	23	1.3327	40	1.3305
15	1.3334	24	1.3326	45	1.3297
16	1.3333	25	1.3325	50	1.3289

附录14　几种常用液体的折射率(25 ℃,钠光 λ=589.3 nm)

名称	n_D	名称	n_D	名称	n_D
甲醇	1.326	正己烷	1.372	苯乙烯	1.545
水	1.3325	1-丁醇	1.397	溴苯	1.557
乙醚	1.352	氯仿	1.444	苯胺	1.583
丙酮	1.357	四氯化碳	1.459	溴仿	1.587
乙醇	1.359	乙苯	1.493		
醋酸	1.370	甲苯	1.494		
乙酸乙酯	1.370	苯	1.498		

附录15　恒沸混合物恒沸点和组成(101325 Pa)

组分1及沸点/℃	组分2及沸点/℃	恒沸点/℃	恒沸组成(组分1的百分数)
乙醇:78.32	水:100	78.12	96%
丙醇:97.3	水:100	87	71.7%
苯:80.1	乙醇:78.32	67.9	68.3%
异丙醇:82.5	环己烷:80.7	69.4	32%
乙醇:78.32	环己烷:80.7	64.8	29.2%
苯:80.1	环己烷:80.7	68.5	4.7%
乙酸乙酯:77	己烷:68.7	65.15	39.9%

附录16　低共熔混合物的组成和低共熔温度

组分1及沸点/℃	组分2及沸点/℃	低共熔温度/℃	低共熔混合物(组分1的百分数)
Sn:232	Pb:327	183	63.0%
Sn:232	Zn:420	198	91.0%
Sn:232	Ag:961	221	96.5%
Sn:232	Cu:1083	227	99.2%
Sn:232	Bi:1083	140	42.0%
Sb:630	Pb:327	246	12.0%
Bi:271	Pb:327	124	55.5%
Bi:271	Cd:321	146	60.0%
Cd:321	Zn:420	270	83.0%

附录17　质量摩尔及凝固点降低常数

溶剂	凝固点/℃	$K_f/K \cdot mol^{-1} \cdot kg^{-1}$	溶剂	凝固点/℃	$K_f/K \cdot mol^{-1} \cdot kg^{-1}$
环己烷	6.54	20.0	苯酚	40.90	7.40
溴仿	8.05	14.4	萘	80.29	6.94
醋酸	16.66	3.90	樟脑	178.75	37.7
苯	5.533	5.12	水	0.0	1.853

附录18　醋酸的标准电离平衡常数

$t/℃$	$K_a^{\ominus} \times 10^5$	$t/℃$	$K_a^{\ominus} \times 10^5$	$t/℃$	$K_a^{\ominus} \times 10^5$
0	1.657	20	1.753	40	1.703
5	1.700	25	1.754	45	1.670
10	1.729	30	1.750	50	1.633
15	1.754	35	1.728	−	−

附录19　水的表面张力

$t/℃$	$\sigma/N \cdot m^{-1}$	$t/℃$	$\sigma/N \cdot m^{-1}$
−8	0.0770	25	0.07197
−5	0.0764	30	0.07118
0	0.0756	40	0.06956
5	0.0749	50	0.06791
10	0.07422	60	0.06618
15	0.07439	70	0.0644
18	0.07305	80	0.0626
20	0.07275	100	0.0589

附录20　常用参比电极的电极电势及温度系数

名　称	体　系	E/V	$(\mathrm{d}E/\mathrm{d}T)/ \times 10^{-3}(\mathrm{V/K})$
氢电极	$Pt, H_2\|H^+(a_{H^+}=1)$	0.0000	
饱和甘汞电极	$Hg, Hg_2Cl_2\|$饱和 KCl	0.2415	-0.761
标准甘汞电极	$Hg, Hg_2Cl_2\|1\ mol/L\ KCl$	0.2800	-0.275
0.1 mol/L甘汞电极	$Hg, Hg_2Cl_2\|0.1\ mol/L\ KCl$	0.3337	-0.875
银-氯化银电极	$Ag, AgCl\|0.1\ mol/L\ KCl$	0.290	-0.3
氧化汞电极	$Hg, HgO\|0.1\ mol/L\ KOH$	0.165	
硫酸亚铁电极	$Fe, FeSO_4\|1\ mol/L\ H_2SO_4$	0.6758	
硫酸铜电极	$Cu\|$饱和$CuSO_4$	0.316	0.7

附录21　有机化合物的折射率及温度系数

化合物	n_D^{15}	n_D^{20}	n_D^{25}	$\mathrm{d}n/\mathrm{d}t/ \times 10^{-5}$
四氯化碳	1.4631	1.4603	1.459	-55
三氯甲烷	1.4486	1.4456		-59
甲醇	1.3306	1.3286	1.326	-40
乙醇	1.3633	1.3613	1.359	-40
丙酮	1.3616	1.3591	1.357	-49
溴苯	1.5625	1.5601	1.557	-48
氯苯	1.5275	1.5246		-58
苯	1.5044	1.5011	1.498	-66
甲苯	1.4999	1.4969	1.494	-57
甲基环己烷	1.4256	1.4231	1.421	-47
二硫化碳	1.6319	1.6280		-78
环己烷	1.4290	1.4226		-48

附录22　不同浓度气体在空气中的爆炸极限

气体	爆炸极限(体积%)	气体	爆炸极限(体积%)
氢	4.1~74	苯	1.2~9.5
氮	16~27	乙醇	4.3~19
一氧化碳	12.5~74	甲烷	5.3~14
煤气	5.3~32	乙烷	3.2~12.5
丙酮	2.5~13	丙烷	2.4~9.5
丙烯	2~11	丁烷	1.9~8.4

附录23　我国统一规定的气体钢瓶颜色和标字

气体类别	钢瓶颜色	标字	标字颜色
氮气	黑	氮	黄(棕线)
氨气	黄	氨	黑
氢气	深绿	氢	红(红线)
氧气	浅蓝	氧	黑
氯气	黄绿(保护色)	氯	白(白线)
二氧化硫	黑	二氧化硫	白(黄线)
二氧化碳	黑	二氧化碳	黄
空气	黑	压缩空气	白
粗氩	黑	粗氩	白(白线)
纯氩	灰	纯氩	绿
乙炔	白	乙炔	红
石油气	灰	石油气	红
氦气	棕	氦	白

附录24　乙醇水溶液的表面张力

$t/℃$	乙醇体积/%								
	5.00	10.00	24.00	34.00	48.00	60.00	72.00	80.00	96.00
	表面张力/ $N·m^{-1}$								
20	—	—	—	0.03324	0.03010	0.02756	0.02628	0.02491	0.02304
40	0.05492	0.04825	0.03550	0.03518	0.02893	0.02618	0.02491	0.02343	0.02138
50	0.05335	0.04677	0.03432	0.03070	0.02824	0.02550	0.02412	0.02256	0.02040

附录 25　不同温度下水的黏度

$t/℃$	$\eta/10^3\,\mathrm{Pa\cdot s}$	$t/℃$	$\eta/10^3\,\mathrm{Pa\cdot s}$	$t/℃$	$\eta/10^3\,\mathrm{Pa\cdot s}$
0	1.787	34	0.7340	68	0.4155
1	1.728	35	0.7194	69	0.4098
2	1.671	36	0.7052	70	0.4042
3	1.618	37	0.6915	71	0.3987
4	1.567	38	0.6783	72	0.3934
5	1.591	39	0.6654	73	0.3882
6	1.472	40	0.6529	74	0.3831
7	1.428	41	0.6408	75	0.0.3781
8	1.386	42	0.6291	76	0.3732
9	1.307	43	0.6178	77	0.3684
10	1.271	44	0.6067	78	0.3638
11	1.235	45	0.5960	79	0.3592
12	1.202	46	0.5856	80	0.3547
13	1.169	47	0.5755	81	0.3503
14	1.169	48	0.5656	82	0.3460
15	1.139	49	0.5561	83	0.3418
16	1.109	50	0.5468	84	0.3377
17	1.081	51	0.5378	85	0.3337
18	1.053	52	0.5290	86	0.3297
19	1.027	53	0.5204	87	0.3259
20	1.002	54	0.5121	88	0.3221
21	0.9779	55	0.5040	89	0.3184
22	0.9548	56	0.4961	90	0.3147
23	0.9325	57	0.4884	91	0.3111
24	0.9111	58	0.4809	92	0.3076
25	0.8904	59	0.4736	93	0.3042
26	0.8705	60	0.4665	94	0.3008
27	0.8513	61	0.4596	95	0.2975
28	0.8327	62	0.4528	96	0.2942
29	0.8148	63	0.4462	97	0.2911
30	0.7975	64	0.4398	98	0.2879
31	0.7808	65	0.4335	99	0.2848
32	0.7674	66	0.4273	100	0.2818
33	0.7491	67	0.4213		

附录26　一些常见液体物质的介电常数

化合物	介电常数 ε		温度系数 α		适用温度范围/℃
	20 ℃	25 ℃	$-10^2 d\varepsilon/dt$	$-10^2 d(\lg\varepsilon)/dt$	
四氯化碳	2.238	2.228	0.200	—	$-20\sim60$
环己烷	2.023	2.015	0.160	—	$10\sim60$
乙酸乙酯	—	6.02	1.5		25
乙醇	—	24.35	—	0.270	$-5\sim70$
1,4-二氧六环	—	2.209	—	0.170	$20\sim50$
硝基苯	35.74	34.82	—	0.225	$10\sim80$
水	80.37	78.54	—	0.200	$15\sim30$

附录27　气相中常见分子的偶极矩

化合物	偶极矩 $\mu/10^{-30}$ C·m	化合物	偶极矩 $\mu/10^{-30}$ C·m
四氧化碳	0	硝基苯	14.1
乙醇	5.64	氨	4.90
乙酸乙酯	5.94	水	6.17

附录28　饱和标准电池电动势-温度公式

$$E_t = E_{20} - [39.94(t-20)+0.929(t-20)^2 - 0.0090(t-20)^3 + 0.00006(t-20)^4] \times 10^{-6}$$

引自：国家标准计量局（78）国际计字第153号通知。

附录29　常用参比电极在25 ℃时的电极电势及温度系数 α

（相对于标准氢电极）

电极	电极反应	φ_{25}/V	α/mV·K^{-1}	电极溶液
$Cl^-(a)$, $Hg_2Cl_2(s)/Hg(l)$	$Hg_2Cl_2(s)+2e^{-1} \rightarrow$ $Hg(l)+2Cl^-$	0.2415	-7.61	饱和KCl
$Cl^-(a)$, $AgCl(s)/Ag(s)$	$AgCl(s)+e^{-1}\rightarrow Ag(s)+Cl^-$	0.290	-0.3	0.1 mol·L^{-1}KCl
$SO_4^{2-}(a)$, $Hg_2SO_4(s)/Hg(l)$	$Hg_2SO_4(s)+2e^{-1}\rightarrow 2Hg(l)+SO_4^{2-}$	0.6758	—	0.1 mol·L^{-1}K$_2$SO$_4$

附录30　水的电导率 κ

t/℃	-2	0	2	4	10	18	26	34	50
$\kappa \times 10^6$/S·m^{-1}	1.47	1.58	1.80	2.12	2.85	4.41	6.70	9.62	18.9

附录31 一些电解质水溶液(25 ℃)的摩尔电导率 Λ_m

$\dfrac{c}{\text{mol} \cdot \text{L}^{-1}}$	$\dfrac{\Lambda_m}{\text{S} \cdot \text{m}^2 \cdot \text{mol}^{-1}}$				
	HCl	KCl	NaCl	NaAc	AgNO$_3$
0.1	391.13	128.90	106.69	72.26	109.09
0.05	398.89	133.30	111.01	76.88	115.18
0.02	407.04	138.27	115.70	81.20	121.35
0.01	411.80	141.20	118.45	83.72	124.70
0.005	415.59	143.48	120.59	85.68	127.14
0.001	421.15	146.88	123.68	88.5	130.45
0.0005	422.53	147.74	124.44	89.2	131.29
∞	425.95	149.79	126.39	91.0	33.29

附录32 不同温度下KCl的电导率 κ

$t/$ ℃	$\kappa/\text{S} \cdot \text{m}^{-1}$			$t/$ ℃	$\kappa/\text{S} \cdot \text{m}^{-1}$		
	0.01 mol·L^{-1}	0.02 mol·L^{-1}	0.03 mol·L^{-1}		0.01 mol·L^{-1}	0.02 mol·L^{-1}	0.03 mol·L^{-1}
0	0.0776	0.1521	0.725	19	0.1251	0.2449	1.143
1	0.0800	0.1566	0.736	20	0.1278	0.2501	1.167
2	0.0824	0.1612	0.757	21	0.1305	0.2553	1.191
3	0.0848	0.1659	0.779	22	0.1332	0.2606	1.215
4	0.0872	0.1705	0.800	23	0.1359	0.2659	1.239
5	0.0896	0.1752	0.822	24	0.1386	0.2712	1.264
6	0.0921	0.1800	0.844	25	0.1413	0.2765	1.288
7	0.0945	0.1848	0.866	26	0.1441	0.2819	1.313
8	0.0970	0.1896	0.888	27	0.1468	0.2873	1.337
9	0.0995	0.1945	0.911	28	0.1496	0.2927	1.362
10	0.1020	0.1994	0.933	29	0.1524	0.2981	1.387
11	0.1045	0.2043	0.956	30	0.1552	0.3036	1.412
12	0.1070	0.2093	0.979	31	0.1581	0.3091	1.437
13	0.1095	0.2142	1.002	32	0.1609	0.3146	1462
14	0.1121	0.2293	1.025	33	0.1638	0.3201	1.488
15	0.1147	0.2243	1.048	34	0.1667	0.3256	1.513
16	0.1173	0.2294	1.072	35	—	0.3312	1.539
17	0.1199	0.2345	1.059	36	—	0.3368	1.564
18	0.1225	0.2397	1.119				

附录33　一些离子在水溶液中的摩尔电导率(25 ℃)

离子	$\lambda_0 \times 10^4 / \text{s·m}^2 \cdot \text{mol}^{-1}$	离子	$\lambda_0 \times 10^4 / \text{s·m}^2 \cdot \text{mol}^{-1}$	离子	$\lambda_0 \times 10^4 / \text{s·m}^2 \cdot \text{mol}^{-1}$
Ag^+	61.9	$\frac{1}{3}[Fe(CN)_6]^{3-}$	101	Cl^-	76.35
$\frac{1}{2}Ba^{2+}$	63.9	HCO_3^-	44.5	F^-	54.5
$\frac{1}{2}Be^{2+}$	45	HS^-	65	ClO_3^-	64.6
$\frac{1}{2}Ca^{2+}$	59.5	HSO_3^-	50	ClO_4^-	67.9
$\frac{1}{2}Cd^{2+}$	54	HSO_4^-	50	CN^-	78
$\frac{1}{3}Ce^{3+}$	70	I^-	76.8	$\frac{1}{2}CO_3^{2-}$	72
$\frac{1}{2}Co^{2+}$	53	IO_3^-	40.5	$\frac{1}{2}CrO_4^{2-}$	85
$\frac{1}{3}Cr^{3+}$	67	IO_4^-	54.5	NO_2^-	71.8
$\frac{1}{2}Cu^{2+}$	55	NH_4^+	73.5	NO_3^-	71.4
Br^-	78.1	Na^+	50.11	OH^-	198.6
H^+	349.82	$\frac{1}{2}Ni^{2+}$	50	$\frac{1}{3}PO_4^{3-}$	69.0
$\frac{1}{2}Hg^{2+}$	53	$\frac{1}{2}Pb^{2+}$	71	SCN^-	66
K^+	73.5	$\frac{1}{2}Sr^{2+}$	59.46	$\frac{1}{2}SO_3^{2-}$	79.9
$\frac{1}{3}La^{3+}$	69.6	Tl^+	76	$\frac{1}{2}SO_4^{2-}$	80.0
Li	38.69	$\frac{1}{2}Fe^{2+}$	54	Ac^-	40.9
$\frac{1}{2}Mg^{2+}$	53.06	$\frac{1}{3}Fe^{3+}$	68	$\frac{1}{2}C_2O_4^{2-}$	74.2
$\frac{1}{4}[Fe(CN)_6]^{4-}$	111	$\frac{1}{2}Zn^{2+}$	52.8		

附录34　强电解质溶液的离子平均活度系数 $\gamma_{\pm}$ (25 ℃)

电解质	浓度/mol·kg⁻¹									
	0.001	0.002	0.005	0.01	0.02	0.05	0.1	0.2	0.5	1.0
$AgNO_3$	—	—	0.92	0.90	0.86	0.79	0.731	0.654	0.534	0.428
HCl	0.966	0.952	0.928	0.904	0.875	0.830	0.796	0.767	0.758	0.809
HBr	0.966	0.932	0.929	0.906	0.879	0.838	0.805	0.782	0.790	0.871
HNO_3	0.965	0.951	0.927	0.902	0.871	0.823	0.785	0.748	0.751	0.720
H_2SO_4	0.830	0.757	0.639	0.544	0.453	0.340	0.265	0.209	0.154	0.130
KOH	—	—	0.92	0.90	0.86	0.824	0.798	0.760	0.732	0.756
$NaOH$	—	—	—	0.90	0.86	0.818	0.766	0.727	0.690	0.678
KCl	0.965	0.952	0.927	0.901	—	0.815	0.769	0.719	0.651	0.606
KBr	0.965	0.952	0.927	0.903	0.872	0.822	0.771	0.721	0.657	0.617
KI	0.965	0.951	0.927	0.905	0.88	0.84	0.776	0.731	0.675	0.646
$NaCl$	0.965	0.952	0.927	0.902	0.871	0.819	0.778	0.734	0.682	0.658
$NaNO_3$	0.966	0.953	0.93	0.90	0.87	0.82	0.758	0.702	0.615	0.548
Na_2SO_4	0.887	0.847	0.778	0.714	0.641	0.536	0.453	0.371	0.270	0.204
NH_4Cl	0.961	0.944	0.911	0.88	0.84	0.790	0.774	0.718	0.649	0.603
$MgSO_4$	—	—	—	0.40	0.32	0.22	(0.150)	0.170	0.068	0.049
$CuSO_4$	0.74	—	0.53	0.41	0.31	0.21	(0.150)	0.104	0.062	0.042
$CdSO_4$	0.73	0.64	0.50	0.40	0.31	0.21	(0.150)	0.103	0.062	0.042
$ZnSO_4$	0.700	0.508	0.477	0.387	0.289	0.202	0.150	0.104	0.063	0.044
$ZnCl_2$	0.88	0.84	0.789	0.731	0.667	0.578	0.515	0.459	0.429	0.337
$Pb(NO_3)_2$	0.885	0.843	0.763	0.687	0.600	0.464	0.405	0.316	0.210	0.145
$BaCl_2$	0.88	—	0.77	0.723	—	0.599	0.492	0.438	0.390	0.392
$Al_2(SO_4)_3$	—	—	—	—	—	—	(0.035)	0.023	0.014	0.017

附录 35　Na$_2$SO$_4$、Na$_2$S$_2$O$_3$、Na$_3$AsO$_4$、Na$_3$PO$_4$、NdCl$_3$溶液的离子平均活度系数 γ±（25 ℃）

浓度/mol·kg^{-1}	Na$_2$SO$_4$	Na$_2$S$_2$O$_3$	Na$_3$AsO$_4$	Na$_3$PO$_4$	NdCl$_3$
0.001	0.887	—	—	—	—
0.005	0.778	—	—	—	—
0.01	0.714	—	—	—	—
0.05	0.536	—	—	—	0.447
0.1	0.453	0.466	0.299	0.293	0.381
0.2	0.371	0.390	0.225	0.216	0.333
0.3	0.325	0.347	0.188	0.177	0.318
0.4	0.294	0.319	0.165	0.151	—
0.5	0.270	0.298	0.148	0.134	0.322
0.6	0.252	0.282	0.136	0.120	—
0.7	0.237	0.267	0.126	0.109	0.348
0.8	0.226	0.256	—	—	—
0.9	0.213	0.247	—	—	—
1.0	0.204	0.239	—	—	0.418
1.2	0.189	0.226	—	—	0.488
1.4	0.177	0.218	—	—	0.581
1.6	0.168	0.211	—	—	0.703
1.8	0.161	0.206	—	—	0.862
2.0	0.154	0.202	—	—	1.179
2.5	0.144	0.199	—	—	—
3.0	0.139	0.203	—	—	—
3.5	0.137	0.211	—	—	—
4.0	0.138	—	—	—	—

附录 36　20 ℃乙醇水溶液的密度与折射率

乙醇（质量分数）/%	ρ/g·cm^{-3}	n_D^{20}	乙醇（质量分数）/%	ρ/g·cm^{-3}	n_D^{20}
0	0.9982	1.3330	50	0.9139	1.3616
5	0.9893	1.3360	60	0.8911	1.3638
10	0.9819	1.3395	70	0.8676	1.3652
20	0.9687	1.3469	80	0.8436	1.3658
30	0.9539	1.3535	90	0.8180	1.3650
40	0.9352	1.3583	100	0.7893	1.3614

附录37　环己烷-异丙醇混合液浓度与折射率关系表(20 ℃)

异丙醇的摩尔百分数/%	n_D^{25}	异丙醇的摩尔百分数/%	n_D^{25}
0	1.4263	40.40	1.4077
10.66	1.4210	46.04	1.4050
17.04	1.4181	50.00	1.4029
20.00	1.4168	60.00	1.3983
28.34	1.4130	80.00	1.3882
32.03	1.4113	100.00	1.3773
37.14	1.4090		

附录38　不同温度下饱和甘汞电极(SCE)的电势

$t/℃$	φ/V	$t/℃$	φ/V
0	0.2568	40	0.2307
10	0.2507	50	0.2233
20	0.2444	60	0.2154
25	0.2412	70	0.2071
30	0.2378		

附录39　甘汞电极的电极电势与温度的关系

甘汞电极	φ/V
饱和甘汞电极	$0.2412 - 6.61 \times 10^{-4}(t/℃ - 25) - 1.75 \times 10^{-6}(t/℃ - 25)^2 - 9 \times 10^{-10}(t/℃ - 25)^3$
标准甘汞电极	$0.2801 - 2.75 \times 10^{-4}(t/℃ - 25) - 2.50 \times 10^{-6}(t/℃ - 25)^2 - 4 \times 10^{-9}(t/℃ - 25)^3$
$0.1 mol \cdot L^{-1}$甘汞电极	$0.3337 - 8.75 \times 10^{-5}(t/℃ - 25) - 3 \times 10^{-6}(t/℃ - 25)^2$

附录40　标准电极电势及其温度系数

电极反应	$\varphi^{\ominus}(298K)/V$	$(d\phi^{\ominus}/dT)/mV \cdot K^{-1}$
$Ag^+ + e^- = Ag$	+0.7991	−1.000
$AgCl + e^- = Ag + Cl^-$	+0.2224	−0.658
$AgI + e^- = Ag + I^-$	−0.151	−0.248
$Ag(NH_3)_2^+ + e^- = Ag + 2NH_3$	+0.373	−0.460
$Cl_2 + 2e^- = 2Cl^-$	+1.3595	−1.260
$2HClO(aq) + 2H^+ + 2e^- = Cl_2(g) + 2H_2O$	+1.63	−0.14
$Cr_2O_7^{2-} + 14H^+ + 6e^- = 2Cr^{3+} + 7H_2O$	+1.33	—
$HCrO_4^- + 7H^+ + 3e^- = Cr^{3+} + 4H_2O$	+1.2	−1.263
$Cu^+ + e^- = Cu$	+0.521	−0.058
$Cu^{2+} + 2e^- = Cu$	+0.337	+0.008
$Cu^{2+} + e^- = Cu^+$	+0.153	+0.073
$Fe^{2+} + 2e^- = Fe$	−0.440	+0.052
$Fe(OH)_2 + 2e^- = Fe + 2OH^-$	−0.877	−1.06
$Fe^{3+} + 2e^- = Fe^+$	+0.771	+1.188
$Fe(OH)_3 + e^- = Fe(OH)_2 + OH^-$	−0.56	−0.96
$2H^+ + 2e^- = H_2(g)$	0.0000	0
$2H^+ + 2e^- = H_2(aq, sat.)$	+0.0004	+0.033
$Hg_2^{2+} + 2e^- = 2Hg$	+0.792	−0.317
$Hg_2Cl_2 + 2e^- = 2Hg + 2Cl^-$	+0.2676	−0.79
$HgS + 2e^- = Hg + S^{2-}$	−0.69	+0.04
$HgI_4^{2-} + 2e^- = Hg + 4I^-$	−0.038	—
$Li^+ + e^- = Li$	−3.045	−0.534
$Na^+ + e^- = Na$	−2.714	−0.772
$Ni^{2+} + 2e^- = Ni$	−0.250	+0.06
$O_2(g) + 2H^+ + 2e^- = H_2O_2(aq)$	+0.682	−1.033
$O_2(g) + 4H^+ + 4e^- = 2H_2O$	+1.229	−0.846
$O_2(g) + 2H_2O + 4e^- = 4OH^-$	+0.401	−1.680
$H_2O_2(aq) + 2H^+ + 2e^- = 2H_2O$	+1.77	−0.658
$2H_2O + 2e^- = H_2 + 2OH^-$	−0.8281	−0.8342
$Pb^{2+} + 2e^- = Pb$	−0.126	−0.451
$PbO_2 + H_2O + 2e^- = PbO(red) + 2OH^-$	+0.248	−1.194
$PbO_2 + SO_4^{2-} + 4H^+ + 2e^- = PbSO_4 + 2H_2O$	+1.685	−0.326
$S + 2H^+ + 2e^- = H_2S(aq)$	+0.141	−0.209
$Sn^{2+} + 2e^- = Sn(白)$	−0.136	−0.282
$Sn^{4+} + 2e^- = Sn^{2+}$	+0.15	—
$Zn^{2+} + 2e^- = Zn$	−0.7628	+0.091
$Zn(OH)_2 + 2e^- = Zn + 2OH^-$	−1.245	−1.002

附录41 不同压力单位间的转换

	Pa	bar	atm	torr	μmHg
Pa	1	0.00001	9.8692×10^{-6}	0.0075006	7.5006
bar	100000	1	0.98692	750.06	750060
atm	101325	1.01325	1	760	760000
torr	133.322	0.00133322	0.00131579	1	1000

附录42 不同温度下KCl的溶解热

（1 mol KCl溶于200 mol水中的积分溶解 $\Delta_{sol}H_m$）

温度/℃	$\Delta_{sol}H_m/kJ \cdot mol^{-1}$	温度/℃	$\Delta_{sol}H_m/kJ \cdot mol^{-1}$
10	19.979	28	17.138
11	19.794	29	17.004
12	19.623	30	16.874
13	19.447	31	16.740
14	19.276	32	16.615
15	19.100	33	16.493
16	18.933	34	16.372
17	18.765	35	16.259

附录43 一些无机化合物的积分溶解热

溶质(B)	n_B/n_A	$t/℃$	$\Delta_{sol}H_m/kJ \cdot mol^{-1}$
KNO₃	1:200	18	+35.392
		25	+34.899
AlCl₃	1:400	18	−325.93
CaCl₂	1:400	18	−75.270
KCl	1:200	18	+18.602
		25	+17.556
KF	1:110	15	−17.196

附录44　某些有机化合物的燃烧热(101325Pa,25 ℃)

物质		$-\Delta H^{\Phi}/kJ \cdot mol^{-1}$	物质		$-\Delta H^{\Phi}/kJ \cdot mol^{-1}$
$CH_4(g)$	甲烷	890.31	$C_2H_2(g)$	乙炔	1299.6
$C_2H_6(g)$	乙烷	1559.8	$C_3H_6(g)$	环丙烷	2091.5
$C_3H_8(g)$	丙烷	2219.9	$C_4H_8(l)$	环丁烷	2720.5
$C_5H_{12}(g)$	正戊烷	3536.1	$C_5H_{10}(l)$	环戊烷	3290.9
$C_6H_{14}(l)$	正己烷	4163.1	$C_6H_{12}(l)$	环己烷	3919.9
$C_2H_4(g)$	乙烯	1411.0	$C_6H_6(l)$	苯	3267.5
$C_{10}H_8(s)$	萘	5153.9	$C_2H_5CHO(l)$	丙醛	1816.3
$CH_3OH(l)$	甲醇	726.51	$(CH_3)_2CO(l)$	丙酮	1790.4
$C_2H_5OH(l)$	乙醇	1366.8	$HCOOH(l)$	甲酸	254.6
$C_3H_7OH(l)$	正丙醇	2019.8	$CH_3COOH(l)$	乙酸	874.54
$HCOOCH_3(l)$	甲酸甲酯	979.5	$C_2H_5COOH(l)$	丙酸	1527.3
$C_6H_5OH(s)$	苯酚	3053.5	$CH_2=CHCOOH(l)$	丙烯酸	1368.2
$C_6H_5CHO(l)$	苯甲醛	3527.9	$C_3H_7COOH(l)$	正丁酸	2183.5
$C_6H_5COOH(s)$	苯甲酸	3226.9	$(CH_3CO)_2O(l)$	乙酐	1806.2
$C_6H_5COOCH_3(l)$	苯甲酸甲酯	3957.6	$C_{12}H_{22}O_{11}(l)$	蔗糖	5640.9
$C_4H_9OH(l)$	正丁醇	2675.8	$CH_3NH_2(l)$	甲胺	1060.6
$(C_2H_5)_2O(l)$	二乙醚	2751.1	$C_2H_5NH_2(l)$	乙胺	1713.3
$HCHO(l)$	甲醛	570.78	$(NH_2)_2CO(s)$	尿素	631.66
$CH_3CHO(l)$	乙醛	1166.4	$C_5H_5N(l)$	吡啶	2782.4

附录45　一些燃料的燃烧值

燃料名称	燃烧值/×10^6J·kg^{-1}	燃料名称	燃烧值/×10^6J·kg^{-1}	燃料名称	燃烧值/×10^6J·kg^{-1}
石煤	8.2	焦炭(完全燃烧)	33.6	煤油	46.2
褐煤	16.8	木炭(不完全燃烧)	约10.5	汽油	46.2
烟煤	29.4	酒精	30.2	氢气	142.8
无烟煤	33.6	煤气	42.0	硝棉火药	3.8
干木柴	12.6	柴油	42.8	硝酸甘油	6.3
焦炭	29.8	石油	44.1	三硝基甲苯	3.1

附录46　一些常用表面活性剂的临界胶束浓度

名称	测定温度/℃	CMC/mol·L^{-1}
氯化十六烷基三甲基铵	25	1.60×10^{-2}
溴化十六烷基三甲基铵		9.12×10^{-5}
溴化十二烷基三甲基铵		1.60×10^{-2}
溴化十二烷基代吡啶		1.23×10^{-2}
辛烷基磺酸钠	25	1.50×10^{-1}
辛烷基硫酸钠	40	1.36×10^{-1}
十二烷基硫酸钠	40	8.60×10^{-3}
十四烷基硫酸钠	40	2.40×10^{-3}
十六烷基硫酸钠	40	5.80×10^{-4}
十八烷基硫酸钠	40	1.70×10^{-4}
硬脂酸钾	50	4.5×10^{-4}
油酸钾	50	1.2×10^{-3}
月桂酸钾	25	1.25×10^{-2}
十二烷基磺酸钠	25	9.0×10^{-3}
月桂醇聚氧乙烯(6)醚	25	8.7×10^{-5}
月桂醇聚氧乙烯(9)醚	25	1.0×10^{-4}
月桂醇聚氧乙烯(12)醚	25	1.4×10^{-4}
十四醇聚氧乙烯(6)醚	25	1.0×10^{-5}
丁二酸二辛基磺酸钠	25	1.24×10^{-2}
氯化十二烷基胺	25	1.6×10^{-2}
对十二烷基苯磺酸钠	25	1.4×10^{-2}
月桂酸蔗糖酯		2.38×10^{-6}
棕榈酸蔗糖酯		9.5×10^{-5}
硬脂酸蔗糖酯		6.6×10^{-5}
吐温20	25	6×10^{-2}(以下数据单位是g/L)
吐温40	25	3.1×10^{-2}
吐温60	25	2.8×10^{-2}
吐温65	25	5.0×10^{-2}
吐温80	25	1.4×10^{-2}
吐温85	25	2.3×10^{-2}

附录47　常见表面活性剂的HLB值

表面活性剂	HLB值	表面活性剂	HLB值
阿拉伯胶	8.0	吐温20	16.7
西黄蓍胶	13.0	吐温21	13.3
明胶	9.8	吐温40	15.6
单硬脂酸丙二酯	3.4	吐温60	14.9
单硬脂酸甘油酯	3.8	吐温61	9.6
二硬脂酸乙二酯	1.5	吐温65	10.5
单油酸二甘酯	6.1	吐温80	15.0
十二烷基硫酸钠	40.0	吐温81	10.0
司盘20	8.6	吐温85	11.0
司盘40	6.7	卖泽45(聚氧乙烯单硬脂酸酯)	11.1
司盘60	4.7	卖泽49(聚氧乙烯硬脂酸酯)	15.0
司盘65	2.1	卖泽51	16.0
司盘80	4.3	卖泽52(聚氧乙烯40硬脂酸酯)	16.9
司盘83	3.7	聚氧乙烯400单月桂酸酯	13.1
司盘85	1.8	聚氧乙烯400单硬脂酸酯	11.6
油酸钾	20.0	聚氧乙烯400单油酸酯	11.4
油酸钠	18.0	苄泽35(聚氧乙烯月桂醇醚)	16.9
油酸三乙醇胺	12.0	苄泽30(聚氧乙烯月桂醇醚)	9.5
卵磷脂	3.0	西土马哥(聚氧乙烯十六醇醚)	16.4
蔗糖酯	5～13	聚氧乙烯氢化蓖麻油	12～18
泊洛沙姆188	16.0	聚氧乙烯烷基酚	12.8
阿特拉斯G-3300 (烷基芳基磺酸盐)	11.7	聚氧乙烯脂肪醇醚(乳白灵A)	13.0
		聚氧乙烯壬烷基酚醚(乳化剂OP)	15.0
阿特拉斯G-263 (烷基芳基磺酸盐)	25～30	聚氧乙烯辛基苯基醚	14.2
		聚氧乙烯辛基苯基醚甲醛加成物 (Triton WR 1339)	13.9
阿特拉斯G-917 (月桂酸丙二酯)	4.5	聚氧乙烯月桂醇醚(平平加0-20)	16.0

附录48 常见气体的体积磁化率(0 ℃)

气体名称	化学符号	$k \times 10^{-6}$ (C.G.S.M)	气体名称	化学符号	$k \times 10^{-6}$ (C.G.S.M)
氧	O_2	+146	氦	He	−0.083
一氧化氮	NO	+53	氢	H_2	−0.164
空气	—	+30.8	氖	Ne	−0.32
二氧化氮	NO_2	+9	氮	N_2	−0.58
氧化亚氮	N_2O	+3	水蒸气	H_2O	−0.58
乙烯	C_2H_4	+3	氯	Cl_2	−0.6
乙炔	C_2H_6	+1	二氧化碳	CO_2	−0.84
甲烷	CH_4	−1	氨	NH_3	−0.84

附录49 常见气体的相对磁化率(0 ℃)

气体名称	相对磁化率	气体名称	相对磁化率	气体名称	相对磁化率
氧	+100	氢	−0.11	二氧化碳	−0.57
一氧化氮	+36.3	氖	−0.22	氨	−0.57
空气	+21.1	氮	−0.40	氩	−0.59
二氧化氮	+6.16	水蒸气	−0.40	甲烷	−0.68
氦	−0.06	氯	−0.41		

参考文献

［1］王亚珍，彭荣，王七容.物理化学实验［M］.北京：化学工业出版社，2019.

［2］金丽萍，邬时清，陈大勇.物理化学实验［M］.上海：华东理工大学出版社，2005.

［3］张新丽，胡小玲，苏克和.物理化学实验［M］.北京：化学工业出版社，2008.

［4］周萃文.物理化学实验技术［M］.北京：化学工业出版社，2013.

［5］王爱荣.物理化学实验［M］.北京：化学工业出版社，2008.

［6］王月娟，赵雷洪.物理化学实验［M］.杭州：浙江大学出版社，2008.

［7］胡晓洪，刘弋潞，梁舒萍.物理化学实验［M］.北京：化学工业出版社，2007.

［8］冯鸣，梅来宝，郭会明.物理化学实验［M］.北京：化学工业出版社，2008.

［9］夏海涛.物理化学实验［M］.南京：南京大学出版社，2006.

［10］傅献彩，沈文霞，姚天扬.物理化学［M］.5版.北京：高等教育出版社，2005.

［11］向建敏，孙雯，贾丽慧.物理化学实验［M］.北京：化学工业出版社，2008.

［12］北京大学化学系物理化学教研室.物理化学实验［M］.3版.北京：北京大学出版社，1995.

［13］天津大学物理化学教研室.物理化学［M］.3版.北京：高等教育出版社，1992.

［14］复旦大学.物理化学实验［M］.2版.北京：高等教育出版社，1993.

［15］东北师范大学.物理化学实验［M］.3版.北京：高等教育出版社，2014.

［16］闫学海，朱红.液体试样燃烧热的测定方法［J］.化学研究，2000，11（4）：50.

［17］戴镇泽，鲍慈光，洪品杰.液体物质燃烧热测定的一种简便方法［J］.云南大学学报，1985，7（4）：457.

［18］黄成，彭敬东.燃烧热测定实验技术的改进.西南师范大学学报（自然科学版）［J］.2013，38（5）：169.

［19］杨晓梅，周利鹏.热值法测定汽油燃烧热的实验教学研究［J］.实验室科学，2018，21（5）：1.

［20］陈斌.物理化学实验［M］.北京：中国建材工业出版社，1998.

［21］陈振江，王绍芬.表面活性剂CMC的测定及应用［J］.中国中药杂志，1994，19（12）：728-730.

［22］周德藻，胡伟敏.我国浓缩洗衣粉质量分析［J］.日用化学工业1995（5）：24.

［23］H.D.克罗克福特.物理化学实验［M］.北京：人民教育出版社，1980.

［24］黎如霞，李浩.关于乙醇中含水检验的商榷［J］.化学教育，1989（3）：45.

［25］程能林，胡声闻.溶剂手册(上册)［M］.北京：化学工业出版社，1986.

［26］顾亚桂，章高健.乙醇浓缩和回收的萃取剂及萃取精馏工艺［J］.化学工程师，1993（7）：6-8.

［27］王玉春.乙醇-水溶剂的吸附分离［J］.现代化工，1998（3）：50-57.

［28］ASAHI R, MORIKAWA T, OHWAKI T, et al. Visible-light photocatalysis in nitrogendoped titanium oxides［J］. science, 2001, 293(5528): 269-271.

［29］许士洪.可磁分离光催化剂的制备及其降解水中有机污染物性能的研究［D］.上海：上海交通大学，2007.

［30］徐国财，张立德.纳米复合材料［M］.北京：化学工业出版社，2002.

［31］张平.磁响应性TiO_2/石墨烯纳米复合材料的合成［D］.兰州：西北师范大学，2015.

［32］王曙光，李延辉，赵丹，等.碳纳米管负载氧化铝材料的制备及其吸附水中氟离子的研究［J］.高等学校化学学报，2003，24（1）：95-99.

［33］裴小伟.ATRP方法合成几种新型有机/无机杂化材料的研究［D］.兰州：西北师范大学，2005.

［34］古映莹，廖仁春.高岭石-MBT复合材料的制备及其对Pb^{2+}的吸附性能［J］.贵州化工，2001，26（3）：23-25.

［35］朱利中，陈宝梁，李铭霞，等.双阳离子有机膨润土吸附水中有机物的特征及机理研究［J］.环境科学学报，1999，19（6）：597-603.

［36］尹奋平.改性天然高分子絮凝剂的制备及在废水处理中的应用研究［D］.兰州：西北师范大学，2005.

［37］吕惠娟.物理化学实验［M］.长春：吉林大学出版社，1999.